高等院校“十三五”规划教材——Python系列

四川省“十四五”普通高等教育本科规划教材

DATA SCIENCE IN PYTHON

THEORY, METHOD AND PRACTICE

数据科学

理论、方法与Python语言实践

谢健民　黎海波◎主编

周中林　曾静　盛加林◎副主编

人民邮电出版社

北京

图书在版编目（CIP）数据

数据科学 : 理论、方法与Python语言实践 / 谢健民，
黎海波主编. -- 北京 : 人民邮电出版社，2022.5
高等院校“十三五”规划教材. Python系列
ISBN 978-7-115-58595-0

Ⅰ. ①数… Ⅱ. ①谢… ②黎… Ⅲ. ①软件工具—程
序设计—高等学校—教材 Ⅳ. ①TP311.561

中国版本图书馆CIP数据核字(2022)第018339号

内 容 提 要

全书共分为10章，第 1、2 章介绍了数据科学的基础知识以及数据科学所涉及的各项技术；第3～5章涵盖了 Python 的语法基础，函数、模块与组合数据类型，文件读写；第 6 章介绍了网络爬虫的数据采集及方法；第 7～8 章重点介绍了数据分析过程中的两个重要模块：numpy 和 pandas；第 9 章介绍了数据可视化与应用；第 10 章结合之前的内容，以一个综合案例进行了实战分析。

本书配有电子课件、电子教案、教学大纲、习题答案、模拟试卷及答案等教学和学习资料（部分资料仅限用书教师下载），索取方式参见书末的“更新勘误表和配套资料索取示意图”。

本书适合作为经济管理类专业数据科学与 Python 语言入门的教材，特别适合工商管理、经济学、电子商务等专业的学生学习。

◆ 主　　编　谢健民　黎海波
副 主 编　周中林　曾　静　盛加林
责任编辑　万国清
责任印制　李　东　胡　南

◆ 人民邮电出版社出版发行　　北京市丰台区成寿寺路 11 号
邮编　100164　　电子邮件　315@ptpress.com.cn
网址　https://www.ptpress.com.cn
固安县铭成印刷有限公司印刷

◆ 开本：787×1092　1/16
印张：14.5　　　2022 年 5 月第 1 版
字数：351 千字　　　2025 年 1 月河北第 5 次印刷

定价：54.00 元

读者服务热线：(010)81055256　印装质量热线：(010)81055316
反盗版热线：(010)81055315
广告经营许可证：京东市监广登字 20170147 号

前　　言

随着大数据、人工智能时代的到来，数据科学的相关理论和方法在社会实践与科学研究中的重要性日益体现。截至 2021 年 10 月，根据国家的大数据战略，全国已有 700 多所高校开设了大数据及其相关专业。因此，未来几年，对数据科学或者数据分析的人才需求量将非常巨大。

本书主要介绍了数据科学的相关概念、研究范式，数据科学的整个流程，Python 语言的基本语法和进行数据分析所需要用到的 numpy、pandas、matplotlib 等模块。最后的实战环节以一个具体的实例为读者展示了数据分析的完整流程：数据采集、数据清洗、数据分析和可视化。

本书的特色和优势在于以下几个方面。

（1）内容包括大数据导论、大数据分析工具（Python）、大数据实战，三位一体，涵盖了数据分析开发阶段的整个生命周期。读者学习以后，既能够初步掌握 Python 这门程序设计语言，又能够了解大数据的基本思想，并增强动手实践能力。

（2）更加关注对数据分析具有特定需求的人群，相比其他同类教材，本书更加适用于经济管理类相关专业，能够让毫无编程基础的读者尽快掌握数据分析的完整过程。

（3）定位明确，以读者为中心，突出实用性。书中实例均与实际相结合，每章都有习题和实训项目，最后一章的实战项目又能进一步增强读者的实践能力。

本书配有电子课件、电子教案、教学大纲、习题答案、模拟试卷及答案等教学和学习资料（部分资料仅限用书教师下载），索取方式参见书末的“更新勘误表和配套资料索取示意图”。

为更好地落实立德树人这一根本任务，编者团队在深入学习党的二十大报告后，在本书重印时对局部内容进行了微调，新增了素质教育指引等配套教学资料。

在编写过程中，我们吸收和借鉴了国内外很多专家的研究成果，但由于篇幅所限，未能全部列出，在本书的参考文献中仅列举了主要书目。在此，编者谨向有关专家表示深深的谢意。

由于编者水平有限，书中难免有不当之处，敬请广大同行和读者批评指正。

编者

目　录

第 10 章 网店商品数据分析 …………………… 209

第 1 章　数据科学概述

【知识目标】

通过对本章三节内容的学习，读者应掌握数据的定义、分类和发展历程，了解数据与数据科学的关系，掌握数据科学中常出现的概念，并且了解其在日常生活中发挥的积极作用。

【本章导读】

数据科学是一门新兴科学，它以数据为中心，可以帮助我们理解数据，利用数据进行创新，推动社会发展。今天，不仅仅是科研人员、企业机构在研究和应用数据科学，针对它的教学也已经拓展到大学甚至高中阶段，人们开始关注如何在工作、日常生活中运用数据科学。

1.1　数　据

数据（data）是观察的结果，是对客观事物的逻辑归纳，是用于表示客观事物的未经加工的原始素材。数据可以是连续的值，比如声音、图像，称为模拟数据；也可以是离散的，如符号、文字，称为数字数据。在计算机系统中，数据以二进制信息单元 0、1 的形式表示。

数据这一概念常与信息相伴出现。数据与信息既有联系，又有区别。数据是信息的表现形式和载体，可以是符号、文字、数字、语音、图像、视频等；而信息是数据的内涵，信息加载于数据之上，对数据作具有含义的解释。

1.1.1　数据的定义和分类

数据是指对客观事件进行记录并可以鉴别的符号，是对客观事物的性质、状态以及相互关系等进行记载的符号。数据不仅指狭义上的数字，也可以是具有一定意义的文字、字母、数字符号的组合，还可以是客观事物的属性、数量、位置及其相互关系的抽象表示。例如，数字“0、1、2…”，天气预报中的“阴、雨、气温”等都是数据。

在计算机科学中，数据是指所有能输入计算机并被计算机程序处理的符号的总称，是用于输入电子计算机并对其进行处理，具有一定意义的数字、字母、符号和模拟量等的统称。如今计算机存储和处理的对象越来越广泛，所以这些对象带来的数据也变得越来越复杂。

数据的表现形式并不能完全表达其内容，还需要经过解释，数据和关于数据的解释是不可分的。例如，“85”是一个数据，它可以是一位同学某门课程的成绩，也可以是某个人的年龄，还可以是工厂某个车间工人的人数等。数据的解释是指对数据含义的说明，数据的含义称为数据的语义，数据与其语义是不可分的。

为了便于数据的收集与分析，数据通常按照性质、表现形式、结构三个方面来分类。

1. 按性质分

（1）定位的，如各种坐标数据。

（2）定性的，如表示事物属性的数据，像“四川省”“长江”“北京路”就分别代表了省份、河流、道路。

（3）定量的，反映事物数量特征的数据，如长度、面积、体积等几何量或重量、速度等物理量。

（4）定时的，反映事物时间特性的数据，如“2020年”“5月”“1日”等。

2. 按表现形式分

（1）数字数据，如各种统计或量测数据。数字数据在某个区间内是离散的值。

（2）模拟数据，由连续函数组成，是指在某个区间连续变化的物理量，又可以分为图形数据（如点、线、面）、符号数据、文字数据和图像数据等，如记录声音大小和温度变化等的数据。

3. 按结构分

（1）结构化数据。结构化数据是指具有较强的结构模式，可以使用关系型数据库表示和存储的数据。每一行表示一个实体的信息，每一行的不同属性表示实体的某一方面，每一行数据具有相同的属性。这类数据本质上是“先有结构，后有数据”。表1-1是一个结构化数据的例子，每一行数据表示一个实体。

表1-1　结构化数据

编号	姓名	年龄	性别
1	小红	12	女
2	小明	13	男
3	小亮	18	男

（2）半结构化数据。半结构化数据是一种弱化的结构化数据形式，它并不符合关系型数据模型的要求，但仍有明确的数据大纲。这类数据中的结构特征相对容易获取和发现。

（3）非结构化数据。人们日常生活中接触的大多数数据都属于非结构化数据。这类数据没有固定的数据结构，或难以发现统一的数据结构。各种存储在文本文件中的系统日志、文档、图像、音频、视频等数据都属于非结构化数据。

1.1.2 数据产生方式的变革

无处不在的信息感知和采集终端为我们采集了海量的数据，而以云计算为代表的计算技术的不断进步，为我们提供了强大的计算能力。数据产生方式大致分为以下三个阶段。

1. 数据库诞生阶段

人类社会最早大规模管理和使用数据是从数据库的诞生开始的。数据库的出现使得数据管理的复杂程度大大降低，在实际使用中，数据库大多为运营系统所采用，作为运营系统的数据管理子系统，如大型超市销售系统、银行交易系统、股票交易系统、医院医疗系统、企业客户关系管理系统等大量运营式系统都是建立在数据库基础之上的，数据库中保存了大量结构化的企业关键信息，可以满足企业的各种业务需求。

人类社会数据量的第一次大的飞跃，正是从运营式系统开始广泛使用数据库时开始的。这一阶段的最主要特点是数据的产生往往伴随着一定的运营活动，且数据被记录在数据库中。例如，对于股票交易系统而言，只有当发生一笔股票交易时，才会有相关记录生成。这种数据的产生方式是被动的。

2. 互联网发展阶段

互联网的出现促使人类社会数据量出现第二次大的飞跃，使得数据传送更加快捷，不需要借助磁盘、磁带等物理存储介质也能传送数据，网页的出现进一步加速了网络内容的产生，从而使得人类社会数据量开始呈现井喷式增长。互联网真正的数据爆发产生于以“用户原创内容”为特征的 Web 2.0 时代。Web 1.0 时代主要以门户网站为代表，强调内容的组织与提供，大量上网用户本身并不参与内容的产生。而 Web 2.0 技术以维基（Wiki）、博客、微博和微信等自服务模式为主，强调自服务，大部分上网用户本身就是内容的生成者，尤其是随着移动互联网和智能手机等终端的普及，人们可以随时随地使用手机发微博、传照片，从而使数据量开始急剧增加。这一阶段的数据产生方式是主动的。

导致数据量呈井喷式增长有以下两个主要原因。

（1）以博客、微博和微信为代表的新型社交网络的出现和快速发展使得用户“产生”数据的意愿更加强烈。

（2）以智能手机、平板电脑为代表的新型移动设备的出现使得人们在网上发表自己的意见更加方便。

视野拓展

传感器在日常生活中的应用

3. 物联网发展阶段

物联网的发展最终导致了人类社会数据量的第三次跃升，并致使大数据产生，目前我们正处于这个阶段。这次飞跃的根本原因在于感知式系统的广泛使用。物联网中存在大量传感器，如温度传感器、湿度传感器、压力传感器、位移传感器、光电传感器等，此外，视频监控摄像头也是物联网的重要组成部分。物联网中的这些设备每时每刻都在自动产生大量数据，与 Web 2.0 时代的人工数据产生方式相比，物联网中的自动数据产生方式，更容易在短时间内密集生成海量数据，这种数据的产生方式是自动的，它使得人类社会迅速步入大数据时代。

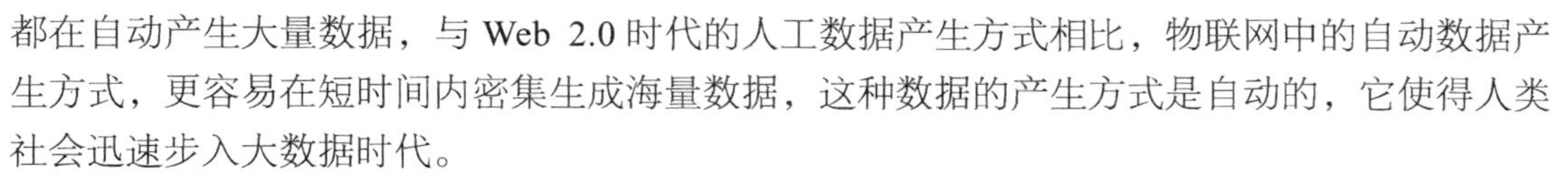

简单来说，数据产生经历了被动、主动和自动三个阶段。这些被动、主动和自动产生的数据共同构成了大数据的来源，但其中自动式的数据才是大数据产生的最根本原因。

1.2 走进数据科学

在数据爆发式增长的时代，在理论层面，数据利用的理论体系正逐步形成，因而数据科学的诞生成为必然；在实践层面，随着数据科学的理论架构逐步成熟，对数据的加工提炼和挖掘技术也相伴而生。

目前，大数据的工程技术研究已走在科学研究的前面。在美国政府六个部门启动的大数据研究计划中，美国国家科学基金会的研究内容提到要形成一个包括数学、统计基础和计算机算法的独特学科。图灵奖得主吉姆·格雷描绘了数据密集型科研第四范式的愿景，因其研究方式不同于基于数学模型的传统研究方式，所以人们将大数据科研从第三范式（计算机模拟）中分离出来单独作为一种科研范式。大数据研究能成为一门学科的前提是在一个领域发现的数据的相互关系和规律具有可推广到其他领域的普适性。提炼大数据的共性还需要一段时间的实践积累才会逐步清晰明朗。将具有大量多元异构、交互性和时效性强并包含大量噪声的数据作为研究对象的专门学科，依然具备了鲜明的学科特征。

1.2.1　数据科学的发展历程

“数据科学”这个词最早出现在 1960 年，是由丹麦人、图灵奖得主、计算机科学领域的先驱彼得·诺尔提出的。“数据科学”作为一个术语首次出现在 1974 年出版的《计算机方法概论》（*Concise Survey of Computer Methods*）的序言中。尽管这仅是对当时的数据分析方法的综述，但这本书第一次定义了数据科学是“一门研究数据处理的科学，在创立之初，数据与它所表示的事物之间的关系属于其他学科领域的范畴”。

数据科学伴随着信息技术的逐步发展而渐渐羽翼丰满，数据科学从萌芽到成为一门完整的科学，经历了漫长的过程。

1. 介质

要了解数据科学，我们首先来看看什么是介质。一种物质存在于另一种物质内部时，后者即为前者的介质。介质分为光介质、电介质、机械波介质、磁介质等。此外，介质也存在于物理定义之外，例如语言、文字等。将介质与数据存储结合起来我们便得到了存储介质这个概念。存储介质是指存储数据的载体，如光盘、硬盘、闪存、U 盘等都属于存储介质。

在低成本、高可靠性的存储介质形成之前，人类存储数据的方式在今天看来是非常落后且效能低下的。以汉字为例，我国的文字。从甲骨文到金文，再到大篆、小篆、隶书、楷书，一路走到今天，同时伴随着古体字、繁体字到简体字的逐步简化。这意味着文字记录和普及的门槛及成本都大大降低，有更多的人有机会学会汉字。

文字普及需要一个漫长的过程，但是它和电、自来水、互联网的普及一样，具有激发民族巨大生产潜能和文化潜能的深远意义。这种演化在其他民族和其他文明的发展中也出现过，并衍生出了东西方几千年交相辉映的文明史，这才是数据科学的基础。

再往后，存储介质的发展逐步取得了高可靠性和低成本两方面的优化成果。虽然过程确实非常漫长，但是从竹简、丝帛、纸，到磁盘（磁介质）、固态盘（半导体介质），信息和数据存储的介质仍然向成本越来越低、重量越来越轻、体积越来越小、速度越来越快、可靠性越来越高的方向发展。我们有理由相信，这种趋势还将持续，而且将会给数据科学的发展带来越来越多的正面影响。

2. 从信息到数据

著名信息学家克劳德·艾尔伍德·香农曾经有这样的描述：信息是用来消除随机不确定性的东西的。数据作为介质承载信息的形式，实际上是一种将信息抽象后的符号表示。所以，究其本质，不论是磁带上的语音数据、唱片上的音乐数据、磁盘上的文件数据，还是纸张上的文字数据，都具有如下特点。

（1）在作用上：承载信息，消除不确定性。

（2）在形式上：抽象后的符号表示。

（3）在定义上：符号的含义经过约定，不会或至少不易产生二义性。

信息的流传需要通过存储介质实现持久化。现在我们一提到存储，通常都会想到计算机硬盘，包括传统的机械硬盘及技术越来越成熟的固态硬盘等。从世界上第一台电子计算机问世那天起，人类社会就进入了一个全新的科技领域——计算机领域。第二代计算机出现的时候，其生产技术基础发生了改变，人们开始采用晶体管制造电子计算机。从第三代计算机开始就是集成电路电子计算机，元器件的尺寸越来越小，集成的规模越来越大。

展望未来，量子计算机和光子计算机的研发已经取得了长足的进展，这些新型计算机尽管实现原理不同，但只要成本足够低，而且与目前的电子计算机采用相同的工业标准，使双方在存储介质、信息传输等多个方面能够毫无障碍地互联互通，其未来就非常值得期待。

信息经过抽象、建模，存储到介质上成为数据。数据与不同特性的介质结合，在各种介质上存储的形式也不完全一样，而这种结合通常是数据去迎合介质的特性。有意义的数据存储在介质上，才能形成可以传递的信息，这就是信息产业赖以生存的基础。

1.2.2 数据科学基础

“数据科学”这个词从提出到现在已经有半个多世纪的历史了。什么是数据科学？本书编者认为，数据科学就是一门通过系统性研究来获取与数据相关的知识体系的科学。这个定义有以下两个层面的含义。

（1）研究数据本身，以及数据的类型、结构、状态、属性及变化形式和变化规律。

（2）通过对数据的研究，为自然科学和社会科学的研究提供一种被称为科学研究的新的数据方法，其目的在于揭示自然界和人类行为的现象和规律。

数据科学主要包括两个方面：用数据的方法研究科学和用科学的方法研究数据。前者包括生物信息学、天体信息学等领域；后者包括统计学、机器学习、数据挖掘等领域。这些学科都是数据科学的重要组成部分，只有把它们有机地整合在一起，才能洞察整个数据科学的全貌。

1.2.2.1 数据科学的本质

数据科学的本质就是将事物认知的关系量化，把普遍使用的科学思维方式应用到数据研究上，使其成为一门拥有完整体系的学科。这就是数据科学要解决的本质问题。

如果尝试对数据科学这个庞大的体系进行细分，可以分为很多专注于数据某一方面处理的专门学科。例如，数据存储学研究的是数据存储中的数据体积、存取效率、可靠性等问题；数据传输学研究的是传输速度、传输质量等问题。在这两个大的领域中，所有可能影响数据存储和传输的因素都会被讨论和研究，计算机硬件制造、光电信号传输、数据有损/无损压缩、数据冗余与高可用、数据校验等都是研究的对象。此外，还有研究如何在数据中进行信息抽象、计算、查找、分析等诸多度量与换算问题的数据算法学，以及其他一切能够对数据的感知、抽象、保存、建模、传输，甚至是为数据的可视化、数据之间的辩证逻辑提供支持的学科等。随着产业和社会发展的需要，数据科学的新分支不断出现，并且部分拥有内在关系的小分支在科研工作者的努力下逐渐融合成为一个大的分支。

1.2.2.2 数据科学的基础体系

数据科学主要以统计学、机器学习、数据可视化以及某一领域的知识与经验为理论基础，其主要研究内容包括数据科学基础理论、数据预处理、数据计算和数据管理。数据科学的知识体系如图 1-1 所示。

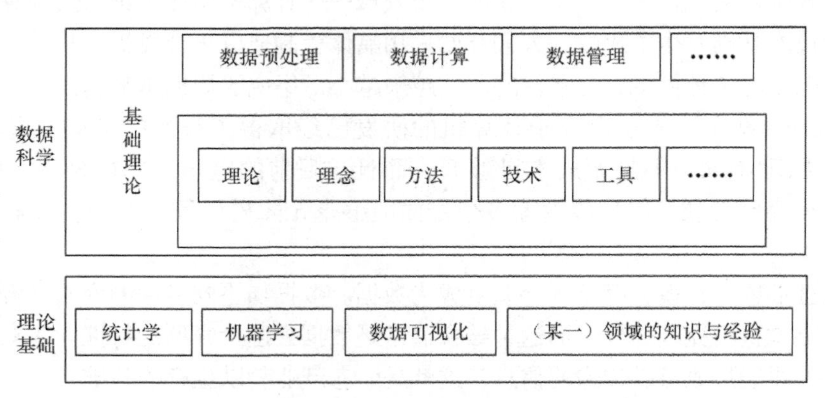

图 1-1 数据科学的知识体系

在了解了数据科学的知识体系之后，为了让大家确定数据科学的研究对象以及数据科学要研究什么，接下来需要学习的是数据科学的研究内容。

1. 研究内容

数据科学的具体研究内容可分为以下四个方面。

（1）基础理论研究。基础理论研究的对象是数据的观察方法和数据推理的理论，包括数据的存在性、数据测度、数据代数、数据相似性与簇论、数据分类等。

（2）实验和逻辑推理方法研究。要想做好实验和逻辑推理方法研究，需要建立数据科学的实验方法，以及许多科学假说和理论体系，并通过这些实验方法和理论体系来开展对数据的探索研究，从而认识数据的各种类型、状态、属性及其变化形式和变化规律，揭示自然界和人类行为的现象和规律。

（3）数据资源的开发利用方法和技术研究。数据资源的开发利用方法和技术研究主要是指研究数据挖掘、清洗、存储、处理、分析建模和可视化展现等一系列过程。

（4）领域数据科学研究。领域数据科学研究主要是指将数据科学的理论和方法应用于各种领域，从而形成针对专门领域的数据科学，例如，脑数据科学、行为数据科学、生物数据科学、气象数据科学、金融数据科学、地理数据科学等。

2. 理论基础

数据科学虽然有着几十年的历史，但仍可算是一门新兴学科。它涉及的范围非常广泛，主要涵盖以下几个方面。

（1）统计学的相关知识，包括数据模型、数据过滤、数据统计和分析、数据结构优化等。

（2）计算机科学的相关知识，包括数据的获取技术、数据的处理方法、数据的存储和安全性保障等。

（3）图形学的相关知识，包括数据的可视化、数据的协同仿真、虚拟环境的实现等。

（4）人工智能的相关知识，包括机器学习算法的应用、神经网络的运用等。

（5）领域相关知识，包括对特定领域的数据进行分析和解读时需要用到的理论和方法等。

3. 数据科学中常见的概念

（1）数据预处理。为了提升数据质量、降低数据计算的复杂度、减少数据计算量以及提升数据处理的准确性，需要对原始数据进行预处理——数据审计、数据清洗、数据变换、数据集成、数据脱敏、数据规约和数据标注等。

（2）数据计算。在数据科学中，计算模式发生了根本性的变化——从集中式计算、分布式计算、网格计算等传统计算过渡到了云计算。有一定代表性的是 Google 云计算三大核心技术、Hadoop MapReduce 和 YARN 技术的出现。数据计算模式的变化意味着数据科学中所关注的数据计算的主要目标、瓶颈和矛盾发生了根本性变化。

（3）数据管理。在完成数据预处理（或数据计算）之后，我们需要对数据进行管理，以便再次进行数据处理以及对数据的再利用和长久保存。在数据科学中，数据管理方法与技术发生了根本性的改变——不仅包括传统关系型数据库，而且还出现了一些新兴数据管理技术，如 NoSQL、NewSQL 技术和关系云等。

4. 数据科学的特征

数据科学的特征表现在以下几个方面。

（1）由原来的被动式变为主动式。

（2）由数值报表的传统角色转变为支持决策的角色。

（3）由传统的技术方法转为现代的技术方法。

（4）成为大数据时代需要的、独立的一整套科学体系。

数据科学鼓励从演绎推理（基于假设，是由一般到特殊的推理方法）转向归纳推理（基于模式，是由特殊到一般的推理方法）。人们利用数据科学分析可以得到大量数据间的相关性，这会逐渐取代利用因果关系和一些理论模型进行的数据分析。例如，通过数据分析发现，在超市中，将尿不湿和啤酒放在一起，会提高二者的销量，因为有时爸爸为孩子去买尿不湿时通常还会捎带着买上几瓶啤酒，这体现了数据间的相关性。数据科学鼓励人们去探索这样的相关性，基于这些相关性，我们可以获得不同的观察和判断问题的角度。相对于传统的分析方法，这是一个根本性的改变。归纳推理提供了一种形成假设并发现新的分析路径的手段，模型不再是静态的，它们将不断被测试、更新和改进，直到变得更好。

小贴士

在数据科学的基础体系中既有基础理论，也有理论基础，读者在阅读时应注意区分。

5. 学习数据科学的目的

学习数据科学的目的是获得对数据的洞察力和理解能力。数据科学是统计学、软件工程和相关领域专业知识的组合。数据科学是以数据为中心的科学，可以理解为从现实世界到数据世界的投影，通过对数据的分析来解释、预测、洞见和决策，从而为现实世界服务。数据科学是大数据时代面临的新问题、新挑战、新机遇和新方法的一套知识体系。

1.2.3 数据科学的知识结构

数据是世界本真的原始记录，表示为零散的符号，如人的年龄、室外的温度、公园的路线图、梅花的图片或一段声音等。数据本身并没有意义，经过组织和处理后，数据被抽象为信息，用来表示某件事物或某种场景，如室外温度为18℃。经过对数据和信息的提炼和总结能得到一定的规律，这些规律可以帮助人们作出决策，而这些由数据和信息提炼出的规律就是知识，如基于公园的信息，给出在冬天公园的最佳观赏路线图。

数据科学研究的是如何由数据到知识，这是一个通过假定设想、分析建模等处理和分析方法，从数据中发现可利用的知识、改进关键决策的过程。数据科学的最终产物是数据产品，是由数据产生的可交付物或由数据驱动的产物，表现为一种发现、预测、服务、推荐、决策、工具或系统。

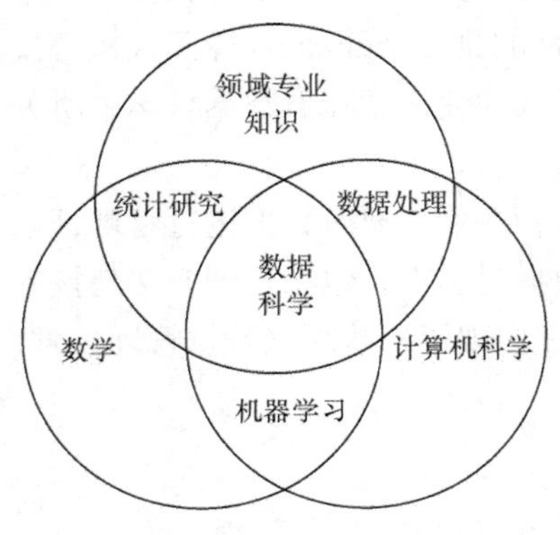

图 1-2　数据科学的韦恩图

今天，数据科学的知识范畴主要包括领域专业知识、数学和计算机科学，可用韦恩图来表示，如图 1-2 所示。数据分析知识结构的韦恩图有众多的版本，这里给出的是雪莉·帕尔默的版本。

1. 领域专业知识

从事数据工作的人员需要了解数据来源的业务领域，充分应用领域知识提出问题。每个人都想知道如何提高销量，这确实是个问题，但领域专家能提出更具体的问题，将提高的销量合理量化。例如，使用数据集 ABC 是否可提高 XY 部门的产量？是否可以通过对零售数据的分析来提高销售收入？可以利用产品的哪些特性来增强其竞争力？这些细节问题将帮助人们通过数据分析找到行动的方向。

2. 数学

在数据科学中，数学家是团队中解决问题的人，他们能够建立概率统计模型，进行信号处理、模式识别、预测性分析等。数据科学具有魔力，能在大数据集上使用精妙的数学方法，产生不可估量的洞察力。科学家研究出了人工智能、模式匹配和机器学习等方法来建立相关预测模型。

3. 计算机科学

计算机科学是数据科学的坚实基础。数据科学项目需要建立正确的系统架构，包括存储、计算和网络环境，针对具体需求设计相应的技术路线，选用合适的开发平台和工具，最终实现分析目标。

1.2.4 数据科学的工作流程

数据科学是系统科学，包括研究数据理论、数据处理及数据管理等。通常我们用术语“数据分析”表示数据科学的核心工作，即面向具体应用需求，进行原始数据收集、信息准备、模式分析并形成知识和创造价值的活动。

1. 数据分析的关键步骤

数据分析的关键步骤包括提出分析目标，从自然界中获得一个数据集，对该数据集进行探索从而发现其整体特性，使用统计、机器学习或数据挖掘技术进行数据实验，发现数据规律，将数据可视化、构建数据产品，更详细的流程见图 1-3。

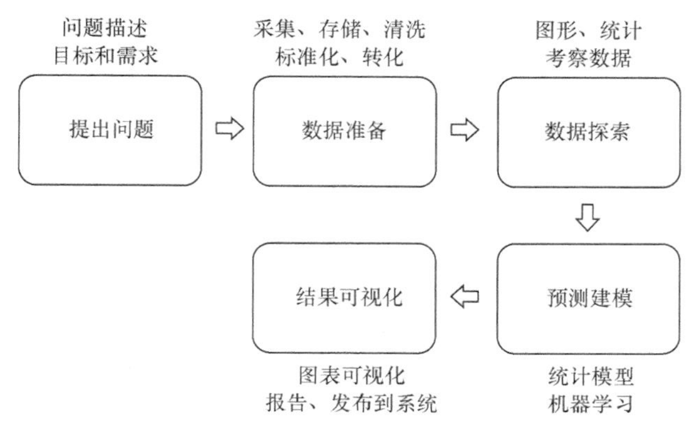

图 1-3　数据分析的关键步骤

（1）提出问题。数据科学不是因为有了数据，才针对数据进行分析，而是有需要解决的问题，才对应地搜集数据、分析数据。基于专业背景，界定问题、明确数据分析的目标和需求是数据分析项目成功的关键所在。从数据理论的角度，可将分析问题的种类分为推理性问题、描述性问题、探索性问题、预测性问题、因果性问题和相关性问题等。

（2）数据准备。数据准备包括数据采集、存储、清洗和标准化，最终将其转化为可供分析的数据。面向问题需求，我们可以从多种渠道采集相关数据，如互联网爬取、业务系统生成和检测设备记录等，然后按照业务逻辑将这些形式各异的数据组织为格式化的数据，去掉其中的冗余数据、无效数据，填补缺失数据。

（3）数据探索。数据探索是指主要采用统计或图形化的形式来考察数据，观察数据的统计特性，数据成员之间的关联、模式等。可视化的方法能够提供数据概览，从而找到有意义的模式。在数据探索过程中也会发现数据并不干净，含有重复值、缺失值或异常值，这就需要重新对数据进行清洗。

（4）预测建模。根据分析目标，通过机器学习或统计方法，从数据中建立问题描述模型。选择何种方法主要取决于要解决的是分类预测问题，还是描述性问题，抑或是关联性分析问题。建立模型应尝试多种算法，每种算法都有相对适用的数据集，需要根据数据探索阶段获得的数据集特性来选择。因此，这一阶段另一个重要任务就是对生成的模型进行评估，尝试多种算法及各种参数设置，从而获得对特定问题的相对最优解答。

（5）结果可视化。人们可以用结果可视化来整理分析结果，展示并将分析结果保存在应用系统中。展示的形式有多种，如报表、二维图、仪表盘或信息图等。这些结果被应用于各种报告中，或者被发布到 Web 应用系统、移动应用的页面上，形成数据产品。

2. 科学研究的过程

将数据分析的关键步骤和科学的流程结合起来，有助于我们充分了解数据分析的关键步骤。既然数据科学作为一门科学，我们就不能忽视其实践过程需要遵循科学的方法。

图 1-4 是以科学方法为核心的数据科学的应用流程图，它展示了一个典型的科学研究的演绎过程：一项科学研究始于对现实现象以及前人研究的观察和思考，通过思考有关定义的问题之后，对问题产生的原因作出假设，为了验证假设，科研人员需要设计缜密的实验，其中就需要尽可能多地采集相关数据并进行分析，根据结果不断对现有的假设进行重新定义、更正、扩展，甚至推翻（重新假设），最后总结出具有实践意义的理论。

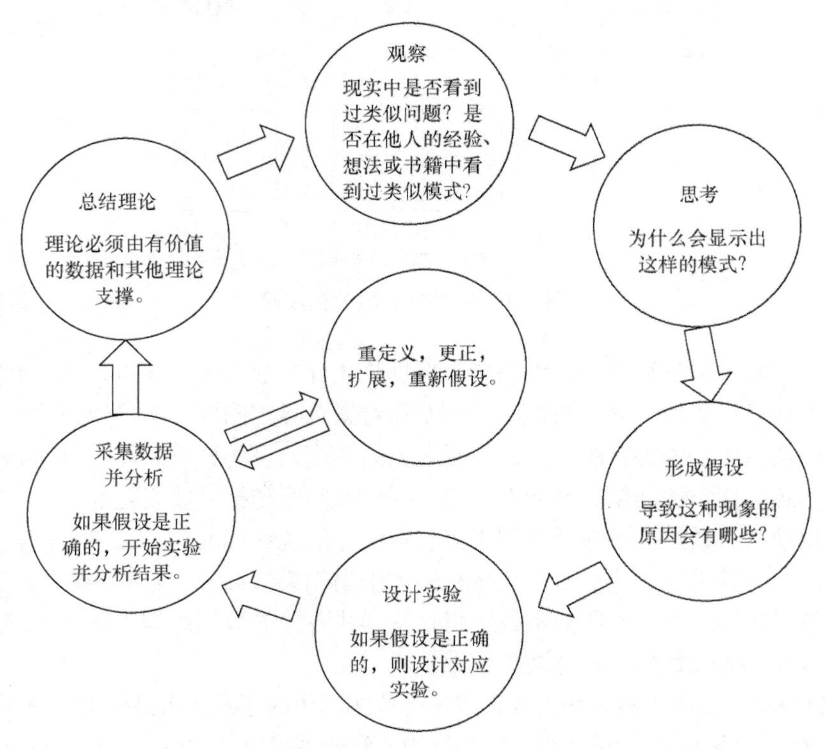

图 1-4　以科学方法为核心的数据科学的应用流程图

3. 数据科学的一般研究过程

将数据分析的关键步骤和科学研究的演绎过程结合之后，我们就能得到数据科学的一般工作流程了（这是使用数据科学，使数据科学发挥作用的流程）。

（1）定义问题。

（2）获取训练和测试数据（训练数据是指数据挖掘过程中用于训练数据挖掘模型的数据，在数据挖掘的过程中，除了训练数据外还有测试数据，即用于检测模型的数据）。

（3）数据准备、清洗。

（4）探索性的数据分析。

（5）建立模型，预测问题，解决问题。

（6）形成可视化报告，呈现问题解决步骤，找到解决方案。

（7）提供或交付结果。

一个成功的数据科学应用项目的核心因素不仅是分析技术方法，还在于对分析数据对象业务领域的理解，这几乎决定了项目的成败。数据科学的工作流程的每个环节都需要发挥领域专业知识的作用，指导分析过程走向正确的方向。

1.2.5 数据科学的成果

数据科学主要针对数据问题以及被数据化的现实问题进行研究，因此数据科学的成果，也可以归纳为有数据科学特质的成果。下面列举了一些常见的数据科学的成果。

（1）预测输入值的结果。

（2）分类（如判断是否是垃圾邮件）。

（3）推荐（如淘宝中的“猜你喜欢”的商品推荐）。

（4）识别（如人脸识别）。

（5）自动化流程和决策（如信用卡核准）。

（6）评分和排名（如芝麻信用的评分）。

（7）分群（如基于不同年龄层进行的营销）。

（8）优化（如风险管理优化）。

（9）预测（如预测销售和收入）。

（10）异常检测（如欺诈检测）。

可以发现，这些成果都基于解决一个特定的问题。另外，数据科学交付成果最大的价值在于它提供了一种处理问题的思维和方式。

1.2.6 数据科学与大数据

近年来，大数据（big data）被广泛提及，人们用它来描述和定义“信息爆炸”时代产生的海量数据，通常用“4V”来反映大数据的特征。

（1）规模性（volume）。数据的存储与计算需要耗费海量规模的资源。人们已经可以随时随地地发布包括博客、微博、微信等各种信息，比如新浪微博日活跃人数超过两亿人。随着物联网的推广和普及，各种传感器和摄像头已遍布我们工作和生活的各个角落，这些设备每时每刻都在自动产生大量数据。

（2）高速性（velocity）。高速性，一是指数据更新、增长的速度快，二是指数据处理的速度快。对大数据必须进行实时的处理。在大数据问题中，速度往往是至关重要的，比如对灾难的预测，需要快速地对灾难发生的程度、影响的区域范围等进行量化。

（3）多样性（variety）。大数据包含了结构化的数据表和半结构化、非结构化的文本、视频、图像等信息。数据之间的交互非常频繁和广泛，并且关联性强，如游客在旅游途中上传的照片和日志，就与游客的位置、行程等信息有很强的关联性。

（4）高价值性（value）。大数据的总量巨大但价值密度低。通过数据分析，人们可以在无序的数据中建立关联，获得大量高价值的、非显而易见的隐含知识，从而获取巨大的价值。价值密度的高低与数据总量的大小成反比。以视频为例，在一小时连续不间断的监控视频中，有用画面可能仅有一两秒。

大数据属于数据科学的范畴，大数据分析是大数据创造价值的重要途径。大数据分析遵循数据科学的工作流程，继承了数据分析的技术和方法，只是当数据到达一定规模时，就需要引入相关的技术如 Spark 计算框架、分布式数据库等，来实现大规模数据的存储、计算和传输。

1.3　数据科学管理与应用

世界著名未来学家托夫勒曾说过：知识和金钱可以改变这个世界，而如今我们的世界正在被另一种力量改变，那就是数据！

今天，随着计算机技术的发展，数据正日益凸显其价值。工业、农业、服务业等各行业的行为以数据形式被记录下来，人们的日常生活也被“数据化”。越来越多的组织意识到数据正在成为最重要的资产，对数据分析解读的能力成为组织的核心竞争力。随着互联网和信息系统的发展，政府机构汇集了医疗健康、城镇交通、义务教育、税收稽查、社会治理等各方面的数据。对上述数据进行分析能够帮助政府、企业、个人更好地洞察事实、改善计划和决策，反过来分析结果又会影响组织和个人的行为，甚至在一定程度上左右社会的未来。

应用数据科学最简单的例子就是搜索引擎，它将用户在搜索中的交互行为（发生在可以相互影响的双方或者多方之间的行为）数据化，然后根据用户的停留时长、点击次数等条件优化搜索结果的展示效果，以提升用户的搜索体验，吸引更多的用户使用，进而产生更多的数据用于优化。这是一个数据闭环，能够实现持续的业务优化。

可以说，数据科学存在于生产和生活的各个方面，贯穿于人类社会发展的始终。正因如此数据科学也可以被称为“万能科学”，因为各行各业的生产问题，以及人类社会中的种种问题，都可以尝试将其转化成数据科学所擅长的数学问题并通过相应的工具去量化解决。

1.3.1　运筹优化

数据科学日渐成为高校研究和企业应用的重要课题，很多企业早已着手组建大数据部门或者数据团队，试图解决企业生死攸关的核心问题。例如，打车软件一直在寻求车辆和乘客的最佳匹配，电商在不断探索商品的最优价格和促销方式，物流公司总是需要不断地优化自身的路线系统。然而，在真实场景中，如何从海量数据中发掘有效信息、高效地将其用于指导决策过程，技术门槛却远比想象的要高。数据的价值无法充分发挥，并不仅仅是数据质量问题或是数据分析能力问题。问题的关键之一，在于一门重要学科——运筹学。而运筹学恰恰是专门研究由数据到决策的科学。

那么到底什么是运筹学呢？它在实际应用中能发挥什么样的作用呢？可以用一句古话来形容：“运筹帷幄之中，决胜千里之外。”简单说来，运筹学是一门用量化分析的方法做预测和决策的科学。在现代金融业中，买卖股票的多少和时机；在工业中的生产线设计、库存管理、运输、工程施工等都离不开运筹学。数据科学、统计学的应用方向在于理解数据中的规律，而非利用数据作出最后的决策。数据科学是运筹、优化的基础，为其提供了原始数据和分析手段。

1.3.2　管理决策

要想利用数据进行管理决策，我们究竟能做什么？

第一个层面是数据的采集与管理，要对数据进行采集和清洗，需要一定的计算机硬件，在做数据分析时常使用计算机来完成。

完成了数据的采集与管理之后即进入第二个层面——一些规律性的分析。我们可以对数据进行描述、可视化处理和预测，了解其背后的规律，这通常会使用统计方法以及模型来完成。做完这两件事情并不代表我们就能够得到一个清晰的决策建议，因为决策通常比较复杂，如何打通从数据端到决策端，更重要的是要知道数据最终要支持哪些决策，而解决这个问题需要的就是运筹与决策科学。

数据科学这门科学就是把现实生活中的问题抽象成一个可以用数学来描述的模型，运用优化算法来进行求解，帮助我们找到一个最佳决策或最优战略，所以说数据科学一定不能离开决策。

在过去几年中人工智能有了非常大的发展，不管是理论层面上的图像识别、自然语言处理、神经网络，还是应用层面上的自动驾驶、智能诊断、人工智能游戏，我们看到人工智能已经开始渗透到日常生活的方方面面。机器学习的目的是让机器更高效、更准确地完成一些本来需要由人来完成的工作，那么它需要做两件事情，第一件事情是需要用一个模型来告诉它要解决什么问题，第二件事情是需要给它一套算法来解决这个问题，而模型和算法恰恰是管理决策的核心。通过这两件事可以发现，决策科学和运筹学其实是大数据、人工智能的重要概念，我们谈大数据就离不开决策，谈人工智能也离不开运筹学。

1.3.3 质量控制

为达到质量要求所采取的作业技术和活动称为质量控制。这就是说，质量控制是为达到质量要求的过程，是消除质量环上所有阶段引起不合格或不满意效果的因素，以达到质量要求，获取经济效益，而采用各种质量作业技术开展的活动。质量控制的目标在于确保产品或服务质量能够满足要求（包括明示的、习惯上隐含的或必须履行的规定）。

上文有讲过，数据科学被称为“万能科学”，是因为各行各业的生产问题，以及人类社会中的种种问题，都可以尝试将其转化成数据科学所擅长的数学问题并通过相应的工具去量化解决。那么数据科学是如何体现在质量控制中的呢？

我们用质量控制中常用的一种软件——SPC（Statistical Process Control，统计过程控制）来举例。SPC 是一种质量控制分析软件，通过 SPC 来对产品加工工序进行品质监控时，第一步通常是收集数据并作图。在收集数据前首先要做的是测量，只有通过测量将数据量化并报送到软件系统之后，需要使用数据的人才能进行数据分析。我们可以看出在这里的每一步都有数据科学的身影。

1.3.4 商务智能

要想了解数据科学如何为商务智能服务，我们需要首先了解一下商务智能（Business Intelligence，BI）方面的知识。

商务智能是指用现代仓库技术、线上分析处理技术、数据挖掘和数据展现技术进行数据分析以实现商业价值。在这个解释中我们已经可以看到数据的身影了，那如果再将商务智能拆开理解呢？

商业的特点是其数据的规模大，涉及的范围广。数据科学的发展，有利于各行各业进行大规模的数据收集、处理、分析。这与商业的特点是一一对应的。智能在广义上包含了两层含义：第一层含义是指人的智能，即作为使用者，人们需要甄别具有商业价值的数据；第二层含义是指应用系统的智能，即系统应该能理解人们查询数据的意图，并提供相应的分析报表。将外部的数据与企业的实际情况有机结合，往往最具分析价值，要做到这一点，不依靠数据科学的系统知识是难以实现的，而这也能体现出数据科学是如何赋予普通数据“智能”的。

商务智能的主要价值是作出决策，而数据科学能利用历史和当下的数据为企业经营活动提供基础分析，以辅助企业进行决策并制订计划，这体现了数据科学在商务智能中的应用。

1.3.5 网络管理

在互联网时代，网络管理的重要性不言而喻，数据科学在网络行为的全面管理、流量控制、身份识别等方面作出了突出性的贡献，具体体现在以下两个方面。

第一，提高工作效率。在企业及行政事业单位的日常办公中，很多人工作效率低下并不是因为其工作能力不够好，而是因为其将大量的时间用在了与工作无关的网络行为上。而数据科学或者说大数据技术就能有效地解决这类问题，数千万级的 URL（URL 被称为统一资源定位系统，它在因特网的服务程序中被用于指定信息的位置）以及数量庞大的数据库，能够帮助管理者禁止员工做出与工作无关的网络行为，显著提高其工作效率。

第二，提高信息安全管理水平。在企业及行政事业单位所有的安全风险中，很大一部分是由员工的不当网络行为引起的。要实现更高的信息安全目标，不仅要防范源自外部的攻击，还要对内部人员的行为进行管控，可以通过“身份鉴别、访问控制、行为审计”对信息网络中的安全事件进行管理和控制。

归纳与提高

本章主要对数据科学的各方面进行了概述。首先是数据科学的基础——数据。数据是事实或观察的结果，是对客观事物的逻辑归纳，是用于表示客观事物的未经加工的原始素材；数据产生的方式经历了运营式系统阶段、用户原创内容阶段、感知式系统阶段。其次，数据科学是围绕着基础理论、数据预处理、数据计算和数据管理展开的。最后，介绍了数据科学的管理与应用。

知识巩固与训练

一、填空题

1. 为了便于数据的收集与分析，数据通常按________、________、________方面来分类。
2. 数据产生方式经历了________、________、________三个阶段。
3. 数据科学的理论基础有________、________、________、________。
4. 数据科学的主要研究内容包括________、________、________、________。
5. 数据科学基础理论包括________、________、________、________。
6. 数据科学的管理与应用体现在________、________、________、________。

二、单选题

1. 从采用数据库作为数据管理的主要方式开始，人类社会的数据产生方式大致经历了三个阶段，第一个阶段是（　　）。

A. 运营式系统阶段　　B. 用户原创内容阶段
C. 感知式系统阶段　　D. 自动阶段

2.（　　）的出现，促使人类社会数据量出现了第二次大的飞跃。

A. 数据科学　　B. 互联网　　C. 物联网　　D. 云计算

3.（　　）的发展最终导致了人类社会数据量的第三次跃升。

A. 数据科学　　B. 互联网　　C. 物联网　　D. 云计算

4. 数据科学的知识结构包括领域专业知识、计算机科学、（　　）。

A. 统计学　　B. 信息学　　C. 数学　　D. 软件学

5. 数据科学的工作流程共有五个步骤，其中最后一步是（　　）。

A. 问题描述　　B. 数据准备　　C. 预测建模　　D. 结果可视化

6. 如今，数据科学的知识范畴包括以下哪项内容？（　　）。

A. 数据管理　　B. 计算机科学　　C. 图形学　　D. 人工智能

三、思考题

1. 如何理解数据科学？
2. 什么是数据？什么是信息？数据和信息之间的区别是什么？
3. 数据科学为什么被称为“万能科学”？
4. 人类社会的数据产生方式大致经历了哪些阶段？
5. 数据科学的工作流程共有哪五个步骤？

四、实训题

实训题目：简要了解数据科学

实训目的：

1. 探寻生活中的数据；
2. 掌握整理结构化数据的手段；

3. 了解现阶段物联网是如何影响数据科学发展的；

4. 感受数据与数据科学间的关系；

5. 了解演绎推理。

实训内容：

1. 按文中提到的三种数据分类方式，给生活中常见的数据分类。

2. 用表格的方式整理一份结构化数据。

3. 举出几个物联网中的设备，并分析其是如何产生和处理相关数据的。

4. 通过收集身边的数据为周边的某景点设计一份游览规划。

5. 以“如果一个数的末位数是0，那么这个数能被5整除；10的末位数是0，所以能被5整除”为例，列举几个你身边常见的演绎推理的过程。

第 2 章　数据科学关键技术分析

【知识目标】

通过对本章内容的学习，读者应了解有哪些数据科学关键技术，掌握数据科学关键技术的相关概念，并了解其使用方法或分析工具。

【本章导读】

随着云计算时代的来临，大数据得到了越来越多的应用。“可能感兴趣的人”“猜你喜欢”“购买此商品的人还购买了……”，我们在刷微博、网上购物时，经常会在相应位置上看到此类提示。在这些看似简单的用户体验背后，大数据以及大数据产业正在蓬勃发展。然而，这需要特殊的技术，才能在可接受的时间内，有效地分析处理大量的数据集。大数据的意义不在于掌握庞大的数据集信息，而在于对这些含有意义的数据进行专业化分析处理。

2.1　数据采集技术

近年来，以大数据、物联网、人工智能、5G 为核心特征的数字化浪潮席卷全球。随着网络和信息技术的不断普及，人类产生的数据量正在呈指数级增长，大约每两年翻一番。这意味着人类在最近两年产生的数据量相当于之前产生的全部数据量。世界上每时每刻都在产生着大量的数据，包括物联网传感器数据、社交网络数据、商品交易数据等。面对如此巨量的数据，与之相关的采集、存储、分析等环节产生了一系列的问题。如何采集这些数据并且对其进行转换存储以及有效分析成为巨大的挑战。

2.1.1　数据采集

数据采集就是搜集符合数据挖掘要求的原始数据（raw data）。原始数据是研究者拿到的一手或者二手资料。数据采集既可以从现有、可用的无尽数据中搜集提取自己想要的二手数据，也可以经过问卷调查、采访、沟通等方式获得一手资料。不管用哪种方法得到数据的过程，都可以叫作数据采集。用更易理解的话来讲，数据采集就是获得原始数据，如果把数据采集看成吃饭，自己做饭就是使用一手数据，点外卖则是使用二手数据。

由上段内容可知，数据采集是准备数据挖掘要用的那些数据。就数据挖掘而言，如果没有数据，也就谈不上挖掘。但是也存在着这样一个问题：世界上有那么多的数据，如何知道自己要用的数据能不能获得？怎么获得？用什么方法获得？数据采集的理论其实就是提供一个方法论或者一个框架，告诉大家用哪些方法能够获得数据。

数据采集的来源可以分成两类：直接来源——一手数据；间接来源——二手数据。

1. 一手数据

一手数据是指通过研究者实施的调查或实验活动获得的数据。所以，要想获得一手数据有两种方法：调查或实验。

通过调查得到的一手数据叫作调查数据。调查数据是针对社会现象的。比如，调查现在的经济形势、人的心理现象、工厂的生产效率等。调查的形式分为普查和抽样。普查是对一个总体内部的所有个体进行调查，国家进行的人口普查就是最典型的普查形式。普查的结果是最贴近总体真实表现的，是无偏见的估测。但是普查的成本太大，少有项目采用这种方式。抽样则在生活中被应用得更加广泛。由于数据分析挖掘涉及的总体数据量一般很大，如果要做普查，不花费大量的时间与金钱几乎是不可能的。所以，我们会从总体中抽取部分有代表性的个体进行调查，并用这部分个体的数据去反映整体，这就是抽样。调查的方法不管是用普查还是用抽样的方法，数据采集通常采用以下三种方式：①自填式，填写调查问卷（电子/书面）；②面访式，面对面采访；③电话式，电话联络。

通过实验得到的一手数据叫作实验数据。以针对自然现象的数据为例，比如，植物背光生长得快慢、小白鼠对食物的记忆规律等都是实验数据。实验方法需要研究者设计实验，并记录结果、整合为数据，以服务于后期的数据分析与挖掘工作。实验的设计需要满足一个大原则：有实验组与对照组。实验组是只有要研究的变量发生变化的组；对照组是保持变量不变的组。这样，通过控制变量的方法，就能得到观测数据。

2. 二手数据

二手数据是指原本已经存在，是由别人采集的，使用者通过重新加工或整理得到的数据。所以，要想获得二手数据也有两种方法：系统内部采集或系统外部采集。

系统内部采集在工作中是常见的数据采集方法。要进行数据分析的企业大多会有自己的数据，这些数据一般会保存在数据库中。在数据库中，会保存企业内部的生产数据，人们将企业的生产过程数字化并存储在计算机中，数据挖掘师可以通过软件提取想要的数据。系统内部数据一般都与企业的生产相关，涉及用户信息的保密与商业机密等问题。

系统外部采集的数据是更宏观、更公开的数据。这些数据大部分不是针对某一家企业自己的运营与生产情况，而是偏重于社会的外部环境以及行业的经济形势。下面这些都是系统外部采集的常见来源：统计部门或政府的公开资料、统计年鉴；调查机构、行会、经济信息中心发布的数据情报；专业期刊；图书；博览会；互联网。系统外部采集数据的源头众多，采集方法也有很多，利用 Excel 或者网络爬虫工具都是可选的方法。

小贴士

需要注意的是，数据采集仅仅是获得数据，单单获得数据并不能说明数据是否合适，不能保证获得的数据是使用者所需要的数据。要解决后两个问题，需要进行完善的项目调研，并且明确项目的需求。这些，靠的是对业务以及模型的理解，而并不是方法论。

2.1.2 数据采集相关技术

数据采集技术是利用采集装置从系统外部采集数据并输入系统内部的一种技术。数据采集技术被广泛应用于各个领域，如摄像头、话筒等都是常见的数据采集工具。数据采集的过程通常也被叫作 ETL。ETL 是指数据从数据来源端经过提取（extract）、转换（transform）、加载（load）到目的端，然后进行处理分析的过程。用户从数据源抽取出所需的数据，经过数据清洗，最终按照预先定义好的数据模型，将数据加载到数据仓库中去，最后再对数据仓库中的数据进行分析和处理。

数据采集是数据分析中重要的一环，它通过传感器数据、社交网络数据、移动互联网数据等方式获得各种类型的结构化、半结构化及非结构化的海量数据。由于采集的数据种类错综复杂，对于这些不同种类的数据，必须要进行数据分析，通过提取技术将复杂格式的数据，进行数据提取，从数据原始格式中提取出我们需要的数据，这里可以丢弃一些不重要的字段。对于提取后的数据，由于源头采集的数据可能不准确，所以必须进行数据清洗，对那些不准确的数据进行过滤、剔除。针对不同的应用场景，进行数据分析时所使用的工具或系统也有所不同，这时需要对数据进行转换操作，将数据转换成不同的数据格式，最终按照预先定义好的数据仓库模型，将数据加载到数据仓库中。

在现实生活中，产生数据的方式有很多，并且不同种类的数据产生的方式也不同。对于数据的采集，主要有四类系统：系统日志采集系统、网络数据采集系统、数据库采集系统、感知设备数据采集系统。

1. 系统日志采集系统

许多公司的业务平台每天都会产生大量的日志数据。对于这些日志信息，公司可以从中得到很多有价值的数据。通过对这些日志信息进行数据分析，挖掘公司业务平台日志数据中的潜在价值，可为公司决策提供可靠的数据保证。系统日志采集系统所做的事情就是收集日志数据，供离线和在线的实时分析使用。

2. 网络数据采集系统

通过网络爬虫或一些网站平台（如 Twitter 和新浪微博）提供的公共 API（Application Programming Interface，应用程序接口）等方式从网站上获取数据，这样就可以将非结构化数据和半结构化数据从网页中提取出来，并将其清洗后转换成结构化的数据，最终存储为统一的本地文件数据。

从技术手段来说，有多种网络爬虫工具。PHP、Java 等编程语言以及本书详细介绍的 Python 都可以被用来开发网络爬虫工具。

3. 数据库采集系统

一些企业会使用传统的关系型数据库 MySQL 和 Oracle 等来采集并存储数据。除此之外，Redis 和 MongoDB 这样的 NoSQL 数据库也常用于数据的采集。企业每时每刻都会产生业务数据，通过数据库采集系统直接与企业业务后台服务器结合，可以将企业业务后台每时每刻都在产生的大量业务记录写入数据库中，最后由特定的处理分析系统进行系统分析。

4. 感知设备数据采集系统

感知设备数据采集是指通过传感器、摄像头和其他智能终端自动采集信号、图片或录像来获取数据。大数据智能感知系统需要实现对结构化、半结构化、非结构化的海量数据的智能化识别、定位、跟踪、接入、传输、信号转换、监控、初步处理和管理等。

2.2 数据预处理技术

现实世界中的数据大都是不完整、有噪声不一致的，以致无法直接进行数据挖掘。通过数据预处理技术对数据进行处理，可提高被采集的数据的质量。数据预处理有数据清洗、数据集成、数据归约等多种方法。在数据挖掘之前使用这些数据处理技术，能大大提高数据挖掘模式的质量，降低实际挖掘所需要的时间。

2.2.1 数据清洗

采集之后的数据，肯定有不少是重复或者无用的，此时需要对数据进行清洗处理。那么什么是数据清洗呢？一般来说，数据清洗是指在数据集中发现不准确、不完整或不合理的数据，并对这些数据进行修补或移除以提高数据质量的过程。通常，数据清洗过程由五个步骤构成，第一步是定义错误类型，第二步是搜索并标识错误实例，第三步是改正错误，第四步是记录错误实例和错误类型，第五步是修改数据录入程序以减少未来的错误。

在按照数据清洗步骤进行工作的时候还需要重视格式检查、完整性检查、合理性检查和极限检查，这些工作也在数据清洗过程中完成。数据清洗对保持数据的一致性和更新起着重要的作用，因此被用于多个行业。所以说数据清洗对随后的数据分析非常重要，因为它能提高数据分析的准确性。但是数据清洗依赖复杂的关系模型，会带来额外的计算和延迟导致的开销，所以必须在数据清洗模型的复杂性和分析结果的准确性之间进行平衡。

现实世界的数据常常是不完整的、有噪声的、不一致的，针对这三点，分别有对应的数据清洗的方法：遗漏数据处理、噪声数据处理和不一致数据处理。

2.2.1.1 遗漏数据处理

假设在分析一个商场的销售数据时，发现有多个记录的属性值为空，如“顾客收入”属性，则对于为空的属性值，可以采用以下方法进行遗漏数据处理。

（1）忽略该条记录。若一条记录中有属性值被遗漏了，则将这条记录排除。但是，若带有遗漏值的记录在整体记录中占比较大时，排除过多带有遗漏值的记录会影响数据分析结果，这种方法就不再有效了。

（2）手工填补遗漏值。一般这种方法比较耗时，而且对于存在许多遗漏情况的大规模数据集而言，显然可行性较差。

（3）利用默认值填补遗漏值。对一个属性的所有遗漏值均可利用一个事先确定好的值来填补，如都用“OK”来填补。但当一个属性的遗漏值较多时，若采用这种方法，就可能误导数据挖掘进程。因此这种方法虽然简单，但并不推荐使用，或使用时需要仔细分析填补后的情况，以尽量避免使最终挖掘结果产生较大误差。

（4）利用均值填补遗漏值。计算一个属性值的平均值，并用此值填补该属性所有遗漏的值。例如，若顾客的平均收入为10000元，则用此值填补“顾客收入”属性中所有被遗漏的值。

（5）利用同类别均值填补遗漏值。这种方法尤其适合在进行分类挖掘时使用。例如，若要对商场顾客按信用风险进行分类挖掘时，就可以用在同一信用风险类别（如良好）下的“顾客收入”属性的平均值，来填补所有在同一信用风险类别下“顾客收入”属性的遗漏值。

（6）利用最可能的值填补遗漏值。可以利用回归分析、贝叶斯计算公式或决策树推断出该条记录特定属性的最大可能的取值。例如，利用数据集中其他顾客的属性值，可以构造一个决策树来预测“顾客收入”属性的遗漏值。这种方法是一种较常用的方法，与其他几种方法相比，它最大限度地利用了当前数据所包含的信息来帮助预测所遗漏的数据。

2.2.1.2 噪声数据处理

被测变量如果发生了随机性（非规律性）的错误和变化就会产生噪声。常见的噪声数据处理有三种方法，分别是分箱法、聚类法、回归法。下面将以分箱法和回归法为例，通过给定一个数值型属性（如价格）来说明平滑去噪的具体方法。

1. 分箱法

分箱法（Bin 方法）是一个常用的方法，所谓的分箱法，就是将需要处理的数据根据一定的规则放进“箱子”里，然后对每一个箱子里的数据进行测试，并根据数据中的各个“箱子”的实际情况采取一定的方法对数据进行处理。

如何进行分箱呢？可以按照记录的行数进行分箱，使得每箱具有相同的记录数。或者把每箱的区间范围设置为一个常数，这样就能够根据区间的范围进行分箱。其实也可以自定义区间进行分箱。这三种方式都是可以的。分好箱号，就可以求每一个箱的平均值中位数，或者使用极值来绘制折线图。一般来说，折线图的宽度越大，光滑程度也就越明显。

分箱法通过利用应被平滑数据点的周围点（近邻）对一组排序数据进行平滑。排序后的数据被分配到若干箱（称为Bin）中。如图2-1所示，对Bin的划分方法一般有两种，一种是等高方法，即每个Bin中的元素的个数相等，另一种是等宽方法，即每个Bin的取值间距（左右边界之差）相同。

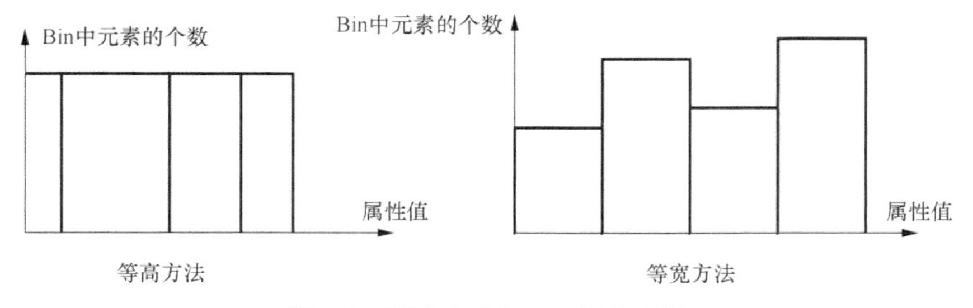

图2-1 两种典型的Bin划分方法

如图2-2描述了一些Bin方法技术。首先，对“价格”数据进行排序；然后，将其划分为若干等高的Bin，即每个Bin包含三个数值；最后，既可以利用每个Bin的均值进行平滑，也可以根据每个Bin的边界进行平滑。

- 排序后的价格：4,8,15,21,21,24,25,28,34
- 划分为等高度Bin：
  —Bin1：4,8,15
  —Bin2：21,21,24
  —Bin3：25,28,34
- 根据Bin的均值进行平滑：
  —Bin1：9,9,9
  —Bin2：22,22,22
  —Bin3：29,29,29
- 根据Bin的边界进行平滑：
  —Bin1：4,4,15
  —Bin2：21,21,24
  —Bin3：25,25,34

图 2-2　利用 Bin 方法平滑去噪

利用均值进行平滑时，第一个 Bin 中 4、8、15 均用该 Bin 的均值替换，利用边界进行平滑时，对于给定的 Bin，其最大值与最小值就构成了该 Bin 的边界，利用每个 Bin 的边界值（最大值或最小值）可替换该 Bin 中的所有值。

一般来说，每个 Bin 的宽度越宽，其平滑效果越明显。

2. 回归法

回归法就是利用数据描点绘制图像，然后对图像进行光滑处理。回归法有两种：一种是单线性回归（见图 2-3），另一种是多线性回归（见图 2-4）。单线性回归就是找出两个属性的最佳直线，能够用一个属性预测另一个属性。多线性回归就是找到很多个属性，从而将数据拟合到一个多维面，这样就能够消除噪声。

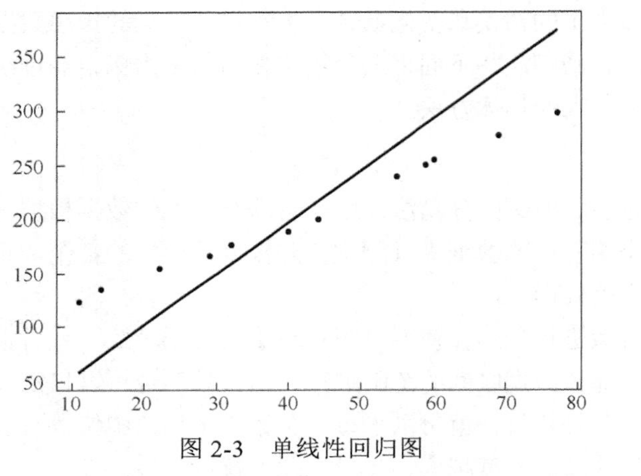

图 2-3　单线性回归图

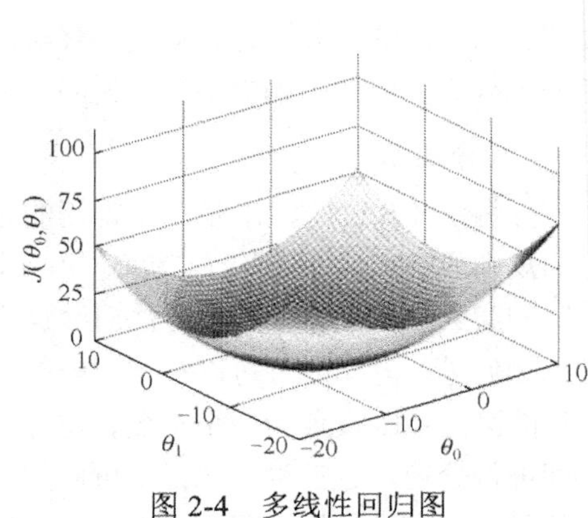

图 2-4　多线性回归图

借助线性回归方法（包括多线性回归方法）就可以获得多个变量之间的拟合关系，从而达到利用一个（或一组）变量值来预测其他变量取值的目的。利用回归分析方法所获得的拟合函数，能够帮助平滑数据及除去其中的噪声。

除了上述两种方法外，还有人机结合检查的方法，可以帮助发现异常数据。这种人机结合检查的方法比手工检查方法效率要高得多。

2.2.1.3　不一致数据处理

由于在不同的数据库中会产生同一属性取名不同的问题，这使得数据在集成时会发生不一致的情况。现实世界的数据库常出现数据记录内容不一致的问题，对其中的一些数据可以利用它们与外部的关联，手工解决这种不一致的问题。例如，数据录入错误一般可以通过与原始数据进行对比来加以纠正。

2.2.2　数据集成

1. 数据集成概述

数据处理常常涉及数据集成操作，即将来自多个数据源（如数据库、普通文件等）的数据结合在一起并形成一个统一的数据集合，以便为数据处理工作的顺利完成提供完整的数据基础。

在数据集成的过程中，要考虑以下几个问题。

（1）模式集成问题。模式集成问题就是如何使来自多个数据源的实体相互匹配，这就会涉及实体识别问题。例如，如何确定一个数据库中的“customer_id”与另一个数据库中的“customer_number”是否表示同一实体。

（2）冗余问题。冗余问题是数据集成中经常发生的另一个问题。若一个属性可以从其他属性中推演出来，那这个属性就是冗余属性。例如，一个顾客数据表中的“平均月收入”属性就是冗余属性，显然它可以根据“总收入”属性计算出来。此外，属性命名的不一致也会导致集成后的数据集出现数据冗余问题。

（3）数据值冲突检测与消除问题。在现实世界中，来自不同数据源的实体，其属性值或许不同。问题产生的原因可能是比例尺度或编码方式等存在差异。例如，“重量”属性在一个系统中采用公制，而在另一个系统中却采用英制；再如，“价格”属性在不同地点采用不同的货币单位。这些差异会为数据集成带来许多问题。

2. 数据集成的相关方法

（1）数据复制方法。将各个数据源的数据复制到与其相关的其他数据源上，并维护数据源整体上的数据一致性，可以提高信息共享的效率。

（2）网格技术。数据网格技术是在计算网格技术的基础上发展起来的，对于数据集成的大型科学研究具有重大的科研和应用价值，它为具有数据密集型或有协作需求的大型科学应用和研究提供了支撑平台。数据网格技术主要解决的是在广域环境下分布的海量存储资源的统一访问与管理的问题，可以很好地解决海量数据难于组织、难以处理的问题。

（3）数据仓库。该方法将各个数据源的数据复制到同一处——数据仓库中。用户则像访问普通数据库一样直接访问数据仓库。数据仓库又称为ETL，数据仓库的使用由三个步骤构成：提取、转换和装载。其中提取就是连接源系统并选择和收集必要的数据用于随后的分析处理；变换就是通过一系列的规则将提取的数据转换为标准格式；装载就是将提取并变换后的数据导入目标存储设备。

（4）数据联合。数据联合会创建一个虚拟的数据库，从分离的数据源查询并合并数据。虚拟数据库并不包含数据本身，而是存储了真实数据及其存储位置的信息。

2.3 数据分析技术

数据分析作为数据处理的中间步骤，向前承接了数据采集和清洗，对已经汇总的数据进行分析并分类；向后衔接了数据可视化，在数据分析过程中也会用到数据可视化工具。

2.3.1 数据分析概述

数据分析指用适当的统计方法对采集来的大量数据进行分析，将它们加以汇总并消化理解，以求最大化地开发数据的功能，发挥数据的作用。数据分析是为了提取有用信息并形成结论而对数据进行详细研究和概括总结的过程。

1. 目的

数据分析的目的是把隐藏在一大批看似杂乱无章的数据中的信息提炼出来，从而找出所研究对象的内在规律。在实际应用中，数据分析可以帮助人们作出判断并采取适当行动。数据分析是有组织、有目的地采集数据、分析数据，使之成为有用信息的过程，这一过程也是质量管理的支持过程。在产品的整个生命周期，包括从市场调研到售后服务和最终处置的各个过程都需要适当运用数据分析，以提升各环节负责人作出判断、采取行动的有效性。例如，设计人员在开始一个新的设计前，要通过广泛的设计调查，分析所得数据以确定设计方案。

2. 分类

（1）探索性数据分析。探索性数据分析是指为了实施假设检验而对数据进行分析的一种方法，是对传统统计学假设检验手段的补充。该方法由美国著名统计学家约翰·图基（John Tukey）命名。

（2）定性数据分析。定性数据分析又称为定性资料分析或者定性研究，是指对诸如词语、照片、观察结果之类的非数值型数据（或资料）的分析。

（3）离线数据分析。离线数据分析用于较复杂和耗时的数据分析和处理，通常构建在云计算平台之上，如开源的 HDFS 文件系统和 MapReduce 运算框架。再如 Hadoop 是一个分布式系统基础架构，用户可以在不了解分布式底层细节的情况下，开发分布式程序，充分利用集群的威力，实现高速运算和存储。Hadoop 集群包含数百台乃至数千台服务器，存储了数 PB 乃至数十 PB 的数据，每天运行着成千上万的离线数据分析作业，每个作业处理几百 MB 到几百 TB 甚至更多的数据，运行时间为几分钟、几小时、几天甚至更长。

（4）在线数据分析。在线数据分析也称为联机分析处理，用来处理用户的在线请求，它对响应时间的要求比较高（通常不超过若干秒）。与离线数据分析相比，在线数据分析能够实时处理用户的请求，允许用户随时更改分析的约束和限制条件；在线数据分析能够处理的数据量要小得多，但随着技术的发展，当前的在线分析系统已经能够实时地处理数千万条甚至数亿条记录。如果没有大数据的在线分析和处理，则无法存储和索引数量庞大的互联网网页，就不会有当今高效的搜索引擎，也不会有构建在大数据处理基础上的微博、博客、社交网络等的蓬勃发展。

在统计学领域，也有人将数据分析划分为描述性统计分析、探索性数据分析以及验证性数据分析。其中，探索性数据分析侧重于在数据之中发现新的特征，而验证性数据分析则侧重于对已有假设的证实或证伪。

2.3.2 数据分析的相关技术

数据分析技术是在已经获取的数据流或信息流中寻找匹配关键词或关键短语的技术。

1. 分析方法

（1）列表法。将数据按照一定规律用列表的方式表达出来，是记录和处理数据最常用的方法。表格的设计既要求对应关系清楚、简单明了、有利于发现相关量之间的关系，还要求在标题栏中注明各个量的名称、符号、数量级和单位等；根据需要还可以列出除原始数据以外的计算栏目和统计栏目等。

（2）作图法。作图法可以醒目地表达各个量之间的变化关系。从图中可以简便求出实验需要的某些结果，还可以把某些复杂的函数关系通过一定的变换用图形表示出来。

图表和图形的生成方式主要有两种：手动制表和利用程序自动生成，其中利用程序制表是通过相应的软件（如 SPSS、Excel、MATLAB 等），将调查的数据输入程序中，通过对这些软件进行操作，得出最后结果，最后用图表或者图形的方式将结果表现出来。

2. 数据分析过程

数据分析过程的主要活动由识别信息需求、采集数据、分析数据、评价并改进数据分析的有效性组成。

（1）识别信息需求。识别信息需求是确保数据分析过程有效性的首要条件，可以为采集数据、分析数据提供清晰的目标。识别信息需求是管理者的职责，管理者应根据决策和过程控制的需求，提出对信息的需求。

（2）采集数据。有目的地采集数据是确保数据分析过程有效的基础。数据的使用者需要对收集数据的内容、渠道、方法进行策划。策划时应考虑：将识别的需求转化为具体的要求；明确由谁在何时、何处，通过何种渠道和方法采集数据；记录表应便于使用；应采取有效措施防止数据丢失和虚假数据对系统的干扰。

（3）分析数据。分析数据是将采集的数据通过加工、整理和分析，使其转化为有用的信息，其常用工具或方法有：老七种工具或方法，即排列图、因果图、分层法、调查表、散步图、直方图、控制图；新七种工具或方法，即关联图、系统图、矩阵图、KJ 法、计划评审技术、PDPC 法、矩阵数据图。

（4）评价并改进数据分析的有效性。数据分析是质量管理体系的基础。管理者应通过思考以下问题，评估数据分析的有效性：提供决策的信息是否充分、可信，是否存在因信息不足、失准、滞后而导致决策失误的问题；信息对持续改进质量管理体系、过程、产品所发挥的作用是否与期望的一致；采集数据的目的是否明确，采集的数据是否真实和充分，信息渠道是否畅通；数据分析方法是否合理，是否能将风险控制在可接受的范围；数据分析所需资源是否能够得到保障。

3. 分析工具

使用 Excel 自带的数据分析功能就可以完成必要的数据统计、分析，其中包括直方图、相关系数、协方差、各种概率分布、抽样与动态模拟、总体均值判断、均值推断、线性或非线性回归、多元回归分析、移动平均等。

越来越多的人开始使用 Python 语言开展数据分析工作，与其他的统计分析工具相比，Python 包含了数据分析过程需要的所有方法和工具，具有速度方面的优势，能够支持大数据的处理。使用 Python 进行数据分析，无须掌握复杂的软件编程技术，它的代码量少，适用于初学者，也同样适用于专家。

2.4 数据可视化技术

数据可视化旨在借助图形化手段，清晰有效地传达与沟通信息。

2.4.1 数据可视化概述

数据可视化旨在借助图形化手段，清晰、有效地传达与沟通信息。但是，这并不意味着数据可视化会为了传达与沟通信息而使传递信息的方式枯燥乏味，或者为了绚丽多彩的图形化表达而使信息传达与沟通变得复杂。因此，数据可视化的美学形式与功能需要齐头并进，以直观地传达关键信息与特征。

1. 概念

数据可视化，是关于数据视觉表现形式（信息以某种概要的形式从大量数据中被抽取出来，被抽取出来的信息包括相应数据的各种属性和变量）的研究。它是一个在不断演变的概念，其边界在不断地扩大，主要是指有了更为高级的技术方法，而这些技术方法允许利用图形、图像处理，计算机视觉以及用户界面等方式，对数据加以可视化解释。与立体建模之类的特殊技术方法相比，数据可视化所涵盖的技术方法要广泛得多。

2. 信息可视化与数据可视化

数据可视化和信息可视化是两个相近的术语。狭义上的数据可视化指的是将数据用统计图表等方式进行呈现，而信息可视化则是将非数字的信息进行图形化，后者传递的信息相较于前者，往往更抽象或复杂。而广义上的数据可视化则是信息可视化等多个领域的统称。

数据可视化的基础和常见应用包括饼图、直方图、散点图、柱状图等，它们是最原始的统计图表，作为统计学工具，它们为人们创建了一条快速认识数据集的捷径，并成为一种令人信服的沟通手段，传达了储存在数据中的基本信息。

信息可视化的主要目的是通过图形化手段进行清晰、有效的信息传递，常见的表现形式有地图、网络图、树状图、矩阵图、流程图、折线图、数据表、雷达图、插画、解剖图、说明图等。

2.4.2 数据可视化的相关技术

数据可视化将数据以不同形式展现在不同系统中，其中包括属性和变量的单位信息。基于可视化数据分析的方法允许用户使用不同的数据源来创建和自定义数据分析方法，并通过交互来提高数据分析和结果展示的效率。

在数据可视化分析中，除了常规的表格、直方图、散点图、折线图、柱状图、饼图、面积图、流程图、泡沫图表等，还常常使用平行坐标、树状图、语义网络等。

（1）平行坐标。平行坐标（见图 2-5）被用于绘制多维度个体数据，平行坐标在显示多维数据时是非常有用的。

（2）树状图。树状图（见图 2-6）是一种有效的可视化层次结构，是一个或多个节点的有限集合。树状图有一个特定的点称为根节点（如 A 点）；上一层级的节点是下一层级节点的父节点，下一层级的节点是上一层级节点的子节点（如 A 点是 B 点的父节点，D 点是 B 点的子节点）；拥有同一父节点的子节点被称为兄弟节点（如 F 点与 G 点为兄弟节点）。

（3）语义网络。语义网络是一个表示不同概念之间逻辑关系的图形，包括节点或顶点、边或弧，并且每条边或弧上需要做出标记。语义网络可以被看成一种用于存储知识的数据结构，并且是基于图形的数据结构。使用语义网络，可以很方便地将自然语言的句子用图形来表达和存储。例如，要表示“John gave an apple to Mary”这样一句话，可以用图 2-7 所示的一个语义网络来表示。

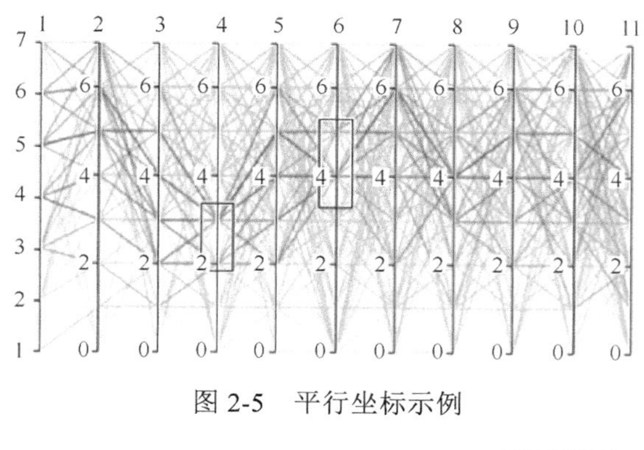

图 2-5　平行坐标示例

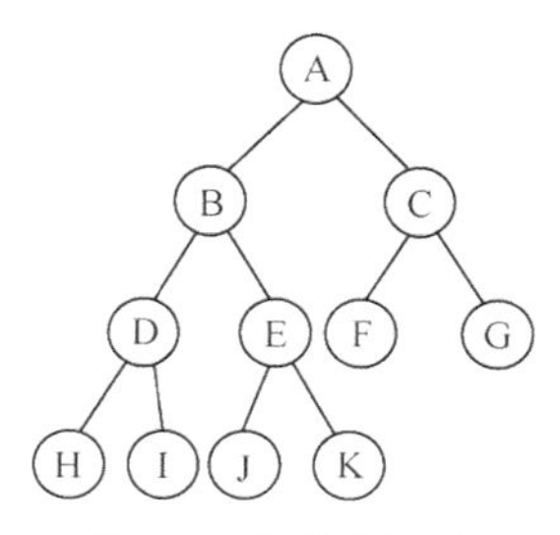

图 2-6　树状图示例

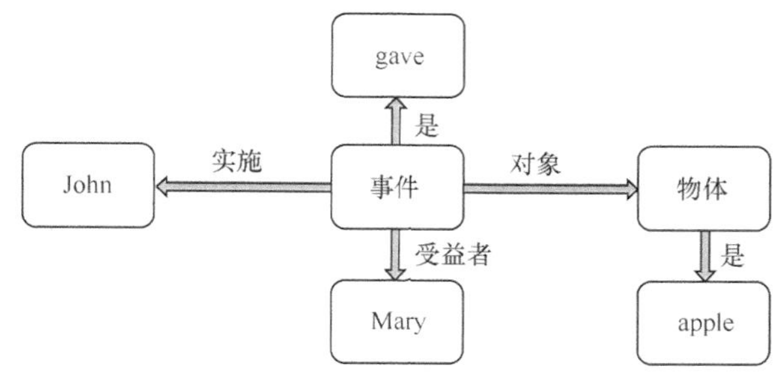

图 2-7　“John gave an apple to Mary”的语义网络图

归纳与提高

本章主要介绍了数据科学关键技术中的数据采集技术、数据预处理技术、数据分析技术、数据可视化技术。数据采集是搜集符合数据挖掘要求的原始数据。数据采集技术是利用采集装置从系统外部采集数据并输入到系统内部的一种技术，其广泛地应用于各个领域。数据预处理有多种方法：数据清洗，数据集成等。数据分析指用适当的统计方法对采集来的大量数据进行分析，是为了提取有用信息并形成结论而对数据进行详细研究和概括、总结的过程。数据可视化是数据分析非常关键的一环。数据可视化是指将大量集中的数据以图形或图像的形式表示，并利用数据分析和开发工具对其中未知的信息进行处理。

知识巩固与训练

一、填空题

1. 数据采集的来源包括________、________。

2. 采集一手数据的方法有________、________。

3. 对于数据的采集，主要有四类系统：________、________、________、________。

4. 在按照数据清洗的步骤进行工作的时候还需要重视________、________、________、________。

5. 常见的数据清洗方法有________、________、________。

6. 噪声数据处理包括________、________、________方法。

7. 在数据可视化分析中常用的方法包括________、________、________、________。

二、单选题

1. 数据采集就是搜集符合数据挖掘研究要求的（　　）。

A. 一手数据　　B. 二手数据　　C. 原始数据　　D. 调查数据

2. 数据清洗由（　　）个步骤构成。

A. 2　　B. 3　　C. 4　　D. 5

3. 数据清洗的诸多步骤中，第二个步骤是（　　）。

A. 定义错误类型　　B. 搜索并标识错误实例

C. 改正错误　　D. 记录错误实例和错误类型

4. 数据分析的目的是把隐藏在一大批看来杂乱无章的数据中的信息集中起来和提炼出来，从而找出所研究对象的（　　）。

A. 内在规律　　B. 外部表现　　C. 内在需求　　D. 设计方向

5. 以下哪个选项不属于数据分析的分类？（　　）

A. 探索性数据分析　　B. 离线数据分析

C. 定量数据分析　　D. 在线数据分析

三、思考题

1. 数据采集的定义是什么？数据采集的方法有哪些？

2. 简述数据采集的相关技术。

3. 噪声数据处理有哪些方法？

4. 进行数据分析的目的是什么？有哪些类别？

5. 数据分析的过程由哪几步组成？

四、实训题

实训题目：数据科学关键技术分析

实训目的：

1. 掌握数据采集技术；

2. 掌握数据清洗技术；

3. 掌握数据分析技术；

4. 掌握数据可视化技术。

实训内容：

1. 任意举出一种数据采集系统，并说明它是如何采集日常生活中的数据的。

2. 任意举出一种数据清洗方法，并说明它是如何处理日常生活中的数据噪声的。

3. 任意找出一组统计数据（如某一课程中每位同学的成绩），用 Excel 对其进行分析，比如画出直方图。

4. 任意举出一种数据可视化技术，并说明它是如何体现在日常生活中的。

第 3 章　Python 基础

【知识目标】

了解 Python 语言的优点和缺点；掌握 Python 的安装与运行；熟悉 Python 程序的开发与基本语法；掌握 Python 的基本数据类型、运算符和表达式；掌握 Python 程序的控制结构。

【本章导读】

当今社会，网络和信息技术开始渗入人类日常生活的方方面面，产生的数据量也呈现指数级增长的态势。如何管理和使用这些数据，逐渐成为数据科学领域中一个全新的研究课题。Python 语言在最近十年发展迅猛，大量的数据科学领域的从业者开始使用 Python 完成数据科学相关的工作。Python 是一种跨平台、免费、面向对象、动态解释型的高级程序设计语言，在 2021 年 11 月的世界编程语言排行榜中，Python 排名第一。Python 具有简单易用、功能强大、可扩展性强、跨平台等诸多特点，这使其成为最受欢迎的程序设计语言之一。学习程序设计，首先要学习语法知识。实际动手编写程序与上机调试程序是提高程序设计能力的主要途径。本章首先简要介绍 Python 语言，然后介绍 Python 程序的开发、基本语法、基本数据类型、运算符和表达式，以及程序的控制结构等基础内容。

3.1　Python 简介

Python 语言是由荷兰人吉多·范罗萨姆（Guido van Rossum）于 1989 年年底设计并实现的高级程序设计语言。Python 是一种动态解释型的编程语言，可以在 Windows、UNIX、macOS 等多种操作系统上使用，也可以在 Java、.NET 开发平台上使用。

3.1.1　Python 语言概述

1991 年 2 月，第一个 Python 编译器诞生。吉多希望 Python 语言能成为一种介于 C 语言和 Shell 语言之间，功能全面、易学易用、可拓展的程序设计语言。目前，Python 以其语法优美、清晰、简单的特性在全世界广泛流行，成为主流的编程语言之一。

Python 语言被广泛地应用于众多领域，诸如科学计算、云计算、Web 开发、数据分析等。

目前国内外越来越多的大中型企业选用 Python 作为其主要开发语言，如谷歌、美国宇航局（NASA）、Dropbox（美国的在线云存储网站）、Linux 平台的图像处理软件 GIMP、YouTube（视频网站）、Facebook 的庞大基础库等。此外，国内的很多公司，如搜狐、金山、腾讯、盛大、网易、百度、阿里、新浪、果壳等都在使用 Python 完成各种各样的任务。

3.1.2 Python 语言的优点和缺点

1. Python 语言的优点

（1）语言简洁。在实现相同功能时，用 Python 编写的代码数量往往只有用 C、C++和 Java 编写的代码数量的 1/5～1/3。

（2）语法优美。Python 语言是高级语言，它的代码接近人类语言，只要掌握由英语单词表示的助记符，就能大致读懂 Python 代码；此外 Python 通过强制缩进体现语句间的逻辑关系，任何人编写的 Python 代码都具有统一风格，这增加了 Python 代码的可读性。

（3）简单易学。与其他编程语言相比，Python 简单易学，它使编程人员更注重解决问题，而非语言本身的语法和结构。Python 语法大多源自 C 语言，但它摒弃了 C 语言中复杂的指针，同时秉持“使用最优方案解决问题”的原则，使语法得到了简化，降低了学习难度。

（4）免费开源。Python 自身具有足够多引人注目的优点，吸引了大量的人使用和研究它；Python 是遵守 Floss（Free/Libre Open Source Software，自由/开源软件）规范的语言，用户可以自由地下载、复制、阅读和修改代码，并能自由发布修改后的代码，这使相当一部分用户热衷于改进与优化 Python。

（5）具有可移植性。Python 作为一种解释型语言，可以在任何安装有 Python 解释器的平台中执行，因此 Python 具有良好的可移植性，使用 Python 语言编写的程序可以不加修改地在任何平台中运行。

（6）扩展性良好。Python 从高层可引入.py 文件，包括 Python 标准库文件，或程序员自行编写的.py 形式的文件，在底层可通过接口和库函数调用由其他高级语言编写的代码。

（7）类库丰富。Python 解释器拥有丰富的内置类和函数库，世界各地的程序员通过开源社区又贡献了十几万个几乎覆盖各个应用领域的第三方函数库，使开发人员能够借助函数库实现某些复杂的功能。

（8）通用灵活。Python 是一门通用编程语言，可被用于科学计算、数据处理、游戏开发、人工智能、机器学习等各个领域。Python 语言介于脚本语言和系统语言之间，开发人员可根据需要，将 Python 作为脚本语言来编写脚本程序，或作为系统语言来编写系统服务程序。

（9）模式多样。Python 解释器内部采用面向对象模式实现，但在语法层面，它既支持面向对象编程，又支持面向过程编程，可由用户灵活选择。

（10）支持多种文字。Python 3.x 解释器采用 UTF-8 编码表达所有字符信息，该编码不仅支持英文，还支持中文、韩文、法文等各类文字，使得 Python 程序对字符的处理更加灵活与简洁。

2. Python 语言的缺点

任何编程语言都有缺点，Python 语言也不例外，它主要存在以下两个方面的缺点。

（1）运行速度慢。由于 Python 是解释型语言，其代码在执行时会一行一行地被翻译成CPU 能理解的机器码，因此运行速度稍慢，但在大多数情况下用户是无法直接感知到的，必须借助测试工具才能体现出来。例如用 C 语言开发的一个程序运行时间是 0.01s，用 Python 是 0.1s，这样 C 语言就比 Python 的运行速度快了 10 倍，但是用户无法直接感知，因为人类所能感知的时间最小单位是 0.15～0.4s。其实在大多数情况下，Python 已经完全可以满足程序员对程序运行速度的要求，除非需要编写对运行速度要求极高的程序（如搜索引擎等）。随着硬件设备及计算力的增强，Python 运行速度慢的缺点已经有所改善。在对编写代码所花时间与程序运行所用时间进行平衡后，很多用户开始选择使用 Python。

（2）代码不能加密。如果要发布 Python 程序，实际上就是发布源代码，这跟 C 语言不同，C 语言不用发布源代码，只需要把编译后的机器码（也就是在 Windows 上常见的*.exe 文件）发布出去即可。要从机器码反推出 C 语言代码是不可能的。

3.2 Python 程序的开发与基本语法

程序是运行在计算机之上，用于实现某种功能的一组指令的集合。简单来说，我们每天见到的计算机、手机里面的应用软件都是用程序来控制的。程序是由指令序列组成的，告诉计算机如何完成一个具体的任务。下面从程序的开发与基本语法两个方面对程序实现方法进行说明。

3.2.1 程序开发的流程

为了保证程序与需要解决的问题的统一，也为了保证程序能长期稳定使用，程序开发的流程主要包括如下六个阶段。

（1）分析问题。在解决问题之前，应充分了解要解决的问题，明确需求，避免因理解偏差而编写出不符合需求的程序。

（2）划分边界。准确描述程序要“做什么”，在这一阶段可利用 IPO（input，process，output）方法描述问题，确定程序的输入、处理和输出之间的总体关系。

（3）程序设计。该阶段需要考虑“怎么做”，即确定程序的结构和流程。对于简单的问题，使用 IPO 方法描述，再着重设计算法即可。对于复杂的程序，应先“化整为零，分而治之”。

（4）编写程序。该阶段首要考虑的是编程语言的选择。不同的编程语言在性能、开发周期、可维护性等方面有一定的差异，实际开发中需对性能、周期、可维护性等因素进行一定考量。

（5）测试与调试。该阶段首先须运行程序，然后再测试程序的功能，判断程序的功能是否与预期相符，是否存在疏漏等。如果程序存在不足，应定位和修复（即调试）程序。在该过程中应做尽量多的考量与测试。

（6）升级与维护。程序不可能尽善尽美，即便它已投入使用，后续需求方可能会提出新的需求，此时需要为程序添加新功能，对其进行升级。程序运行时可能会产生问题，或发现漏洞，此时也需要完善程序，对其进行维护。

3.2.2 程序编写的基本方法

无论是解决简单的四则数学运算，还是开发航空航天所需的复杂控制程序，都须遵循输入数据、处理数据和输出数据的运算模式。这一运算模式形成了基本的程序编写方法——IPO方法。

1. 输入

输入（input）是程序的开始，程序要处理的数据有多种来源，会因此形成多种输入方式。程序的输入包括控制台输入、随机数据输入、内部变量输入、文件输入、交互界面输入和网络输入等。

2. 处理

处理（process）是程序的核心，它蕴含程序的主要逻辑。程序中实现处理功能的方法也被称为“算法”，算法是程序的“灵魂”。选择优秀的算法是提高程序效率的重要途径之一。

3. 输出

输出（output）是程序展示运算结果的方式。程序的输出包括控制台输出、系统内部变量输出、文件输出、图形输出和网络输出等。

3.2.3 Python 的输入与输出

编写任何计算机程序都是为了执行一个特定的任务。有了输入，用户才能告诉计算机程序所需的信息；有了输出，程序运行后才能告诉用户执行任务的结果。Python 中，input()和print()是命令行下面最基本的输入和输出。

1. Python 的输入

Python 提供了一个 input()函数，可以让用户输入字符串，并将其存放到一个变量中。比如输入用户的名称，如下所示：

```
name = input()
```

当输入“name=input()”并按下回车键后，Python 交互式命令行就在等待用户的输入了。这时，可以输入任意字符，然后按回车键后完成输入。

输入完成后，不会有任何提示，Python 交互式命令行又回到输入状态。刚输入的内容就被存放到 name 变量中，要输出 name 变量的内容，除了直接写 name 然后按回车键外，还可以使用 print()函数，如下所示：

```
name
print(name)
```

2. Python 的输出

用 print()在括号中加上字符串，就可以向屏幕上输出指定的文字。比如要输出“hello，world”，可用以下代码实现：

```
print('hello,world')    #输出结果为：hello,world
```

print()函数也可以接收多个字符串，各字符串用逗号“,”隔开，就可以连成一个字符串输出，如下所示：

```
print('The quick brown fox','jumps over','the lazy dog')  #输出结果为：The quick brown fox jumps over the lazy dog
```

print()会依次输出每个字符串，遇到逗号“,”会输出一个空格。

print()也可以输出整数，或者输出计算结果，如下所示：

```
print(300)  #输出结果为：300
print(100+200)  #输出结果为：300
```

可以把计算 100+200 的结果输出得更规范，如下所示：

```
print('100+200 =',100+200)  #输出结果为：100+200 = 300
```

注意，对于 100+200，Python 解释器自动计算出结果 300，但是，'100+200 ='是字符串而非数学公式，Python 会把它视为字符串整体输出。

【例 3-1】 计算圆的面积。

根据圆的半径计算圆的面积。

输入：获取圆的半径 r。

处理：根据圆面积计算公式 $S=\pi r^2$（π 取 3.14），计算圆的面积 S。

输出：输出面积 S 的计算结果。

（1）交互式

交互式是对每一条语句及时显示运行结果，适合单条语句的测试。

```
r = eval(input('输入圆的半径：'))      # 获取圆的半径
```

input()函数接收一个标准输入数据，返回字符串型。可使用 eval()函数计算在字符串中的有效表达式，并返回表达式的运算结果。

```
s = 3.14*r *r                          # 计算圆的面积
print(s)                               # 如果输入圆的半径为 10，则输出结果为 314.0
```

（2）文件式

文件式是批量执行一组语句并运行结果，是编程的主要方式。新建一个文件，将文件保存为 example3_1.py，将以下代码存储在该文件中：

```
r=10
s=3.14*r*r
print(s)
```

运行文件 example3_1.py，查看运行结果，输出结果为 314.0。

【例 3-2】 信息录入。

根据提示录入个人信息，并根据输入将信息输出到终端。

（1）交互式

```
name=input("输入姓名：")               # 输入姓名：王志明
spec=input("输入专业：")               # 输入专业：电子商务
cls=input("输入班级：")                # 输入班级：2020 级 2 班
print("%s 同学来自%s 专业%s。"%(name,spec,cls))    # 输出结果：王志明同学来自电子商务专业2020 级 2 班。
```

（2）文件式

新建一个文件，将文件保存为 example3_2.py，将以下代码存储在该文件中：

```
name=input("输入姓名：")
spec=input("输入专业：")
```

```
cls=input("输入班级：")
print("%s 同学来自%s 专业%s。"%(name,spec,cls))
```

运行文件 example3_2.py，根据提示分别输入“王志明”“电子商务”“2020 级 2 班”，查看运行结果。

3.2.4 Python 的基本语法

1. 缩进

Python 程序是依靠代码块的缩进来体现代码之间的逻辑关系的，缩进结束就表示一个代码块结束了。对于函数定义、选择结构和循环结构等，行尾的冒号表示缩进的开始。同一个级别的代码块的缩进量必须相同。通常情况下，以四个半角空格为基本缩进单位，可以使用空格或者 Tab 键实现，示例代码如下：

```
score=53
if score<=60:
    print("不及格")
    print("重修")
else:
    print("及格")
```

Python 对代码的缩进要求非常严格，同一个级别代码块的缩进量必须一样，否则解释器会报 SyntaxError 异常错误。例如，对上面代码做错误改动，将位于同一作用域中的两行代码的缩进量分别设置为四个空格和两个空格，示例代码如下：

```
score=53
if score<=60:
      print("不及格")
    print("重修")
else:
    print("及格")
```

显示结果为：

```
  File "<tokenize>",line 4
    print("重修")
    ^
IndentationError: unindent does not match any outer indentation level
```

2. 注释

一个可读性强的程序一般包含 20%以上的注释。常用的注释方式主要有单行注释和多行注释两种。

（1）单行注释

以“#”开始，表示“#”之后的内容为注释，示例代码如下：

```
#使用 print 输出数字
print(36.7*14.5)        #输出乘积
print(100%7 )           #输出余数
```

（2）多行注释

Python 使用一对三个连续的单引号''' '''或三个连续的双引号""" """注释多行内容，示例代码如下：

```
'''
使用三个单引号分别作为注释的开头和结尾
```

```
可以一次性注释多行内容
这里面的内容全部是注释内容
'''
```

3. 续行符号

如果一行语句太长，可以在行尾加上反斜杠“\”来换行分成多行。注意，在“\”之后不能有任何其他符号，包括空格和注释。此外，还可以使用括号（包括“()”“[ ]”）进行续行，建议使用小括号将多行内容隐性地连接起来，示例代码如下：

```
x=50
if x>10\
  and x<100:
    print(x*5-1)
else:
    print(0)
```

4. 模块的导入

Python 支持使用一个 import 语句导入多个模块，但建议一次只导入一个模块，示例代码如下：

```
#推荐
import math
import time
import math,time  #不推荐
```

5. 空格和空行

运算符两侧、函数参数之间、逗号两侧建议使用空格分开。不同功能的代码块之间、不同的函数定义之间建议增加一个空行以增加代码的可读性。

3.2.5 变量与常量

变量是指在程序的执行过程中其值可以被改变的量。这就意味着在创建变量时会在内存中开辟一个空间。基于变量的数据类型，解释器会为其分配指定内存，并决定什么数据可以被存储在内存中。因此，变量可以被指定为不同的数据类型，这些变量可以存储整数、小数或字符等。常量是指在程序的执行过程中其值不会被改变的量。

1. 变量

变量的概念基本上和初中代数的方程变量是一致的，只是在计算机程序中，变量不仅可以是数字，还可以是任意数据类型。变量要先定义（赋值），后使用。

变量定义（赋值）格式如下：

```
变量名1,变量名2,变量名3,...,变量名n=表达式1,表达式2,表达式3,...,表达式n
```

变量在程序中用一个变量名表示，变量名必须是字母、数字和下画线（_）的组合，且不能以数字开头，例如：

```
x =1           #变量x是一个整数
x_01='T007'    #变量x_01是一个字符串
a=True         #变量a是一个布尔值True
```

在 Python 中，赋值语句中的等号“=”可以把任意数据类型赋值给变量，同一个变量可以被反复赋值，而且可以是不同类型的变量，例如：

```
a=123          # a是整数
print(a)
```

```
a='ABC'        # a变为字符串
print(a)
```

不要把赋值语句的等号等同于数学的等号。例如下面的代码：

```
x=10
x=x+2
```

如果从数学上理解 x=x+2，那无论如何是不成立的。在程序中，赋值语句先计算右侧的表达式 x+2，得到结果 12，再赋给变量 x。由于 x 之前的值是 10，重新赋值后，x 的值变成 12。

最后，理解变量在计算机内存中的表示也非常重要。例如：

```
a='ABC'
```

Python 解释器干了两件事情：

（1）在内存中创建了一个“ABC”的字符串；

（2）在内存中创建了一个名为 a 的变量，并把它指向“ABC”。

也可以把一个变量 a 赋值给另一个变量 b，这个操作实际上是把变量 b 指向变量 a 所指向的数据，例如下面的代码：

```
a ='ABC'
b=a
a='XYZ'
print(b)
```

最后一行输出变量 b 的内容到底是 ABC 还是 XYZ 呢？如果从数学意义上理解，就会错误地得出 b 和 a 相同，也应该是 XYZ，但实际上 b 的值是 ABC，通过一行一行地执行代码，就可以理解到底发生了什么事。

执行 a='ABC'，解释器创建了字符串“ABC”和变量 a，并把 a 指向 ABC，如图 3-1 所示。

执行 b=a，解释器创建了变量 b，并把 b 指向 a 指向的字符串“ABC”，如图 3-2 所示。

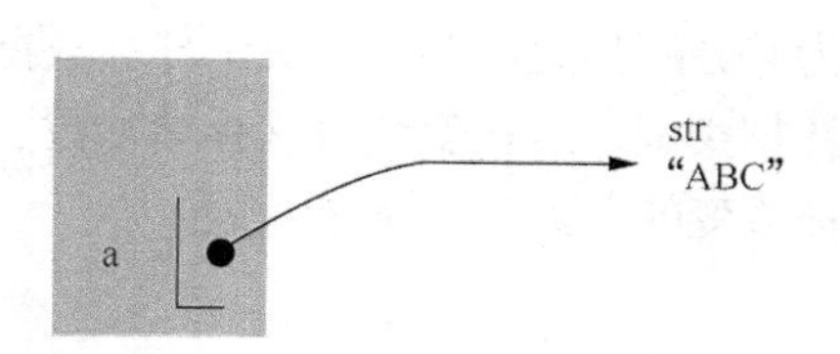

图 3-1　a 变量指向“ABC”

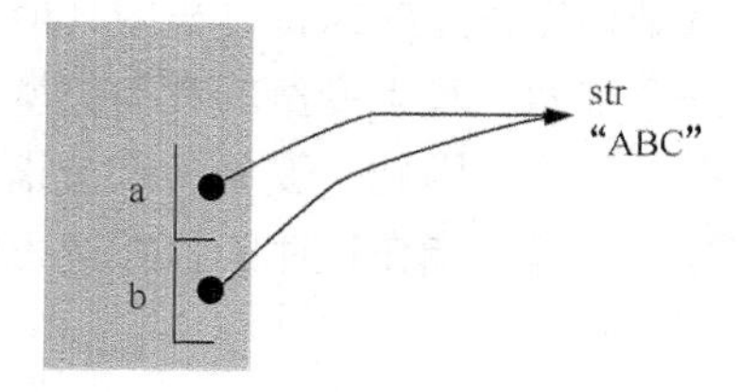

图 3-2　b 变量和 a 变量指向“ABC”

执行 a='XYZ'，解释器创建了字符串“XYZ”，并把 a 的指向改为“XYZ”，但 b 并没有更改，如图 3-3 所示。

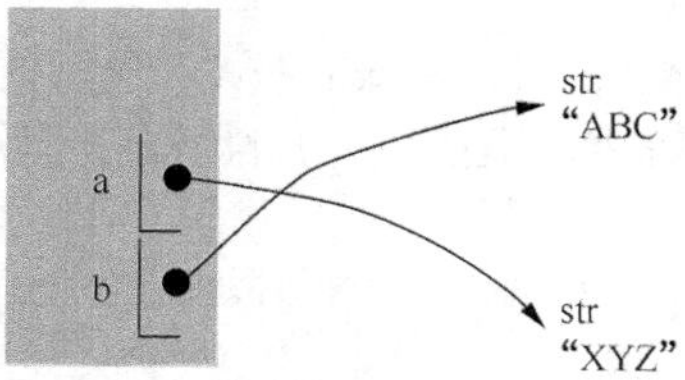

图 3-3　a 变量指向改为“XYZ”

所以，最后输出变量 b 的结果自然是“ABC”了。

2. 常量

常量是指在整个程序的执行过程中其值不能被改变的量，例如数学常数 π 就是一个常量。在 Python 中，通常用全部大写的变量名表示常量：

```
PI=3.14159265359
```

在 Python 中，常量主要包括两大类：数字型常量和字符型常量。数字型常量，简称数字常量，常用的数字常量为整型常量和浮点型常量，即整数和实数。字符型常量就是字符串。

3.2.6 标识符

标识符是由字母、数字和下画线三种字符构成的，且第一个字符必须是字母或下画线。开发人员在 Python 程序中自定义的一些符号和名称都要用标识符来表示，如变量、自定义的函数、模块、文件等。

1. 标识符的命名规范

使用字母、数字、下画线及其组合作为标识符名称，但不允许以数字开头。统一命名方式如下。

（1）单个小写字母，如 a，b。

（2）单个大写字母，如 A，B。

（3）多个小写字母，如 ftpserver。

（4）多个大写字母，如 FTPCLIENT。

（5）用下画线分隔多个单词，如 my_name、MY_HEIGHT。

（6）大写词（驼峰命名），如 MyAge。

定义标识符时要注意如下几点。

（1）标识符由字母（A～Z 和 a～z）、数字、下画线组成，不能包含空格、@、%以及$等特殊字符。

（2）所有标识符可以包括英文、数字以及下画线，但不能以数字开头。

（3）标识符区分大小写。

（4）以下画线开头的标识符具有特殊意义。例如，以单下画线开头的标识符（如_width），表示不能直接访问的类属性，需通过类提供的接口进行访问。

（5）以双下画线开头的标识符（如_ _add），表示类的私有成员。

（6）以双下画线开头和结尾的标识符（如_ _init_ _），表示类的构造函数。

（7）尽量做到知名见义，增强程序的可读性。

（8）标识符不能和 Python 中的关键字（保留字）相同。

2. Python 的关键字

Python 语言的关键字是 Python 语言中一些已经被赋予特定意义的单词，开发者在开发程序时，不能用这些关键字作为标识符给变量、函数、类、模块以及其他对象命名。Python 中定义的关键字如表 3-1 所示。

表 3-1 Python 中定义的关键字

关键字	关键字	关键字	关键字	关键字	关键字
and	as	assert	break	class	continue
def	del	elif	else	except	finally
for	from	False	global	if	import
in	is	lambda	nonlocal	not	None
or	pass	raise	return	try	True
while	with	yield			

需要注意的是，由于 Python 是严格区分大小写的，关键字也不例外。因此 if 是关键字，但 IF 就不是关键字。在实际开发中，如果使用 Python 中的关键字作为标识符，则解释器会

提示“invalid syntax”的错误信息。

3.3 Python的基本数据类型

程序的功能是处理数据，不同类型的数据有不同的存储方式和处理规则。例如，数字类型的数据可以进行数学运算。在程序中首先要明确待处理数据的数据类型，才能使数据得以被正确存储和处理。Python中提供了多种数据类型，包括整型、浮点型、复数类型、布尔型和字符串型等基本数据类型，用户还可以自定义列表、元组、字典、集合等组合数据类型。本节只介绍几种常用的数据类型。

3.3.1 数字类型

表示数字或数值的数据类型称为数字类型，Python提供了三种数字类型：整型、浮点型和复数类型。

1. 整型

Python可以处理任意大小的整数类型，包括负整数。例如：1，100，-8080，0，等等。示例代码如下：

```
#给x赋值一个很大的整数
x=9999999999999999999
print(x)
print(type(x))
#给y赋值一个很小的整数
y=-888888888888888888
print(y)
print(type(y))
```

运行结果如下：

```
9999999999999999999
<class'int'>
-888888888888888888
<class'int'>
```

x是一个极大的数字，y是一个很小的数字，Python都能正确输出，不会发生溢出，这说明Python对整数的处理能力非常强大。

Python中，可以使用多种进制来表示整数：二进制、八进制、十进制和十六进制，如表3-2所示。

表3-2 整数类型的四种进制表示

进制种类	引导符号	描述
十进制	无	由0～9共十个数字排列组合而成
二进制	0b或0B	由0和1两个数字组成。例如，0b101对应的十进制数是5
八进制	0o或0O	由0～7共八个数字组成。例如，0o117对应的十进制数是79
十六进制	0x或0X	由0～9十个数字以及A～F（或a～f）六个字母组成。例如，0xBCD对应的十进制数是3021

2. 浮点型

浮点型就是实数类型，表示带有小数的数值，也称为浮点数。按照科学记数法表示时，一个浮点数的小数点位置是可变的，例如，1.23×10^9 和 12.3×10^8 是完全相等的。Python 中的浮点数有十进制和指数两种书写形式。其中，十进制形式就是常用的小数形式，如 1.23，3.14，−9.01 等；对于很大或很小的浮点数，就必须用科学记数法表示，用指数形式书写，把 10 用 e 或 E 替代，例如，1.23×10^9 就是 1.23e9 或 12.3e8。示例代码如下：

```
f1=12.5
f2=0.34557808421257003
f3=0.0000000000000000000000000847
f4=345679745132456787324523453.45006
f5=12e4
f6=12.3*0.1
print(f1,'\n',f2,'\n',f3,'\n',f4,'\n',f5,'\n',f6)        #转义符\n 表示换行
```

运行结果如下：

```
12.5
0.34557808421257
8.47e-26
3.456797451324568e+26
120000.0
1.2300000000000002
```

从运行结果可以看出，Python 能容纳极小和极大的浮点数。print()函数在输出浮点数时，会根据浮点数的长度和大小，适当地舍去一部分数字，或者采用科学记数法来表示。其中 f6 的计算结果很明显是 1.23，但是 print()函数的输出却不精确。这是因为小数在内存中是以二进制形式存储的，小数点后面的部分在转换成二进制时很有可能是一串无限循环的数字，无论如何都不能精确表示，所以小数的计算结果存在微小误差。对于高精度科学计算外的绝大部分运算来说，浮点数类型足够“可靠”。

3. 复数类型

复数由实部（real）和虚部（imag）构成。在 Python 中，复数的虚部以 j 或者 J 作为后缀，具体格式为：a+bj，其中 a 表示实部，b 表示虚部。

```
c1=12+0.2j
c2=6-1.2j
#对复数进行简单计算
print("c1+c2: ",c1+c2)
print("c1*c2: ",c1*c2)
```

运行结果如下：

```
c1+c2: (18-1j)
c1*c2: (72.24-13.2j)
```

3.3.2 字符串类型

若干个字符序列就是一个字符串（string）。Python 中的字符串必须由单引号' '、双引号" "或者三引号''' '''括起来，具体格式为：

```
'数据科学与管理实践'
"数据科学与管理实践"
'''数据科学与管理实践'''
```

字符串的内容可以包含字母、标点、特殊符号、中文、日文等全世界的所有文字。

下面都是合法的字符串：

```
"123789"
"123abc"
"Python 3.x"
"数据科学与管理实践"
```

1. 处理字符串中的引号

当字符串内容中出现引号时，需要进行特殊处理，否则 Python 会解析出错，例如：

```
'I'm a great coder!'
```

由于上面字符串中包含了单引号，此时 Python 会将字符串中的单引号与第一个单引号配对，这样就会把'I'当成字符串，而后面的 m a great coder!'就变成了多余的内容，从而导致语法错误。

对于这种情况，有以下两种处理方案。

（1）对引号进行转义。在引号前面添加反斜杠“\”就可以对引号进行转义，让 Python 把它作为普通文本对待，例如：

```
str1='I\'m a great coder!'
str2="英文双引号是\"\"，中文双引号是“”"
print(str1)
print(str2)
```

运行结果如下：

```
I'm a great coder!
英文双引号是" "，中文双引号是“ ”
```

（2）使用不同的引号包括字符串。如果字符串内容中出现了单引号，那么可以使用双引号包括字符串，反之亦然。例如：

```
str1="I'm a great coder!"  #使用双引号包围含有单引号的字符串
str2='英文双引号是""，中文双引号是“”'  #使用单引号包围含有双引号的字符串
print(str1)
print(str2)
```

运行结果和上面相同。

2. 字符串的换行

Python 对程序的换行、缩进都有严格的语法要求。如果要换行书写一个比较长的字符串，就必须在行尾添加反斜杠“\”，请看下面的例子：

```
s2='It took me six months to write this Python tutorial. \
    Please give me more support. \
    I will keep it updated.'
```

上面 s2 字符串较长，所以使用了转义字符“\”对字符串内容进行了换行，这样就可以把一个长字符串写成多行。

3. Python 长字符串

所谓长字符串，就是可以直接换行（不用加反斜杠\）书写的字符串。Python 长字符串由三个双引号""" """或者三个单引号''' '''包围，语法格式如下：

```
"""长字符串内容"""
'''长字符串内容'''
```

在长字符串中放置单引号或者双引号不会导致解析错误。当程序中有大段文本内容需要定义成字符串时，优先推荐使用长字符串形式，因为这种形式非常强大，可以在字符串中放

置任何内容，包括单引号和双引号。例如，将长字符串赋值给变量：

```
longstr='''It took me 6 months to write this Python tutorial.
Please give me a 'thumb' to keep it updated.
The Python tutorial is available at http://www.×××.edu.cn/.'''
print(longstr)
```

4. Python 原始字符串

Python 字符串中的反斜杠“\”有着转义字符的特殊作用。如果要表示一个包含 Windows 路径“D:\Program Files\Python 3.7\Python.exe”这样的字符串，因为“\”的特殊性，需要对字符串中的每个\都进行转义，也就是写成“D:\\Program Files\\Python 3.7\\Python.exe”这种形式才行。这种写法需要特别谨慎，稍有疏忽就会出错。为了解决转义字符的问题，Python 支持原始字符串。在普通字符串或者长字符串的开头加上 r 前缀，就变成了原始字符串，具体格式为：

```
str1=r'原始字符串内容'
str2=r"""原始字符串内容"""
```

将上面的 Windows 路径改写成原始字符串的形式：

```
rstr=r'D:\Program Files\Python 3.7\Python.exe'
print(rstr)
```

如上所述，使用特殊字符时，Python 给出了转义字符。常用转义字符及其说明如表 3-3 所示。

表 3-3 常用转义字符及其说明

转义字符	说 明
\n	换行符，将光标位置移到下一行开头
\r	回车符，将光标位置移到本行开头
\t	水平制表符，也即 Tab 键，一般相当于四个空格
\a	蜂鸣器响铃。注意不是喇叭发声，现在的计算机很多都不带蜂鸣器了，所以响铃不一定有效
\b	退格（Backspace），将光标位置移到前一列
\\	反斜线
\'	单引号
\"	双引号
\	在字符串行尾的续行符，即一行未完，转到下一行继续写

3.3.3 布尔类型

布尔值和布尔代数的表示完全一致，一个布尔值只有 True、False 两种值，要么是 True，要么是 False。在 Python 中，可以直接用 True、False 表示布尔值（注意大小写），也可以通过布尔运算计算出来：

```
True                #输出结果：True
False               #输出结果：False
3>2                 #输出结果：True
3>5                 #输出结果：False
```

布尔值可以用 and、or 和 not 运算。

and 运算是与运算，只有所有都为 True，and 运算结果才是 True：

```
True and True       #输出结果：True
True and False      #输出结果：False
False and False     #输出结果：False
5>3 and 3>1         #输出结果：True
```

or 运算是或运算，只要其中有一个为 True，or 运算结果就是 True：

```
True or True        #输出结果：True
True or False       #输出结果：True
False or False      #输出结果：False
5>3 or 1>3          #输出结果：True
```

not 运算是非运算，它是一个单目运算符，把 True 变成 False，把 False 变成 True：

```
not True            #输出结果：False
not False           #输出结果：True
not 1>2             #输出结果：True
```

布尔值经常用在条件判断中，比如：

```
age=20
if age>=18:         #条件判断结果为布尔值 True
     print('adult')
else:
     print('teenager')
```

3.4 运算符与表达式

运算符是用于表示数据对象执行某种运算的符号。表达式是由运算符（操作符）和括号把运算数（操作数）连接起来构成的运算式。运算数（操作数）可以是常量、变量、函数或表达式等。例如，表达式 3.14*r**2，这里常量 3.14、2 和变量 r 被称为操作数，*和**被称为操作符。

3.4.1 运算符

Python 中提供了多种运算符，可以方便地实现各种运算。常用运算符包括算术运算符、赋值运算符、关系（比较）运算符、逻辑运算符、成员运算符、标识（身份）运算符和按位运算符。按照操作数的数量，运算符可以分为一元运算符（如～）和二元运算符（如*）等。

1. 算术运算符

算术运算符可实现数学运算，Python 语言算术运算符如表 3-4 所示（假设其中的变量 a=2，b=8）。

表 3-4 算术运算符

运算符	说 明	示 例
+	加：使两个操作数相加，获取操作数的和	a+b，结果为 10
−	减：使两个操作数相减，获取操作数的差	a−b，结果为−6
*	乘：使两个操作数相乘，获取操作数的积	a*b，结果为 16
/	除：使两个操作数相除，获取操作数的商	a/b，结果为 0.25
//	整除：使两个操作数相除，获取商的整数部分	a//b，结果为 0
%	取余：使两个操作数相除，获取余数	a%b，结果为 2
**	幂：使两个操作数进行幂运算，获取 a 的 b 次幂	a**b，结果为 256

2. 赋值运算符

在 Python 语言中，赋值运算符“=”的一般格式为：

```
变量=表达式
```

功能：将其右侧的表达式求出结果，赋给其左侧的变量。例如：

```
i=5*(2+3)            #i 的值变为 25
```

Python 语言的赋值运算符如表 3-5 所示（假设其中的变量 a=2，b=8）。

表 3-5　赋值运算符

运算符	说　明	示　例
=	等：将右值赋给左值	a=b，a 为 8
+=	加等：将左值加上右值的和赋给左值	a+=b，a 为 10
−=	减等：将左值减去右值的差赋给左值	a−=b，a 为−6
*=	乘等：将左值乘以右值的积赋给左值	a*=b，a 为 16
/=	除等：将左值除以右值的商赋给左值	a/=b，a 为 0.25
//=	整除等：将左值除以右值的商的整数部分赋给左值	a//=b，a 为 0
%=	取余等：将左值除以右值的余数赋给左值	a%=b，a 为 2

3. 关系运算符

关系运算符用于对两个表达式的结果进行比较，运算结果为 True（真）或 False（假）。Python 中的关系运算符如表 3-6 所示（假设其中的变量 a=2，b=8）。

表 3-6　关系运算符

运算符	说　明	示　例
==	比较左值和右值，若两者相同则为 True，否则为 False	a==b 不成立，结果为 False
!=	比较左值和右值，若两者不相同则为 True，否则为 False	a!=b 成立，结果为 True
>	比较左值和右值，若左值大于右值则为 True，否则为 False	a>b 不成立，结果为 False
<	比较左值和右值，若左值小于右值则为 True，否则为 False	a<b 成立，结果为 True
>=	比较左值和右值，若左值大于或等于右值则为 True，否则为 False	a>=b 不成立，结果为 False
<=	比较左值和右值，若左值小于或等于右值则为 True，否则为 False	a<=b 成立，结果为 True

4. 逻辑运算符

Python 语言提供了三种逻辑运算符，它们是 and（逻辑与，二元运算符）、or（逻辑或，二元运算符）、not（逻辑非，一元运算符），如表 3-7 所示。

表 3-7　逻辑运算符

运算符	说　明	示　例
or	当用 or 运算符连接两个操作数时，若左操作数的布尔值为 True，则返回左操作数，否则返回右操作数或其计算结果（若为表达式）	2+3 or None，结果为 5 0 or 3+5，结果为 8
and	当用 and 运算符连接两个操作数时，若左操作数的布尔值为 False，则返回左操作数或其计算结果（若为表达式），否则返回右操作数的执行结果	3−3 and 5，结果为 0 3−4 and 5，结果为 5
not	当用 not 运算符时，若操作数的布尔值为 False，则返回 True，否则返回 False	not(3−5)，结果为 False not(False)，结果为 True

5. 成员运算符

Python 的成员运算符用于判断序列中是否有某个成员。成员运算符如表 3-8 所示。

表 3-8　成员运算符

运算符	说　明	示　例
in	如果指定元素在序列中，返回 True，否则返回 False	3 in [3,4,5,6]，结果为 True
not in	如果指定元素不在序列中，返回 True，否则返回 False	3 not in [3,4,5,6]，结果为 False

6. 标识运算符

标识运算符用于比较两个对象的内存位置。标识运算符如表 3-9 所示。

表 3-9　标识运算符

运算符	说　明	示　例
is	测试两个对象的内存地址是否相同，相同返回 True，否则返回 False	x is y，类似 id(x)==id(y)，如果引用的是同一个对象则返回 True，否则返回 False
is not	测试两个对象的内存地址是否不同，不同返回 True，否则返回 False	x is not y，类似 id(x)!=id(y)。如果引用的不是同一个对象则返回结果 True，否则返回 False

7. 按位运算符

按位运算符是把两个操作数分别转换成二进制数，如果两个二进制数长度不一样，在短的左边补 0，补到一样的长度，然后对两个二进制数按对应的位进行运算。Python 中的按位运算符如表 3-10 所示（假设变量 a 为 60，b 为 13）。

表 3-10　按位运算符

运算符	说　明	实　例
&	按位与运算符：参与运算的两个值，如果两个相应位都为 1，则该位的结果为 1，否则为 0	(a&b)输出结果 12，二进制解释：0000 1100
|	按位或运算符：只要对应的二个二进位有一个为 1 时，结果位就为 1	(a|b)输出结果 61，二进制解释：0011 1101
^	按位异或运算符：当两个对应的二进位相异时，结果为 1	(a^b)输出结果 49，二进制解释：0011 0001
~	按位取反运算符：对数据的每个二进制位取反，即把 1 变为 0，把 0 变为 1。~x 类似于−x−1	(~a)输出结果−61，二进制解释：1100 0011
<<	左移动运算符：运算数的各二进位全部左移若干位，由<<右边的数字指定了移动的位数，高位丢弃，低位补 0	a<<2 输出结果为 240，二进制解释：1111 0000
>>	右移动运算符：把>>左边的运算数的各二进位全部右移若干位，>>右边的数字指定了移动的位数	a>>2 输出结果为 15，二进制解释：0000 1111

3.4.2 表达式

表达式是将各种数据（包括常量、变量和函数）通过运算符按一定规则连接起来的式子。表达式执行指定的运算并返回结果，如“a+b”和“x>y”等都是表达式。表达式的计算结果通常用于对变量赋值或作为程序控制的条件。

表达式的计算需要按照运算符的优先顺序从高到低依次进行。所谓运算符的优先级，就是当多个运算符同时出现在一个表达式中时，先执行哪个运算符。例如，如果 a=16，b=4，c=2，对于表达式 d=a+b*c，Python 会先计算乘法再计算加法；b*c 的结果为 8，a+8 的结果为 24，所以 d 最终的值也是 24。先计算*再计算+，说明*的优先级高于+。Python 支持几十种运算符，被划分成将近二十个优先级，有的运算符优先级不同，有的运算符优先级相同，

表 3-11 列出了从最低到最高优先级的所有运算符。

表 3-11 运算符的优先级

运 算 符	说 明	优先级顺序
or	逻辑运算符，布尔“或”	低
and	逻辑运算符，布尔“与”	↑
not	逻辑运算符，布尔“非”	
in，not in	成员运算符（字符串、列表、元组、字典中常用）	
is，is not	标识运算符	
<，<=，>，>=，!=，==	关系运算符	
|	按位运算符，按位或	
^	按位运算符，按位异或	
&	按位运算符，按位与	
<<，>>	按位运算符，按位左移，按位右移	
+，−	算术运算符，加法，减法	
*，/，%	算术运算符，乘法，除法，取余	
+x，−x	算术运算符，正负号	↓
~	按位运算符，按位取反	高
**	算术运算符，指数	

3.4.3 数据类型转换

Python 规定表达式中各项数据的类型必须一致，如果数据类型不一致，那么就要对数据进行类型转换才能计算表达式的值。Python 会检查这些数据是否可以转换为该表达式需要的类型，如果可以，则将原数据类型自动转换为表达式所需要的类型；否则，会报告类型错误。例如，表达式“1.5+4”中两个操作数类型不同，Python 会自动将整型 4 转换为浮点数 4.0，然后执行表达式“1.5+4.0”的运算。

Python 内置了一系列可强制类型转换的函数，以保证用户在有需求的情况下，将目标数据转换为指定类型，表 3-12 给出了 Python 的常用类型转换函数。

表 3-12 Python 的常用类型转换函数

函 数	说 明
int(x)	将浮点型、布尔类型和符合数字类型规范的字符串转换为整型
float(x)	将整型和符合数字类型规范的字符串转换为浮点型
complex(real,imag)	将其他数字类型或符合数字类型规范的字符串转换为复数类型
bool()	将任意类型转换为布尔类型
str(x)	将 x 转换为字符串
repr(x)	将 x 转换为表达式字符串
eval(str)	计算在字符串中的有效表达式，并返回表达式的运算结果
chr(x)	将整数 x 转换为一个字符
ord(x)	将一个字符 x 转换为它对应的整数值
hex(x)	将一个整数 x 转换为一个十六进制字符串
oct(x)	将一个整数 x 转换为一个八进制字符串

3.5 程序的控制结构

程序控制结构是指计算机程序中以某种逻辑次序执行的一系列操作的语句组织结构。理论和实践表明，实现计算机求解问题的算法均可通过顺序、选择和循环三种基本控制结构构造出来，也就是说，任何程序中的语句块（由一条或多条语句组成的语句序列）结构都属于这三种结构之一。本节重点介绍选择结构和循环结构。为了直观展示程序结构，通常采用程序流程图方式进行描述。

3.5.1 程序流程图

程序流程图是指用一系列图形、流程线和文字说明描述程序的基本操作和控制流程，它是程序分析和过程描述的最基本方式。流程图的基本元素包括七种，如图 3-4 所示。

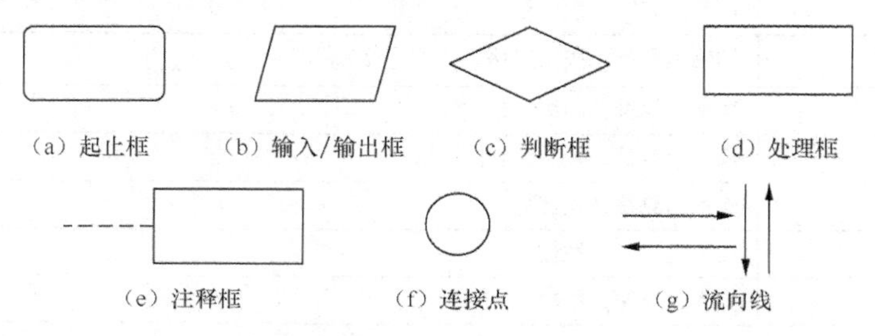

图 3-4　程序流程图的七种元素

其中，起止框表示一个程序的开始和结束；输入/输出框表示数据输入或结果输出；判断框判断一个条件是否成立，并根据判断结果选择不同的执行路径；处理框表示一组处理过程；注释框增加程序的注释；连接点将多个流程图连接到一起，常用于将一个较大流程图分隔为若干部分；流向线以带箭头的直线或曲线指示程序的执行路径。图 3-5 所示为“货币兑换”程序流程图，为了便于描述，采用连接点 A 将流程图分成两个部分。

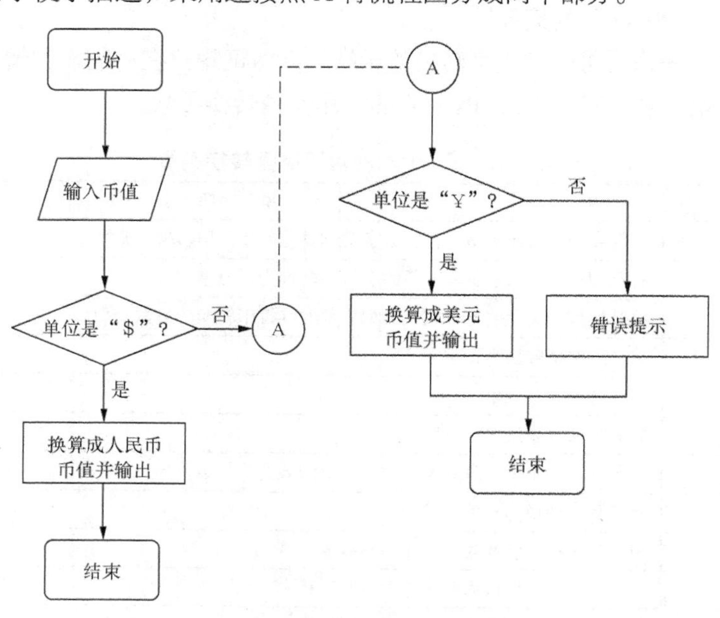

图 3-5　“货币兑换”程序流程图

3.5.2　程序的基本结构

顺序结构是程序的基础，但单一的顺序结构不可能解决所有问题，因此需要引入其他控制结构来更改程序的执行顺序以满足多样的功能需求。程序的控制结构可分为三大结构，即顺序结构、选择（分支）结构和循环结构，这些基本结构都有一个入口和一个出口。任何程序都由这三种基本结构组合而成。

顺序结构就是让程序按照从头到尾的顺序依次执行每一条语句，不重复执行任何一条语句，也不跳过任何语句，如图 3-6 所示。分支结构也称选择结构，就是让程序“拐弯”，有选择性地执行满足条件的语句，如图 3-7 所示。

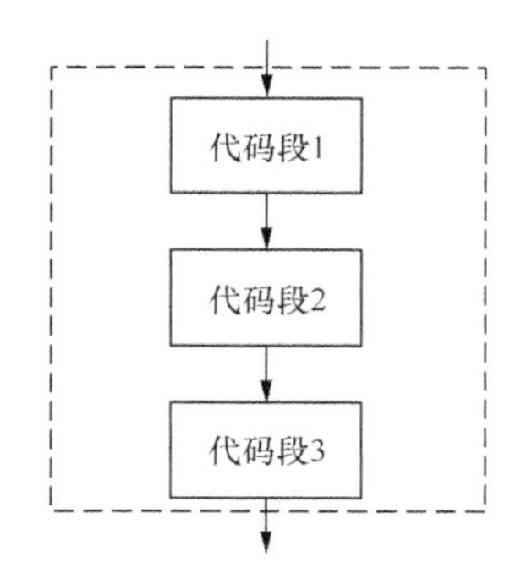

图 3-6　顺序结构的流程图表示

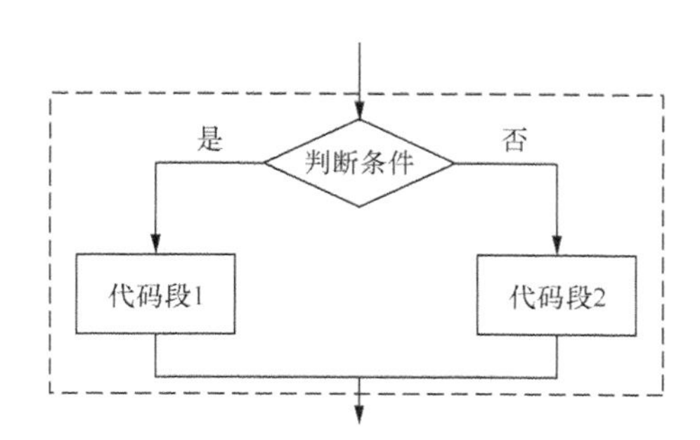

图 3-7　分支结构的流程图表示

循环结构是程序根据条件判断结果向后反复执行，如图 3-8 所示，根据循环体触发条件不同，循环结构包括条件循环和遍历循环结构。

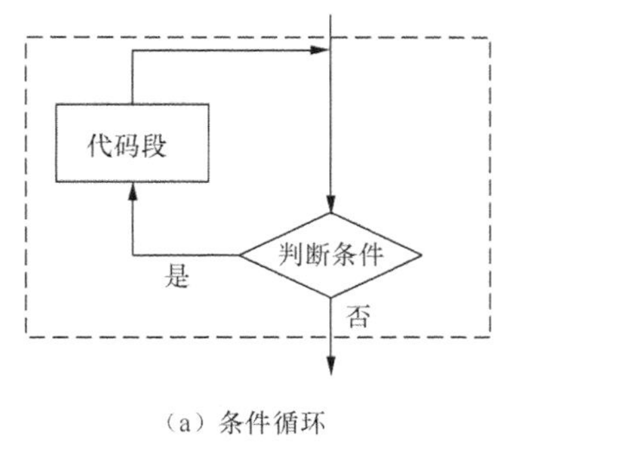

（a）条件循环

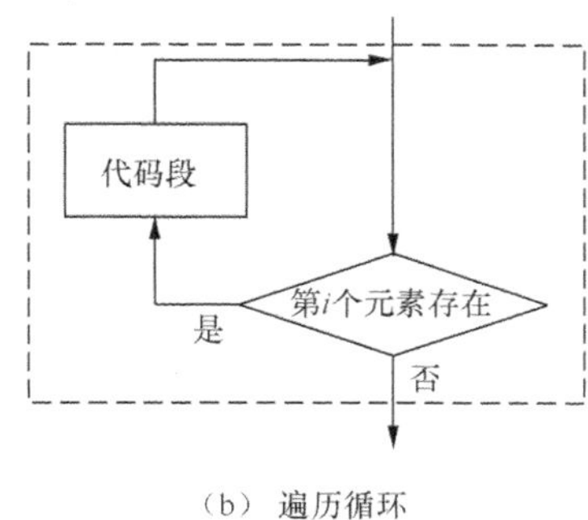

（b）遍历循环

图 3-8　循环结构的流程图表示

【例 3-3】　数值运算。

通过键盘输入两个数值 num1 和 num2，并对这两个数值求和与求差之后将结果分别输出。图 3-9 给出了程序流程图表示和程序代码。

【例 3-4】　温度提醒。

通过键盘输入气温的数值，若数值大于 15，则输出“温度适宜”，若数值小于或等于 15，则输出“气温较低，请酌情添衣”。图 3-10 给出了程序流程图表示和程序代码。

【例 3-5】　计算 n 的阶乘。

通过键盘输入一个整数，计算该数的阶乘，并输出计算结果。图 3-11 给出了程序流程图表示和程序代码。

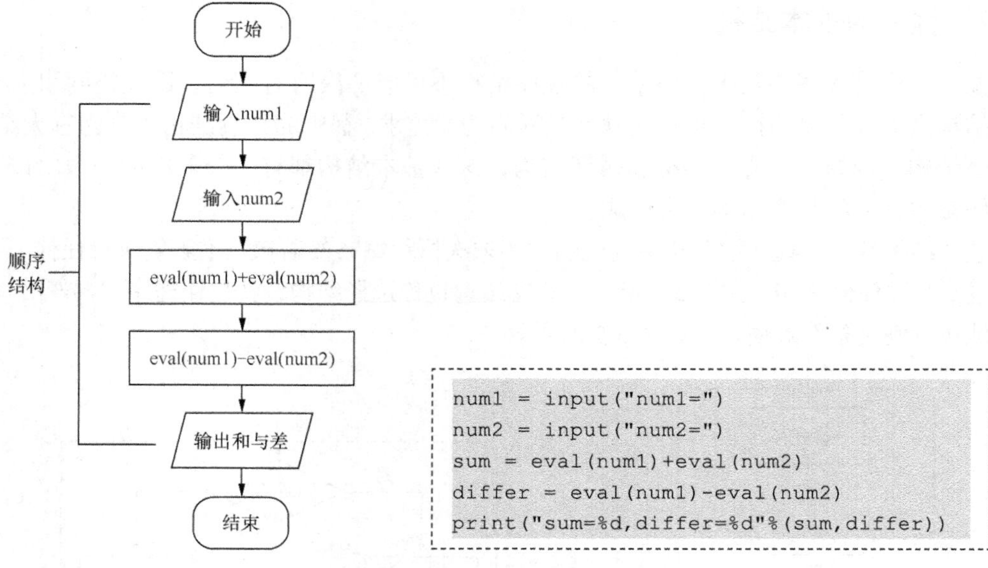

图 3-9　例 3-3 程序流程图表示和程序代码

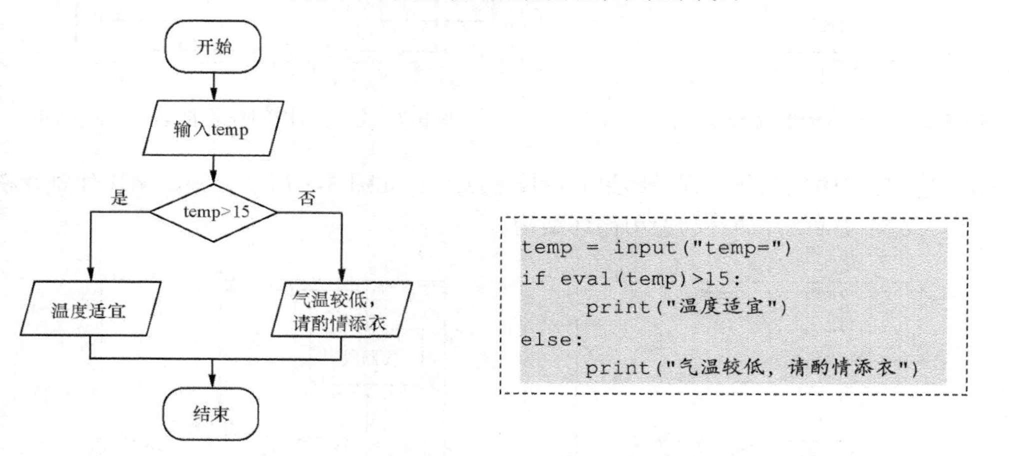

图 3-10　例 3-4 程序流程图表示和程序代码

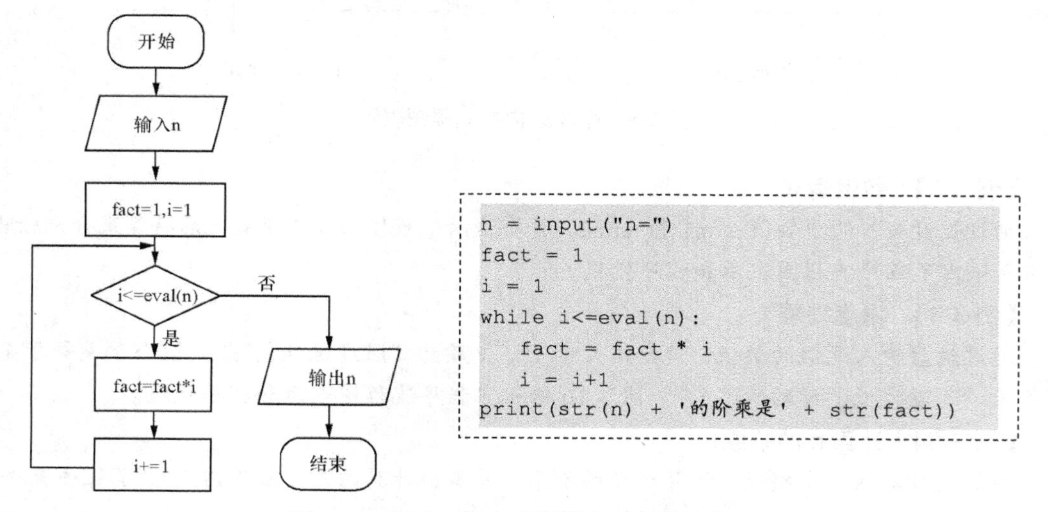

图 3-11　例 3-5 程序流程图表示和程序代码

3.5.3 分支结构

分支结构（也称为选择结构）是通过一条或多条语句的执行结果（True 或者 False）来决定执行的代码块，通过对条件进行判断，然后根据不同的结果执行不同的代码。Python 中的 if else 语句可以细分为三种形式，分别是 if 语句、if-else 语句和 if-elif-else 语句。

1. 判断条件

判断条件可以是具有布尔属性的任意元素，包括数据、变量或由变量与运算符组成的表达式，若其布尔属性为 True，条件成立；若其布尔属性为 False，条件不成立。除了非空常量外，Python 还常使用关系操作符和成员运算符构成判断条件。

例如，表达式“10>5”的结果为 True；表达式“80>=60 and 80<=90”的结果为 True。如果变量 age=20，则表达式“age<18”的结果为 False。

2. 单分支结构：if 语句

Python 中，if 语句的语法格式如下：

```
if 判断条件:
    代码段
```

若 if 语句中的判断条件成立，则执行 if 语句后的代码段；若判断条件不成立，则跳过 if 语句后的代码段。单分支结构中的代码段只有“执行”与“跳过”两种情况。

【例 3-6】 考试成绩提醒（1）。

根据输入的学生考试成绩，对其进行判断：如果成绩通过，则输出“Pass the exam”，不通过则输出“You failed the exam.”。示例代码如下：

```
score=int(input('Please input your score: '))
if score>=60:
      print('Your score is',score)
      print('Pass the exam')
if score<60:
      print('Your score is',score)
      print('You failed the exam.')
```

根据 Python 的缩进规则，如果 if 语句判断是 True，就把缩进的两行 print 语句执行了，否则什么也不做。

3. 二分支结构：if-else 语句

Python 中，if-else 语句的语法格式如下：

```
if 判断条件:
    代码段 1
else:
    代码段 2
```

若 if 语句中的判断条件成立，执行代码段 1；若判断条件不成立，则执行代码段 2。

【例 3-7】 考试成绩提醒（2）。

根据输入的学生考试成绩，对其进行判断：如果成绩通过，则输出“Pass the exam”，否则输出“You failed the exam.”。示例代码如下：

```
score=int(input('Please input your score: '))
if score>=60:
      print('Your score is',score)
```

```
    print('Pass the exam')
else:
    print('Your score is',score)
    print('You failed the exam.')
```

注意：不要少写了冒号“:”。

4. 多分支结构：if-elif-else 语句

Python 中，if-elif-else 语句的语法格式如下，控制流程图如图 3-12 所示。

```
if 判断条件 1:
    代码段 1
elif 判断条件 2:
    代码段 2
……
elif 判断条件 n:
    代码段 n
else:
    代码段 n+1
```

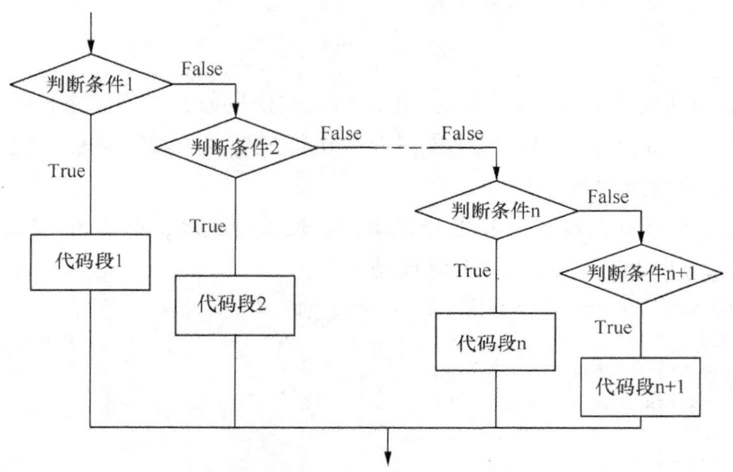

图 3-12　多分支结构的控制流程图

【例 3-8】　考试成绩提醒（3）。

将成绩设置成五个等级，分别是 A、B、C、D 和 E。根据输入的学生考试成绩，对其进行判断后输出不同的等级。示例代码如下：

```
score=int(input('Please input your score: '))
if score < 60:
    print('Your score is E')
elif score < 70:
    print('Your score is D')
elif score < 80:
    print('Your score is C')
elif score < 90:
    print('Your score is B')
else:
    print('Your score is A')
```

if 语句执行有个特点，它是从上往下判断，如果在某个判断上是 True，把该判断对应的语句执行后，就忽略掉剩下的 elif 和 else，据此请测试并解释为什么下面的程序输出的是“pass”。

```
score=85
if score>=60:
    print('pass')
elif score>=80:
    print('very good! ')
else:
    print('fail')
```

3.5.4 循环结构

根据循环执行次数的确定性，循环可以分为确定次数循环和非确定次数循环。确定次数循环明确了循环体的循环次数，这类循环在Python中被称为“遍历循环”。其中，循环次数采用遍历结构中的元素个数来体现，具体采用for语句实现。非确定次数循环指程序不确定循环体可能的执行次数，而是通过条件判断是否继续执行循环体，Python提供了while语句实现非确定次数循环。

1. 遍历循环：for语句

for语句的语法格式如下：

```
for 循环变量 in 遍历结构:
    代码段
```

其中，循环变量用于存放从序列类型变量中读取元素，所以一般不会在循环中对循环变量赋初值；遍历结构可以是字符串、列表、元组、字典、集合或range()函数等；代码段指的是具有相同缩进格式的多行代码，与循环结构联用，因此代码段又称为循环体。

例如，依次把列表中的每个元素迭代出来。示例代码如下：

```
names = ['Michael','Bob','Tracy']
for name in names:
     print(name)
```

执行这段代码，会依次输出列表names的每一个元素，运行结果为：

```
Michael
Bob
Tracy
```

因此，for x in ...循环就是把每个元素代入变量x，然后执行缩进块的语句。

例如，想计算1～10的整数之和，可以用一个sum变量做累加。示例代码如下：

```
sum=0
for x in [1,2,3,4,5,6,7,8,9,10]:
     sum=sum+x
print(sum)      #输出结果：55
```

如果要计算1～100的整数之和，从1写到100有点困难，Python提供了range()函数，可以生成一个整数序列，再通过 list()函数可以将其转换为列表。例如，range(5)生成的序列是从0开始小于5的整数：

```
list(range(5))      #输出结果：[0, 1, 2, 3, 4]
```

range(101)就可以生成0～100的整数序列，示例代码如下：

```
sum=0
for x in range(101):
     sum=sum+x
print(sum)      #输出结果：5050
```

【例3-9】 学生基本信息的查找。

学生的基本信息包括学号、姓名、性别、年龄和所学专业等，编写程序实现按专业查找学生信息。

问题分析：把若干个学生的基本信息存入一个列表，每个学生的信息也是一个列表，根据输入的专业查找学生信息。示例代码如下：

```
stu_list=[["2020001","王亮","男","19","电子商务"],
["2020002","李华","男","18","信息管理"],
["2020003","张丽","女","19","电子商务"],
["2020004","刘欣","女","19","工商管理"]]
specialty=input("请输入要查找学生的专业：")
list_len=len(stu_list)                    #计算列表 stu_list 的长度
find=False                                #设定标记值
for i in range(0,list_len):               #设定循环次数
    if specialty ==stu_list[i][4]:        #对输入的专业值和列表中的专业值逐一进行比较
        print(stu_list[i])                #如果相等，则输出对应的学生信息
        find=True
if not find:
    print("没有您要查找的学生信息！")
```

2．条件循环：while 语句

while 语句的语法格式如下：

```
while 循环条件:
    代码段
```

若循环条件为 True，则循环执行 while 语句中的代码段；若循环条件为 False，终止 while 语句。若 while 语句的条件总是 True，这种情况叫作死循环。

例如，要计算 100 以内所有奇数之和，可以用 while 语句实现。示例代码如下：

```
sum=0
n=99
while n>0:
    sum=sum+n
    n=n-2
print(sum)
```

在循环内部变量 n 不断自减，直到变为−1 时，不再满足 while 条件，循环退出。

【例 3-10】 使用 while 语句实现 n 的阶乘的计算。

示例代码如下：

```
n=int(input("请输入一个整数："))
fact=1
i=1
print("n!计算中……")
while i<=n:
    fact=fact*i
    i=i+1
print("n!计算完成，循环正常结束")
print("n!={}".format(fact))
```

3．退出循环语句——break 和 continue 语句

在执行 while 语句或者 for 语句时，只要循环条件满足，程序将会一直执行循环体。但在某些场景，可能希望在循环结束前就强制结束循环。Python 提供了两种强制跳出当前循环体的办法：①使用 break 语句，可以完全终止当前循环；②使用 continue 语句，可以提前结束执行这个循环，转到循环的开始判断是否执行下一次循环。两种流程图表示如图 3-13 所示。

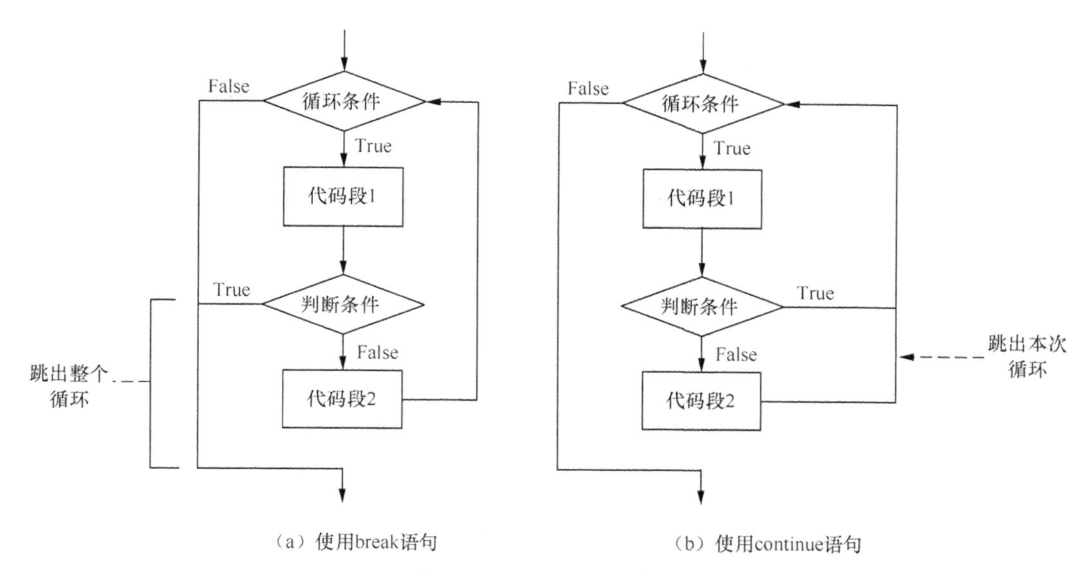

图 3-13　退出循环流程图

（1）break 语句

在 while 语句中使用 break 语句的语法格式如下：

```
while 循环条件:
      [代码段 1]
      if 判断条件:
            break
      [代码段 2]
```

在 for 语句中使用 break 语句的语法格式如下：

```
for 循环变量 in 遍历结构:
      [代码段 1]
      if 判断条件:
            break
      [代码段 2]
```

在循环中，break 语句可以提前退出循环。例如，本来要循环输出 1～100 的数字，示例代码如下：

```
n=1
while n<=100:
     print(n)
     n=n+1
print('END')
```

上面的代码可以输出 1～100。

如果要提前结束循环，可以用 break 语句：

```
n=1
while n<=100:
     if n>10:                 # 当 n=11 时，条件满足，执行 break 语句
          break               # break 语句会结束当前循环
     print(n)
     n=n+1
print('END')
```

执行上面的代码可以看到，输出数字 1～10 后，紧接着输出“END”，程序结束。可见 break

的作用是提前结束循环。

（2）continue 语句

在 while 语句中使用 continue 语句的语法格式如下：

```
while 循环条件:
    [代码段 1]
    if 判断条件:
        continue
    [代码段 2]
```

在 for 语句中使用 continue 语句的语法格式如下：

```
for 循环变量 in 遍历结构:
    [代码段 1]
    if 判断条件:
        continue
    [代码段 2]
```

例如，如果想只输出 1～10 范围内的奇数，可以用 continue 语句跳过某些循环：

```
n=0
while n<10:
    n=n+1
    if n % 2 == 0:          # 如果 n 是偶数，执行 continue 语句
        continue            # continue 语句会直接继续下一轮循环，后续的 print() 语句不会执行
    print(n)
```

执行上面的代码可以看到，输出的不再是数字 1～10，而是数字 1，3，5，7，9。可见 continue 的作用是提前结束本轮循环，并直接开始下一轮循环。

归纳与提高

本章首先简单介绍了 Python 语言，概述了 Python 语言的优点和缺点；重点介绍了 Python 程序开发与基本语法、基本数据类型、运算符与表达式，以及程序的控制结构。通过本章的学习，希望读者能够熟悉程序设计的流程与编写程序的基本方法、Python 基本语法；理解变量和常量的基本概念；熟悉 Python 的数字、字符串和布尔三种基本数据类型，熟练 Python 运算符的使用，并能正确写出表达式；理解并熟练掌握程序流程图的绘制方法，运用分支结构和循环结构控制程序的执行顺序。

知识巩固与训练

一、单选题

1. Python 语言属于（　　）。

   A. 机器语言　　B. 汇编语言

   C. 高级语言　　D. 科学计算语言

2. 下列选项中，不属于 Python 特点的是（　　）。

   A. 面向对象　　B. 运行效率高　　C. 可读性好　　D. 开源

3．下列选项中，合法的标识符是（　　）。

A．_7a_b　　B．break　　C．_a$b　　D．7ab

4．字符串 s='a\nb\tc'，则 len(s)的值是（　　）。

A．7　　B．6　　C．5　　D．4

5．Python 表达式中，可以用（　　）控制运算的优先顺序。

A．圆括号( )　　B．方括号[ ]　　C．大括号{ }　　D．尖括号<>

6．整型变量 x 中存放了一个两位数，要将这个两位数的个位数字和十位数字交换位置，例如，将 13 变成 31，正确的 Python 表达式是（　　）。

A．(x%10)*10+x//10　　B．(x%10)//10+x//10

C．(x%10)%10+x//10　　D．(x%10)*10+x%10

7．流程图中表示判断框的是（　　）。

A．矩形框　　B．菱形框　　C．平行四边形框　　D．椭圆形框

8．下列语句中，在 Python 中非法的是（　　）。

A．x=y=z=1　　B．x,y=y,x　　C．x=(y=z+1)　　D．x+=y

9．下面的 if 语句，统计“成绩（mark）优秀的男生以及不及格的男生”的人数，正确的语句为（　　）。

A．if gender=="男" and mark<60 or mark>=90:n+=1

B．if gender=="男" and mark<60 and mark>=90:n+=1

C．if gender=="男" and (mark<60 or mark>=90):n+=1

D．if gender=="男" or mark<60 or mark>=90:n+=1

10．循环语句 for i in range(−3,21,4)的循环次数为（　　）。

A．4　　B．5　　C．6　　D．7

二、填空题

1．在 Python 中________表示空类型。

2．列表、元组、字符串是 Python 的________序列。

3．查看变量类型的 Python 内置函数是________。

4．表达式[1,2,3]*3 的执行结果是________。

5．已知 x=3，那么执行语句 x*=6 之后，x 的值为________。

6．表达式对象 x=['11','2','3']，则表达式 max(x)的值为________。

7．Python 语言通过________来区分不同的语句块。

8．已知 ans='n'，则表达式 ans=='y' or 'Y'的值为________。

9．循环语句中，________语句的作用是提前结束本轮循环。

10．________命令既可以删除列表中的一个元素，也可以删除整个列表。

三、编程题

1．由三角形两直角边求斜边长度。

2．编写程序，运行后用户输入 4 位整数作为年份，判断其是否为闰年。如果年份能被 400 整除，则为闰年；如果年份能被 4 整除但不能被 100 整除也为闰年。

3．编写程序，生成一个包含 50 个随机整数的列表，然后删除其中所有奇数。（提示：从

后向前删）

4. 编写程序，至少使用两种不同的方法计算100以内所有奇数的和。

5. 编写程序，实现分段函数计算，如表3-13所示。

表3-13　分段函数计算

x	y
$x<0$	0
$0\leqslant x<5$	x
$5\leqslant x<10$	$3x-5$
$10\leqslant x<20$	$0.5x-2$
$20\leqslant x$	0

6. 编写代码，输出0～n中的全部素数。

7. 编写程序，获得用户输入的数值M和N，求M和N的最大公因数。

四、思考题

1. Python语言有哪些优点和缺点？
2. Python基本输入/输出函数是什么？
3. Python程序的开发流程是什么？Python程序编写的基本方法是什么？

五、实训题

实训题目：熟悉Python语言的开发环境与Python语言的程序设计基础

实训目的：

1. 学习下载和安装Anaconda的方法；
2. 学习执行Python命令和脚本文件的方法；
3. 学习使用Python的集成开发环境Anaconda和Spyder的方法；
4. 掌握IPO（input,process,output）程序编写方法；
5. 掌握Python程序中输入数据和输出运行结果的方法；
6. 掌握Python基本数据类型的用法；
7. 掌握Python变量和常量的使用方法；
8. 掌握Python运算符的运算规则和表达式的正确书写方法；
9. 掌握顺序结构、分支结构和循环结构的程序设计方法；
10. 掌握用continue和break语句实现流程跳转的方法。

实训内容：

1. 练习下载和安装Anaconda。
2. 练习执行Python命令和脚本文件。
3. 练习使用Python的集成开发环境Spyder。
4. 使用Python编写程序，要求：输入一个十进制整数，输出其对应的二进制、八进制、十六进制形式。
5. 使用Python编写程序，要求：从键盘输入一个正整数，要求输出各位数字之和。
6. 使用Python编写程序，要求：输入三个整数x，y，z，并把这三个数由小到大输出。
7. 编写程序，要求：输入球的半径，以计算球的表面积和体积。其中球的半径为实数，结果输出为浮点数，保留2位小数。
8. 使用Python编写程序，要求：判断101～200之间有多少个素数，并输出其中的所有素数。
9. 分别用while和for语句编写程序，计算整数100～1000的和。
10. 使用Python编写程序，要求：使用键盘输入一个正整数，求出它是几位数，并逆序输出各位数字。

第 4 章　函数、模块与组合数据类型

【知识目标】

掌握函数的定义、调用和参数传递；掌握 lambda 表达式的使用；熟悉内置函数以及变量的作用域；掌握模块的导入和使用方法；掌握组合数据类型，包括列表、元组、字典和集合；掌握字符串的使用方法。

【本章导读】

人类在社会生产活动中遇到的问题通常会超过人类的认识和处理能力。在这种情况下，常见的做法是首先将一个比较复杂的问题“化繁为简，分而治之”。例如，生产一辆汽车时，首先把汽车分解为发动机、变速箱、传动装置、车体等组成部分，由不同厂家生产，最后再组装成一辆完整的汽车。同样，对于复杂程序，通常先将程序拆解成若干个小模块，然后再把各个模块合并起来，进而解决一个大问题，就是一个完整的 Python 语言程序。函数是构成 Python 程序的基本模块，并且不同的函数之间可以相互调用，通过函数之间的调用，就可以将函数、类和数据封装起来，实现一个小功能。

大数据时代背景下，计算机在实际应用中经常要批量处理数据，而第 3 章介绍的基本数据类型无法满足此需求，因此 Python 提供了组合数据类型。组合数据类型可以同时处理一组数据，不仅简化了程序员的开发工作，而且大大地提高了程序的运行效率。本章首先详细介绍 Python 中的函数和模块，然后详细介绍 Python 的组合数据类型。

4.1　函数的定义和调用

在 Python 程序开发中，为提高编码效率，减少编写程序段的工作量，将完成某一特定功能并经常使用到的代码编写成函数，放在函数库中供调用。在 Python 中，函数要先定义，后调用。

4.1.1　函数的定义

定义函数，也就是创建一个函数，可以理解为创建一个具有某些用途的工具。定义函数

需要用 def 关键字实现，具体的语法格式如下：

```
def 函数名([形式参数列表]):
    函数体
    [return [返回值]]
```

其中，用[]括起来的为可选择部分，既可以使用，也可以省略。此格式中，各部分参数的含义如下。

（1）关键字 def：标志着函数的开始。

（2）函数名：函数的唯一标识，命名方式遵循标识符的命名规则。

（3）形式参数列表：可以有零个、一个或多个形式参数，多个形式参数之间使用逗号分隔。

（4）函数定义的第一行以冒号（:）结束。

（5）函数体：函数每次调用时执行的代码，由一行或多行 Python 语句构成。

（6）return 语句：标志着函数的结束，用于将函数中的数据返回给函数调用者。不带返回值的 return 相当于返回 None 值；如果没有 return 语句，会自动返回 None 值。

注意，在创建函数时，即使函数不需要参数，也必须保留一对空的“()”，否则 Python 解释器将提示“invalid syntax”错误。另外，如果想定义一个没有任何功能的空函数，可以使用 pass 语句作为占位符。

例如，下面定义了三个函数：

```
#定义一个空函数，没有实际意义
def pass_dis():
    pass
#定义求三个数的平均值的函数
def Average(num1,num2,num3):
    ave=(num1+num2+num3)/3
    return ave
#定义输出数字 1～9 的函数
def PrintNum():
    for i in range(1,10):
        print(i)
    return
```

虽然 Python 语言允许定义空函数，但空函数本身并没有实际意义。另外值得一提的是，函数中的 return 语句可以直接返回一个表达式的值。例如修改上面的 Average()函数，代码如下：

```
def Average(num1,num2,num3):
    return(num1+num2+num3)/3
```

两个函数的功能是完全一样的，只是省略了创建 ave 变量，因此函数代码更加简洁。

4.1.2 函数的调用

调用函数也就是执行函数。如果把创建的函数理解为一个具有某种用途的工具，那么调用函数就相当于使用该工具。

函数调用的基本语法格式如下：

```
函数名([实际参数表])
```

其中，函数名指的是即将调用的函数的名称；实际参数表应与函数定义时的形式参数表在数量上一致，把每个实际参数（简称“实参”）的值传递给对应的形式参数（简称“形参”），每个实参是一个表达式，但函数的各个形参必须是变量，接收来自实参的值。如果该函数有返回值，可以通过一个变量来接收该值，当然也可以不接收。

需要注意的是，如果创建的函数有多个形参，那么调用时就需要传入多个值，且顺序必须和创建函数时一致。即便该函数没有参数，函数名后的小括号也不能省略。

Python 内置了很多有用的函数，可以直接调用。要调用一个函数，需要知道函数的名称和参数，例如，求绝对值的函数 abs，只有一个参数，代码如下：

```
abs(100)      #输出结果：100
abs(-20)      #输出结果：20
abs(12.34)    #输出结果：12.34
```

调用函数的时候，如果传入的参数数量（比如两个）不对，会报 TypeError 的错误，并且 Python 会明确地说明：abs()只能有一个参数，而这里给出了两个参数。示例代码如下：

```
abs(1,2)
```

输出如下错误信息：

```
Traceback(most recent call last):
  <ipython-input-3-e61b31f7455c>", line 1, in <module> abs(1,2)
TypeError:abs() takes exactly one argument(2 given)
```

【例 4-1】 定义和调用函数，实现两个数的求和。

定义函数，实现任意两个自然数的求和，并调用函数，输出求和值。

```
def add_num2(a,b):                      #定义函数
     result = a+b
     return result
print("请输入两个数：")
x = eval(input("a="))
y = eval(input("b="))
sum_ab = add_num2(x,y)                  #通过调用函数求两个数的和
print(x,"+",y,"=",sum_ab)
```

4.1.3 函数的递归调用

函数作为一种代码封装，可以被其他程序调用，当然也可以被函数内部代码调用。这种函数定义中调用函数自身的方式称为递归。如同一个人站在装满镜子的房间中，他看到的影像就是递归的结果。递归可以分为以下两个阶段。

（1）递推：递归本次的执行都基于上一次的运算结果。

（2）回溯：遇到终止条件时，则沿着递推往回一级一级地把值返回来。

递归在数学和计算机中应用非常广泛，通常把一个大型复杂的问题层层转化为一个与原问题相似的难度较小的问题来求解。阶乘是数学上经典的递归例子，定义如下：

$$n! = \begin{cases} 1, & n = 0 \\ n(n-1)!, & n\text{为其他值} \end{cases}$$

阶乘的例子揭示了递归的以下两个关键特征。

（1）基例：子问题的最小规模，用于确定递归何时终止，也称为递归出口。

（2）递归模式：将复杂问题分解成若干子问题的基础结构，也称为递归体。

递归函数的一般形式如下：

```
def 函数名称(参数列表):
if 基例:
return 基例结果
else:
  return 递归体
```

由于每次调用函数都会占用计算机的一部分内存，若递归函数未提供基例，函数执行后会返回“超过最大递归深度（maximum recursion depth exceeded）”的错误信息。

【例 4-2】 使用递归函数实现阶乘的计算。

根据用户输入的整数 n，计算并输出 n 的阶乘值。

分析：因为 $n! = n\times(n-1)!$，于是把求整数 n 的阶乘问题分解为两个小问题：求 n 与 $(n-1)!$。第一个问题是求 n 的值，这个问题比较简单，可以直接得到结果；第二个问题是求 $(n-1)!$，它与原问题求 $n!$ 有着相似的结构，可以用相同的方法求解。因此，该问题可以用递归调用的方法求解。直到 n=1 时，很容易得到它的阶乘，不需要再分解该问题，自然就结束了递归的过程。

使用递归函数求阶乘的程序如下：

```
def fact(n):
     if n==1:
          return 1
     else:
          return n*fact(n-1)
n=eval(input("input an integer: "))
fac=fact(n)
print("{}!={}".format(n,fac))
```

fact(n)是一个递归函数，当 n 大于 1 时，fact()函数以 n−1 作为参数重复调用自身，直到 n=1 时调用结束，再通过回溯得出每层函数调用的结果，最后返回计算结果。图 4-1 给出了计算 5!的递归调用过程。

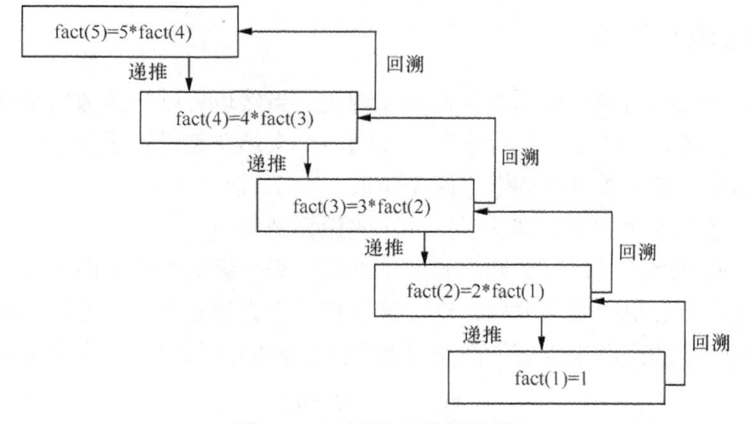

图 4-1　5!的递归调用过程

4.1.4　lambda 表达式

对于定义一个简单的函数，Python 还提供了另外一种方法，即使用 lambda 表达式。lambda 表达式，又称匿名函数，常用来表示内部仅包含 1 行表达式的函数。如果一个函数的函数体仅有 1 行表达式，则该函数就可以用 lambda 表达式来代替。

lambda 表达式的语法格式如下：

```
<函数名>=lambda[参数列表]:表达式
```

其中，定义 lambda 表达式，必须使用 lambda 关键字；[参数列表]作为可选参数，等同于定义函数是指定的参数列表。该语法格式转换成普通函数的形式，如下所示：

```
def 函数名(参数列表):
    return 表达式
```

显然，使用普通方法定义此函数，需要 2～3 行代码，而使用 lambda 表达式仅需 1 行。

举个例子，设计一个求两个数之和的函数，使用普通函数的方式，定义如下：

```
def add(x,y):
     return x+y
print(add(3,4))     #输出结果：7
```

由于在上面的程序中，add()函数内部仅有 1 行表达式，因此该函数可以直接用 lambda 表达式表示：

```
add=lambda x,y:x+y
print(add(3,4))        #输出结果：7
```

相比函数，lambda 表达式具有以下两个优势。

（1）对于单行函数，使用 lambda 表达式可以省去定义函数的过程，让代码更加简洁。

（2）对于不需要多次复用的函数，使用 lambda 表达式可以在用完之后立即释放，提高程序执行的性能。

4.2　函数的参数传递

通常情况下，定义函数时都会选择有参数的函数形式，函数参数的作用是传递数据给函数，令其对接收的数据进行具体的操作。

4.2.1　函数值传递和引用传递

在使用函数时，经常会用到形参和实参，二者都叫参数。其区别是：在定义函数时，函数名后面括号中的参数就是形参。例如：

```
#定义函数时，函数参数 obj 就是形参
def demo(obj):
     print(obj)
```

在调用函数时，函数名后面括号中的参数称为实参，也就是函数的调用者给函数的参数。例如：

```
a="数据科学与管理实践"
#调用已经定义好的 demo 函数，此时传入的函数参数 a 就是实参
demo(a)
```

实参和形参的区别，类似于剧本选角色，剧本中的角色相当于形参，而出演角色的演员就相当于实参。

实参是如何传递给形参的呢？Python 中，根据实参类型的不同，函数参数的传递方式可

分为两种，分别为值传递和引用（地址）传递。

（1）值传递：适用于实参类型为不可变类型（字符串、数字、元组）。

（2）引用（地址）传递：适用于实参类型为可变类型（列表、字典）。

值传递和引用传递的区别是：函数参数进行值传递后，若形参的值发生改变，不会影响实参的值；而函数参数进行引用传递后，改变形参的值，实参的值也会一同改变。

将值传递和引用传递定义为一个名为 demo 的函数，分别为其形参传入一个字符串类型的变量（代表值传递）和列表类型的变量（代表引用传递）。示例代码如下：

```
def demo(obj):
     obj+=obj
     print("形参值为：",obj)
print("-------值传递-------")
a="数据科学与管理实践"
print("a 的值为：",a)
demo(a)
print("实参值为：",a)
print("-----引用传递-----")
a=[1,2,3]
print("a 的值为：",a)
demo(a)
print("实参值为：",a)
```

运行结果为：

```
-------值传递-------
a 的值为：数据科学与管理实践
形参值为：数据科学与管理实践数据科学与管理实践
实参值为：数据科学与管理实践
-----引用传递-----
a 的值为：[1,2,3]
形参值为：[1,2,3,1,2,3]
实参值为：[1,2,3,1,2,3]
```

分析运行结果不难看出，在执行值传递时，改变形参的值，实参并不会发生改变；而在进行引用传递时，改变形参的值，实参也会发生同样的改变。

4.2.2 参数的位置传递

位置参数，有时也称必备参数，指的是必须按照正确的顺序将实参传到函数中，换句话说，调用函数时传入实参的数量和位置都必须和定义函数时保持一致。

1. 实参和形参数量必须一致

在调用函数时，指定的实参的数量，必须和形参的数量一致（传多传少都不行），否则 Python 解释器会抛出 TypeError 异常，并提示缺少必要的位置参数。例如：

```
def girth(width,height):
     return 2*(width+height)
#调用函数时，必须传递两个参数，否则会引发错误
print(girth(3))
```

运行结果为：

```
Traceback(most recent call last):
File "<ipython-input-12-67d05c47558c>", line 4, in <module>
```

```
print(girth(3))
TypeError:girth() missing 1 required positional argument:'height'
```

分析运行结果，抛出的异常类型为 TypeError，具体是指 girth()函数缺少一个必要的 height 参数。

同样，多传递参数也会抛出异常，例如：

```
def girth(width,height):
    return 2*(width+height)
#调用函数时，必须传递两个参数，否则会引发错误
print(girth(3,2,4))
```

运行结果为：

```
Traceback(most recent call last):
File "<ipython-input-13-3ca9aa96031b>", line 4, in <module>
print(girth(3,2,4))
TypeError:girth() takes 2 positional arguments but 3 were given
```

通过 TypeError 异常信息可以知道，girth()函数本来只需要两个参数，但是以上代码传入了三个参数，由此导致错误。

2. 实参和形参位置必须一致

在调用函数时，传入实参的位置必须和形参位置一一对应，否则会产生以下两种结果。

（1）抛出 TypeError 异常

当实参类型和形参类型不一致，并且在函数中这两种参数类型之间不能正常转换时，就会抛出 TypeError 异常。例如：

```
def area(height,width):
    return height*width/2
print(area("数据科学与管理实践",3))
```

输出结果为：

```
Traceback(most recent call last):
"<ipython-input-14-156cfbcc2c19>", line 3, in <module>
print(area("数据科学与管理实践",3))
File "<ipython-input-14-156cfbcc2c19>", line 2, in area
return height*width/2
TypeError:unsupported operand type(s) for /:'str' and 'int'
```

显示以上异常信息，就是因为对字符串和整型数值做了除法运算。

（2）产生的结果和预期不符

调用函数时，如果指定的实参和形参的位置不一致，但它们的数据类型相同，那么程序将不会抛出异常，只是会导致运行结果和预期不符。

【例 4-3】 函数参数的位置传递。

设计一个求梯形面积的函数，并利用此函数求上底长为 4cm、下底长为 3cm、高为 5cm 的梯形的面积。如果交换高和下底参数的传入位置，计算结果将导致错误。示例代码如下：

```
def area(upper_base,lower_bottom,height):
    return (upper_base+lower_bottom)*height/2
print("正确结果为：",area(4,3,5))
print("错误结果为：",area(4,5,3))
```

运行结果为：

```
正确结果为：17.5
错误结果为：13.5
```

因此，在调用函数时，一定要确定好位置，否则很有可能产生示例中的这类错误，并且不容易被发现。

4.2.3 参数的关键字传递

前述调用函数时所用的参数都是位置参数，即传入函数的实参必须与形参的数量和位置对应。而关键字参数则可以让程序员避免牢记参数位置的麻烦，令函数的调用和参数传递更加灵活方便。

关键字参数是由函数调用时加在它们前面的关键字来识别的。通过此方式指定函数实参时，不再需要与形参的位置完全一致，只要将参数名写正确即可。因此，Python 函数的参数名应该具有更好的语义，这样程序可以立刻明确传入函数的每个参数的含义。

【例 4-4】 函数参数的关键字传递。

在下面的程序中就使用了关键字参数的形式给函数传递参数。

```
def dis_str(name,age):
     print("Name: ",name)
     print("Age: ",age)
#位置参数
dis_str("Mike",20)
#关键字参数
dis_str(name="Mike",age=20)
dis_str(age=20,name="Mike")
```

程序执行结果为：

```
Name: Mike
Age: 20
Name: Mike
Age: 20
Name: Mike
age: 20
```

如上例所示，函数在调用有参函数时，既可以使用位置参数来调用，也可以使用关键字参数来调用。在使用关键字参数调用时，可以任意调换传递参数的位置。当然，还可以使用位置参数和关键字参数混合传递参数的方式。但需要注意，混合传递参数时关键字参数必须位于所有的位置参数之后。如下代码是错误的：

```
#位置参数必须放在关键字参数之前，下面的代码是错误的
dis_str(name="Mike",20)
```

Python 解释器会报如下错误：

```
SyntaxError:positional argument follows keyword argument
```

4.2.4 参数的默认值传递

在调用函数时如果不指定某个参数，Python 解释器会抛出异常。为了解决这个问题，Python 允许为参数设置默认值，即在定义函数时，直接给形参指定一个默认值。即便调用函数时没有给拥有默认值的形参传递参数，也可以直接使用定义函数时设置的默认值作为参数。

在 Python 中定义带有默认值参数的函数，其语法格式如下：

```
def 函数名(..., 形参名, 形参名=默认值):
```

```
    代码块
```

注意，在使用此格式定义函数时，指定有默认值的形参必须在所有没默认值的形式参数的最后，否则会产生语法错误。

【例 4-5】 函数参数的默认值传递。

函数参数的默认值传递的代码如下：

```
#name 参数没有默认值，age 参数有默认值
def dis_str(name,age=20):
    print("Name: ",name)
    print("Age: ",age)
dis_str("Mike")
dis_str("Candy","18")
```

运行结果为：

```
Name: Mike
Age: 20
Name: Candy
Age: 18
```

上例程序代码中，dis_str() 函数有两个参数，其中第二个参数设有默认值。这意味着，在调用 dis_str()函数时，可以仅传入一个参数，此时该参数会传给 name 参数，而 age 参数会使用默认值。当然在调用 dis_str()函数时，也可以给所有的参数传递数值，这时即便 age 参数有默认值，它也会优先使用传递给它的新值。同时，结合关键字参数，以下三种调用 dis_str()函数的方式都是可行的。

```
dis_str(name="Mike")
dis_str("Mike",age=20)
dis_str(name="Mike",age=20)
```

有读者可能会问，对于自定义的函数，可以轻易知道哪个参数有默认值，但如果使用 Python 提供的内置函数，或者使用其他第三方提供的函数，怎么知道哪些参数有默认值呢？在 Python 中，可以使用“函数名.__defaults__”查看函数的默认值参数的当前值，其返回值是一个元组。以例 4-5 中的 dis_str()函数为例，执行如下代码：

```
print(dis_str.__defaults__)
```

程序执行结果为：

```
(20,)
```

4.3 内置函数

内置函数（built-in functions）又称系统函数，或内建函数，是指 Python 本身所提供的函数任何时候都可以使用。本节介绍 Python 内置的数学运算函数、反射函数和 IO 函数等。在 Python 命令行中可输入如下语句查询所有内置函数名。

```
dir(__builtins__)
```

1. 数学运算函数

常用的数学运算函数及其作用如表 4-1 所示。

表 4-1 数学运算函数

函 数	作 用 描 述
abs(x)	求绝对值。参数可以是整型或复数；若参数为复数，则返回复数的模。例如，abs(−2.4)结果是 2.4
divmod(a,b)	取商和余数。例如，divmod(22,7)的结果是(3,1)
float(x)	将一个只有数字的字符串或其他数字类型转换为浮点数，如果无参数将返回 0.0。例如，float("245")的结果是 245.0
int([x[,base]])	将一个只有数字的字符串转换为 int 类型，base 表示进制。例如，int('1000',base=2)的结果是 8
pow(x,y)	返回 x 的 y 次幂。例如，pow(4,2)的结果是 16
range([start],stop[,step])	产生一个序列，默认从 0 开始
round(x[,n])	对参数 x 的第 n+1 位小数进行四舍五入，返回一个小数位数为 n 的浮点数
sum(iterable[,start])	对集合求和
bool(x)	将 x 转换为 Boolean 类型。例如，bool(1)的结果为 True，bool(0)的结果为 False
eval(str)	将字符串 str 当成有效的表达式来求值并返回计算结果。例如，eval("2*3+3")的结果是 9

2. 反射函数

常用的反射函数及其作用如表 4-2 所示。

表 4-2 反射函数

函 数	作 用 描 述
getattr(object,name[,default])	返回对象命名属性的值。name 必须是字符串。如果该字符串是对象的属性之一，则返回该属性的值。例如，getattr(x,'foobar')等同于 x.foobar
globals()	返回表示当前全局符号表的字典
hasattr(object, name)	该实参是一个对象和一个字符串。如果该字符串是对象的属性之一，则返回 True，否则返回 False
hash(object)	返回该对象的哈希值。哈希值是整数。相同大小的数字变量有相同的哈希值（即使它们类型不同，如 1 和 1.0）
id(object)	返回对象的“标识值”。该值是一个整数，在此对象的生命周期中保证是唯一且恒定的。两个生命周期不重叠的对象可能具有相同的 id()值
isinstance(object,classinfo)	如果参数 object 是参数 classinfo 的实例或者是其（直接、间接或虚拟）子类则返回 True。如果 object 不是给定类型的对象，函数将返回 False
issubclass(class,classinfo)	判断是否是子类
property(fget=None,fset=None,fdel=None,doc=None)	返回 property 属性。fget 是获取属性值的函数；fset 是用于设置属性值的函数；fdel 是用于删除属性值的函数；doc 为属性对象创建文档字符串
type(object)	传入一个参数时，返回 object 的类型

3. IO 函数

常用的 IO 函数及其作用如表 4-3 所示。

表 4-3 IO 函数

函 数	作 用 描 述
file(filename[,mode[,bufsize]])	file 类型的构造函数，其作用为打开一个文件，如果文件不存在且 mode 为 w（写）或 a（追加）时，文件将被创建。添加“b”到 mode 参数中，将对文件以二进制形式操作。添加“+”到 mode 参数中，将允许对文件同时进行读写操作。 （1）参数 filename：文件名称。 （2）参数 mode：r（读）、w（写）、a（追加）。 （3）参数 bufsize：如果为 0 表示不进行缓冲；如果为 1 表示进行缓冲；如果是一个大于 1 的数，则该数值表示缓冲区的大小

续表

函　数	作用描述
input([prompt])	获取用户输入。如果存在 prompt 实参，则将其写入标准输出，末尾不带换行符
open(name[,mode[,buffering]])	打开文件
print()	输出函数
raw_input([prompt])	设置输入，输入都是作为字符串处理

4.4　变量作用域

变量作用域，指变量的作用范围，即变量可以在哪个范围以内使用。有些变量可以在整段代码的任意位置使用，有些变量只能在函数内部使用，有些变量只能在 for 语句内部使用。变量的作用域由变量的定义位置决定，在不同位置定义的变量，它的作用域是不一样的。本节只讲解两种变量：局部变量和全局变量。

4.4.1　Python 的局部变量

在函数内部定义的变量，它的作用域仅限于函数内部，出了函数就不能使用了，我们将这样的变量称为局部变量（local variable）。

当函数被调用时，Python 会为其分配一个临时的存储空间，所有在函数内部定义的变量都会存储在这个空间中。而在函数执行完毕后，这个临时存储空间随即会被释放和回收，该空间中存储的变量自然也就无法再被使用。例如：

```
def func(a,b):
    c=a*b
    print("函数内部 c =",c)
func(10,20)
print("函数外部 c=",c)
```

程序执行结果为：

```
函数内部 c=200
Traceback(most recent call last):
File"test.py",line 5,in<module>
print("函数外部 c=",c)
NameError:name 'c' is not defined
```

如上所示，如果试图在函数外部访问其内部定义的变量，Python 解释器会报 NameError 错误，并提示没有定义要访问的变量，这也证实了当函数执行完毕后，其内部定义的变量会被释放并回收。同时，函数的参数也属于局部变量，只能在函数内部使用。例如：

```
def demo(name,add):
    print("函数内部 name=",name)
    print("函数内部 add=",add)
demo("Python 教程","http://www.×××.×××.××/")
print("函数外部 name=",name)
print("函数外部 add=",add)
```

程序执行结果为：

```
函数内部 name=Python 教程
函数内部 add=http://www.×××.×××.××/
Traceback(most recent call last):
File"test.py",line5,in<module>
print("函数外部 name=",name)
NameError:name 'name' is not defined
```

由于 Python 解释器是逐行运行程序代码的，因此这里仅提示 name 没有被定义，实际上在函数外部访问 add 变量时也会报同样的错误。

4.4.2 Python 的全局变量

除了在函数内部定义变量，Python 还允许在所有函数的外部定义变量，这样的变量称为全局变量（global variable）。与局部变量不同，全局变量的默认作用域是整个程序，即全局变量既可以在各个函数体外使用，也可以在各函数体内使用。

定义全局变量的方法有以下两种：

一种方法是在函数体外定义变量，其作用范围从定义该变量的位置开始到程序结束。例如：

```
a=5                             #定义全局变量 a
def glob():
     b=a                        #使用了全局变量 a，并把值赋值给局部变量 b
     print("a={},b={}".format(a,b))
glob()
print("a={}".format(a))
```

程序运行结果为：

```
a=5,b=5
a=5
```

另一种方法是在函数体内定义全局变量，即使用 global 关键字对变量进行定义后，该变量就会变为全局变量。例如：

```
def func(a,b):
     global m                   #使用 global 关键字定义全局变量
     m=a+b                      #在函数体内修改全局变量 m 的值
     print("函数体内访问：", m)
func(2,3)
print('函数体外访问：', m)
```

运行结果为：

```
函数体内访问：5
函数体外访问：5
```

注意，在使用 global 关键字定义变量时，不能直接给变量赋初值，否则会引发语法错误。

局部变量和全局变量可以同名。该情况下，在函数体内给该变量赋值时，全局变量不起作用，只是改变局部变量的值。例如：

```
n=1                        #定义全局变量 n
def func(a,b):
    n=a+b                  #此处 n 是局部变量
    print("函数体内访问：",n)
func(2,3)
print('函数体外访问：',n)
```

运行结果为：

```
函数体内访问：5
```

```
函数体外访问：1
```

由此可见，局部变量 n 的赋值并未改变全局变量 n 的值，当函数调用结束后，局部变量 n 的值就被释放，最后输出的变量 n 的值为全局变量 n 的值。

4.5 模　块

Python 提供了强大的模块支持功能，不仅 Python 标准库中包含了大量的标准模块，而且还有大量的第三方模块，用户也可以开发自定义模块。通过这些强大的模块可以极大地提高程序的开发效率。本节将详细介绍 Python 中模块的定义和导入。

4.5.1 模块的定义

模块（module）是将一系列代码有逻辑地组织到一起的集合体。把相关的代码分配到一个模块里可以使代码更好用、更易懂。简单地说，模块就是一个 Python 文件，以“py”作为文件的扩展名，能定义函数、类和变量。

例如，在某一目录下创建一个名为 hello.py 的文件，其包含的代码如下：

```
def say():
    print("Hello,World!")
```

在同一目录下，再创建一个 say.py 文件，其包含的代码如下：

```
import hello
hello.say()
```

运行 say.py 文件，其输出结果为：

```
Reloaded modules: hello
Hello,World!
```

say.py 文件中使用了原本在 hello.py 文件中才有的 say()函数，相对于 say.py 来说，hello.py 就是一个自定义的模块（有关自定义模块，后续章节会做详细讲解），只需要将 hello.py 模块导入 say.py 文件中，就可以直接在 say.py 文件中使用模块中的资源。

与此同时，当调用模块中的 say()函数时，使用的语法格式为“模块名.函数”。因为相对于 say.py 文件，hello.py 文件中的代码自成一个命名空间，因此在调用其他模块中的函数时，需要明确指明函数的出处，否则 Python 解释器将会报错。

4.5.2 导入模块

使用 Python 进行编程时，用户可以使用 Python 现有的标准库或者第三方库。例如余弦函数 cos()、绝对值函数 fabs()等，它们位于 Python 标准库中的 math（或 cmath）模块中，只需要将此模块导入当前程序，就可以直接调用。下面介绍两种导入模块的使用方法。

1. *import 模块名 as 别名*

下面的程序使用导入整个模块的最简单语法来导入指定模块：

```
import math
print(math.pow(4,3))    #4 的 3 次方
```

上面第 1 行代码使用最简单的方式导入了 math 模块，因此在程序中使用 math 模块内的

成员时，必须添加模块名作为前缀。运行上面的程序，可以看到如下输出结果：

```
64.0
```

导入整个模块时，也可以为模块指定别名。例如：

```
import math as s                # 导入 math 整个模块，并指定别名为 s
print(s.ceil(15.2))             # 使用 s 模块别名作为前缀来访问模块中的成员
```

第 1 行代码在导入 math 模块时指定了别名 s，因此在程序中使用 math 模块内的成员时，必须添加模块别名 s 作为前缀。运行该程序，可以看到如下输出结果：

```
16
```

也可以一次导入多个模块，多个模块之间用逗号隔开。例如，在桌面上新建一个 test.py 文件，将如下代码写入该文件中。

```
import sys, os                  # 导入 sys、os 两个模块
print(sys.argv[0])              # 使用模块名作为前缀来访问模块中的成员
print(os.sep)                   # os 模块的 sep 变量代表系统路径分隔符
```

上面第 1 行代码一次导入了 sys 和 os 两个模块，因此程序要使用 sys、os 两个模块内的成员，只要分别使用 sys、os 模块名作为前缀即可。在 Windows 系统上运行该程序，可以看到如下输出结果：

```
C:\Users\admin\Desktop\test.py    # 输出结果为 test.py 文件所存储的路径
\
```

在导入多个模块的同时，也可以为模块指定别名，例如：

```
import sys as s,os as o         # 导入 sys、os 两个模块，并为 sys 指定别名 s，为 os 指定别名 o
print(s.argv[0])                # 使用模块别名作为前缀来访问模块中的成员
print(o.sep)
```

上面第 1 行代码一次导入了 sys 和 os 两个模块，并分别为它们指定别名 s、o，因此程序可以通过 s、o 两个前缀来使用 sys、os 两个模块内的成员。在 Windows 平台上运行该程序，可以看到同样的输出结果。

2. from 模块名 import 成员名 as 别名

下面的程序使用了 from...import 最简单的语法来导入指定成员：

```
from math import floor as f       # 导入 math 模块的 floor 成员
print(floor(15.2))                # 使用导入成员的语法，直接使用成员名访问
print(f(15.2))                    # 直接使用 floor 成员的别名 f
```

第 1 行代码导入了 math 模块中的 floor 成员，这样即可在程序中直接使用 floor 成员，无须使用任何前缀。运行该程序，可以看到如下输出结果：

```
15
15
```

使用 from...import 导入模块成员时，也可以为成员指定别名，并支持一次导入多个成员，同样也可使用 as 关键字为成员指定别名。

4.5.3 自定义模块

Python 模块就是 Python 程序。换句话说，只要是 Python 程序，都可以作为模块导入。下面介绍如何自定义一个模块。

【例 4-6】 自定义模块。

下面定义了一个简单的模块（文件名保存为 example4_6.py）：

```
name = "数据科学与管理实践"
add = "http: //www.×××.×××.××"
print(name,add)
def say():
    print("人生苦短，我学 Python! ")
class CLanguage:
    def __init__(self,name,add):
        self.name = name
        self.add = add
    def say(self):
        print(self.name,self.add)
```

从以上代码可知，在 example4_6.py 文件中放置了变量 name 和 add、函数 say()以及一个 CLanguage 类，该文件就可以作为一个模块。

通常情况下，为了检验模块中代码的正确性，需要为其设计一段测试代码，在文件 example4_6.py 中添加如下代码：

```
say()
clangs=CLanguage("人邮教育社区","https://www.ryjiaoyu.com")
clangs.say()
```

运行 example4_6.py 文件，其执行结果为：

```
数据科学与管理实践 http://www.×××.×××.××
人生苦短，我学 Python!
人邮教育社区 https://www.ryjiaoyu.com
```

通过观察模块中程序的执行结果发现，模块文件中包含的函数以及类是可以正常工作的。在此基础上，新建一个 test.py 文件，并在该文件中使用 example4_6.py 模块文件，即使用 import 语句导入 example4_6.py：

```
import example4_6 as s
s.say()
```

注意，虽然 example4_6 模块文件的全称为 example4_6.py，但在使用 import 语句导入时，只需要使用该模块文件的名称即可。

此时，如果直接运行 test.py 文件，其执行结果为：

```
数据科学与管理实践 http://www.×××.×××.××
人生苦短，我学 Python!
人邮教育社区 https://www.ryjiaoyu.com
人生苦短，我学 Python!
```

4.5.4 math 模块

Python 标准库，也称内置库或内置模块，是 Python 的重要组成部分，它会随 Python 解释器一起被安装到系统中。Python 标准库中提供了很多模块，下面以 math 模块为例来进行介绍。

math 模块是 Python 提供的内置数学类函数模块，不支持复数类型，仅支持整数和浮点数运算。math 模块一共提供了 4 个数字常量和 44 个函数。44 个函数共分为四类，包括 16 个数值表示函数，8 个幂对数函数，16 个三角对数函数和 4 个高等特殊函数。要使用 math 模块中的常量或函数，首先需要使用 import 语句导入模块，语句如下：

```
import math
```

表 4-4 给出了 math 模块中的常用常量和函数，其他常量和函数可以使用 dir(math)命令或

Python 帮助文档查阅。

表 4-4　math 模块中的常用常量和函数

函数名（或常量）	功　能
math.e	自然对数 e，值为 2.718281828459045
math.pi	圆周率，值为 3.141592653589793
math.copysign(x,y)	复制符号位，用 y 的正负号替换 x 的正负号
math.fabs(x)	返回 x 的绝对值
math.factorial(x)	返回 x 的阶乘，x 必须为正整数或 0，否则会报错
math.floor(x)	向下取整，返回不大于 x 的最大整数
math.fmod(x,y)	返回 x 与 y 的模
math.frexp(x)	返回（m,e），m 是一个浮点数，e 是一个整数，使得 x=m*(2**e)，若 x 为 0，则返回（0.0,0）
math.fsum(iterable)	对浮点数精确求和
math.gcd(a,b)	返回 a 和 b 的最大公约数
math.isclose(a,b)	比较 a 和 b 的相似性，相近返回 True，否则返回 False
math.isfinite(x)	若 x 既不是无穷大也不是 NaN（非数），则返回 True，否则返回 False
math.isinf(x)	若 x 是无穷大，则返回 True，否则返回 False
math.isnan(x)	若 x 是 NaN，则返回 True，否则返回 False
math.ldexp(x,i)	返回 x*(2**i)
math.modf(x)	返回 x 的小数和整数部分
math.trunc(x)	返回 x 的整数部分
math.exp(x)	返回 e 的 x 次幂
math.expm1(x)	返回 e 的 x 次幂减去 1
math.log(x[,base])	返回 x 的自然对数
math.log1p(x)	返回 1+x 的自然对数
math.log2(x)	返回 x 的以 2 为底的对数
math.log10(x)	返回 x 的以 10 为底的对数
math.pow(x,y)	返回 x 的 y 次幂
math.sqrt(x)	返回 x 的平方根
math.sin(x)	返回 x 的正弦函数值
math.cos(x)	返回 x 的余弦函数值
math.tan(x)	返回 x 的正切函数值
math.asin(x)	返回 x 的反正弦函数值
math.acos(x)	返回 x 的反余弦函数值
math.atan(x)	返回 x 的反正切函数值
math.atan2(y,x)	返回 y/x 的反正切函数值

4.6　组合数据类型与字符串

在解决实际问题时，计算机不仅需要对单个变量表示的数据进行处理，还需要对一组数据（例如，全班学生的信息，包括学号、姓名、性别、年龄等数据）进行批处理。组合数据类型能够将多个同类型或不同类型的数据组织起来，通过单一的表示使数据操作更有序、更容易。根据数据之间的关系，组合数据类型包括列表（list）、元组（tuple）、字典（dict）和集合（set）。

列表和元组比较相似，它们都按顺序保存元素，所有的元素占用一块连续的内存，每个元素都有自己的索引（index），因此列表和元组的元素都可以通过索引来访问。它们的区别在于：列表是可以修改的，而元组是不可修改的；字典和集合存储的数据都是无序的，每个元素占用不同的内存，其中字典元素以“键-值”（key-value）的形式保存。

4.6.1 列表

列表是包含 0 个或多个数据的有序序列，其中的每个数据称为元素，列表中的元素个数（或列表长度）和元素内容都是可以改变的。使用列表，能够灵活、方便地对批量数据进行组织和处理。列表会将所有元素都放在一对中括号[ ]里面，相邻元素之间用逗号“,”分隔。格式如下：

```
[element1,element2,element3, ...,elementn]
```

其中，element1～elementn 表示列表中的元素，其个数没有限制，只要是 Python 支持的数据类型即可。列表可以存储整数、浮点数、字符串、列表、元组等任何类型的数据，并且同一个列表中元素的类型也可以不同。例如：

```
["数据科学与管理实践",1,[2,3,4],3.0]
```

如上所示，列表中同时包含字符串、整数、列表、浮点数四种数据类型。

1. 创建列表

在 Python 中，创建列表的方法可分为两种，下面分别进行介绍。

（1）使用[]直接创建列表

使用[]创建列表后，一般使用赋值符号“=”将它赋值给某个变量，格式如下：

```
listname=[element1,element2,element3,...,elementn]
```

其中，listname 表示变量名，element1～elementn 表示列表元素。

例如，下面定义的列表都是合法的：

```
num=[1,2,3,4,5,6,7]
name=["数据科学与管理实践",2020]
program=["C 语言","Python","Java"]
emptylist=[]
```

使用此方式创建列表时，列表中的元素可以有多个，也可以一个都没有，emptylist[]就是一个空列表。

（2）使用 list()函数创建列表

除了使用[]创建列表外，Python 还提供了一个内置的函数 list()，使用它可以将其他数据类型转换为列表类型。例如：

```
list1=list("hello")                              #将字符串转换成列表
print(list1)
tuple1=('20200001','张三','男',19,'电子商务')
list2=list(tuple1)                               #将元组转换成列表
print(list2)
dict1={'a':100,'b':42,'c':9}
```

```
list3=list(dict1)                                        #将字典转换成列表
print(list3)
range1=range(1,6)                                        #将区间转换成列表
list4=list(range1)
print(list4)
print(list())                                            #创建空列表
```

运行结果：

```
['h','e','l','l','o']
['20200001','张三','男',19,'电子商务']
['a','b','c']
[1,2,3,4,5]
[]
```

2. 访问列表元素

列表是 Python 序列的一种，可以使用索引访问列表中的某个元素，得到的是一个元素的值，也可以使用切片访问列表中的一组元素，得到的是一个新的子列表。

使用索引访问列表元素的格式为：

```
listname[i]
```

其中，listname 表示列表名，i 表示索引值。列表的索引可以是正数，也可以是负数。

使用切片访问列表元素的格式为：

```
listname[start:end:step]
```

其中，listname 表示列表名，start 表示起始索引，end 表示结束索引，step 表示步长。例如：

```
list1=['20200001','张三','男',19,'电子商务']
list2=[1,2,3,4,5,6,7]
print("list1[0]: ",list1[0])
print("list2[1: 5]: ",list2[1:5])
```

运行结果为：

```
list1[0]: 20200001
list2[1: 5]: [2,3,4,5]
```

3. 更新列表

（1）增加列表元素

```
listname.append(新增元素值)
```

或

```
listname.insert(索引值,新增元素值)
```

列表的 append()方法表示在列表的末尾追加元素，insert()方法用于在列表的指定位置插入元素。在指定位置插入元素，涉及内存单元中数据的移动，耗费时间较多。

```
list=[]  #创建空列表
list.append('Google')  #使用 append()添加元素
list.insert(1,'Baidu')
print(list)
```

运行结果为：

```
['Google','Baidu']
```

（2）删除列表元素

使用 remove()方法或 del 语句来删除列表的元素，语法格式为：

```
listname.remove()
```

或

```
del listname[索引值]
```

或

```
del listname
```

remove()方法用于从列表中删除指定的值，若有多个值与指定值相同，只删除第一个。del 语句用于删除指定索引值对应的列表元素或删除整个列表。

在 Python 中删除列表实例演示：

```
intlist=[1,45,1,8,34]
print(intlist)
intlist.remove(1)            #删除 intlist 列表中的第 1 个元素
print(intlist)
del intlist[1]               #删除 intlist 列表中索引值为 1 的元素
print(intlist)
del intlist                  #删除 intlist 列表
print(intlist)               #列表已被删除，再次输出列表会提示错误
```

运行结果为：

```
[1,45,1,8,34]
[45,1,8,34]
[45,8,34]
Traceback (most recent call last):
File "<ipython-input-8-58f49f1ac41d>", line 8, in <module>
    print(intlist)           #列表已被删除，再次输出列表会提示错误
NameError:name 'intlist' is not defined
```

4. 列表的运算、函数和方法

列表的运算如表 4-5 所示。

表 4-5　列表的运算

表　达　式	说　　明
len([1,2,3])	列表长度，结果为 3
[1,2,3]+[4,5,6]	列表组合，结果为[1,2,3,4,5,6]
['Hi!']*4	重复列表元素，结果为['Hi!','Hi!','Hi!','Hi!']
3 in [1,2,3]	判断元素是否存在于列表中，结果为 True

列表的函数与方法如表 4-6 所示。

表 4-6　列表的函数与方法

函数或方法	说　　明
len(s)	计算序列 s 的长度（元素个数）
min(s)	返回序列 s 中的最小元素
max(s)	返回序列 s 中的最大元素
list.append(x)	在列表的末尾添加元素 x
list.extend(lx)	在列表中添加列表 lx 的元素，与+=功能相同
list.insert(i, x)	在列表索引为 i 的元素之前插入元素 x
list.pop(i,x)	取出并删除列表中索引为 i 的元素 x
list.remove(x)	删除列表中第一次出现的元素 x

续表

函数或方法	说　明
list.reverse()	将列表的元素反转
list.clear()	删除列表中的所有元素
list.copy()	生成新列表，并复制列表中的所有元素
list.sort()	将列表中的元素排序

【例 4-7】 生成验证码。

验证码是随机生成的包含多个大写字母、小写字母或数字的随机字符序列。要求编写程序，实现生成随机六位验证码的功能。

问题分析：

（1）验证码共六位，需生成六个随机字符；

（2）每次生成的随机字符需存储到某数据结构之中；

（3）数据结构应具有可变、有序的特点。

程序代码如下：

```
import random                                          #导入随机模块
code_list=[]                                           #建立空列表
for i in range(6):                                     # 控制验证码的位数
      state=random.randint(1, 3)                       # 随机生成状态码
      if state ==1:
            first_kind=random.randint(65,90)           # 随机生成大写字母
            random_uppercase=chr(first_kind)
            code_list.append(random_uppercase)         #随机生成的一位验证码加入到列表中
      elif state ==2:
            second_kinds=random.randint(97,122)        # 随机生成小写字母
            random_lowercase=chr(second_kinds)
            code_list.append(random_lowercase)
      elif state ==3:
            third_kinds=random.randint(0,9)            # 随机生成数字
            code_list.append(str(third_kinds))
verification_code="".join(code_list)                   # 将列表元素连接成字符串
print(verification_code)
```

4.6.2 元组

可以将元组看作具有固定值的列表，对元组的访问与列表类似，但是元组一旦初始化就不能修改元素值，也不能增加和删除元素，元组的功能不如列表强大、灵活。因为元组不可变，所以代码更安全，处理数据的效率更高。

1. 创建元组

Python 提供了两种创建元组的方法，下面一一进行介绍。

（1）使用()直接创建

通过()创建元组后，一般使用“=”将它赋值给某个变量，具体格式为：

```
tuplename=(element1, element2,...,elementn)
```

其中，tuplename 表示变量名，element1～elementn 表示元组的元素。例如，下面的元组都是合法的：

```
num=(7,14,21,28,35)
course=("Python 教程","数据科学与管理实践")
abc=("Python",19,[1,2],('c',2.0))
```

在 Python 中，元组通常都是使用一对小括号将所有元素括起来，但小括号不是必需的，只要将各元素用逗号隔开，Python 就会将其视为元组。例如：

```
course="Python 教程","数据科学与管理实践"
```

需要注意的一点是，当创建的元组中只有一个字符串类型的元素时，该元素后面必须要加一个逗号“,”，否则 Python 解释器会将它视为字符串。

（2）使用 tuple()函数创建元组

除了使用()创建元组外，Python 还提供了一个内置的函数 tuple()，用来将其他数据类型转换为元组类型。tuple()函数的语法格式如下：

```
tuple(data)
```

其中，data 表示可以转化为元组的数据，包括字符串、列表、字典等。例如：

```
tup1=tuple("hello")                              #将字符串转换成元组
print(tup1)
list1=['20200001','张三','男',19,'电子商务']
tup2=tuple(list1)                                #将列表转换成元组
print(tup2)
dict1={'a':100,'b':42,'c':9}                     #将字典转换成元组
tup3=tuple(dict1)
print(tup3)
print(tuple())                                   #创建空元组
```

运行结果为：

```
('h','e','l','l','o')
('20200001','张三','男',19,'电子商务')
('a','b','c')
()
```

2. 访问元组元素

和列表一样，可以使用索引访问元组中的某个元素，得到的是一个元素的值，也可以使用切片访问元组中的一组元素，得到的是一个新的子元组。使用索引访问元组元素的格式为：

```
tuplename[i]
```

其中，tuplename 表示元组名，i 表示索引值。元组的索引可以是正数，也可以是负数。

使用切片访问元组元素的格式为：

```
tuplename[start:end:step]
```

其中，start 表示起始索引，end 表示结束索引，step 表示步长。例如：

```
tup1=('20200001','张三','男',19,'电子商务')
tup2=(1,2,3,4,5,6,7)
print("tup1[0]: ",tup1[0])
print("tup2[1: 5]: ",tup2[1:5])
```

运行结果为：

```
tup1[0]:  20200001
tup2[1: 5]: (2,3,4,5)
```

3. 修改元组

元组中的元素值是不允许修改的，可以创建一个新的元组去替代旧的元组。例如：

```
tup=('20200001','张三','男',19,'电子商务')
```

```
print(tup)
tup=('20200002','李四','男',19,'信息管理')     #对元组进行重新赋值
print(tup)
```

运行结果为：

```
('20200001','张三','男',19,'电子商务')
('20200002','李四','男',19,'信息管理')
```

另外，还可以连接多个元组，使用“+”拼接元组的方式向元组中添加新元素，例如：

```
tup1=(100,0.5,-36,73)
tup2=(3+12j,-54.6,99)
print(tup1+tup2)
print(tup1)
print(tup2)
```

运行结果为：

```
(100,0.5,-36,73,(3+12j),-54.6,99)
(100,0.5,-36,73)
((3+12j),-54.6,99)
```

使用“+”拼接元组以后，tup1 和 tup2 的内容并没有发生改变，只是生成了一个新的元组。

4. 删除元组

元组中的元素值是不允许删除的，但可以使用 del 语句来删除整个元组，示例代码如下：

```
tup=('20200001','张三','男',19,'电子商务')
print(tup)
del tup
print(tup)
```

以上实例元组被删除后，输出变量会有异常信息，输出结果为：

```
('20200001','张三','男',19,'电子商务')
Traceback(most recent call last):
File "<ipython-input-21-5b5623c187cb>", line 4, in <module>
    print(tup)
NameError: name 'tup' is not defined
```

5. 元组的运算、函数和方法

元组的运算如表 4-7 所示；元组的内置函数如表 4-8 所示。

表 4-7　元组的运算

表　达　式	说　　明
len((1,2,3))	元组长度，结果为 3
(1,2,3)+(4,5,6)	元组组合，结果为(1,2,3,4,5,6)
('a','b')*4	重复元组元素，结果为('a','b','a','b','a','b','a', 'b')
3 in (1,2,3)	判断元素是否存在于元组中，结果为 True

表 4-8　元组的内置函数

函　　数	说　　明
len(s)	计算元组 s 的长度（元素个数）
min(s)	返回元组 s 中的最小元素
max(s)	返回元组 s 中的最大元素
tuple(s)	将列表、元组或字典等可迭代对象 s 转换为元组

4.6.3　字典

字典是一种无序的、可变的序列，它的元素以键值对（key-value）的形式存储。相对地，列表（list）和元组（tuple）都是有序的序列，它们的元素在内存中是挨着存放的。在编程中，通过“键”查找“值”的过程称为映射。字典是典型的映射类型，其中存放的是多个键值对。

字典类型很像学生时代常用的新华字典。通过新华字典中的音节表，可以快速找到想要查找的汉字。字典里的音节表就相当于字典类型中的键，而键对应的汉字则相当于值。

总的来说，字典类型所具有的主要特征如表 4-9 所示。

表 4-9　Python 字典类型具有的主要特征

主要特征	解　　释
通过键而不是通过索引来读取元素	字典类型有时也称为关联数组或者散列表（hash）。它是通过键将一系列的值联系起来的，这样就可以通过键从字典中获取指定项，但不能通过索引来获取
字典是任意数据类型的无序集合	字典中的元素是无序的，而列表和元组通常会将索引值 0 对应的元素称为第一个元素
字典是可变的，并且可以任意嵌套	字典可以在原处增长或者缩短（无须生成一个副本），并且它支持任意深度的嵌套，即字典存储的值也可以是列表或其他的字典
字典中的键必须唯一	字典中，不支持同一个键出现多次，否则只会保留最后一个键值对
字典中的键必须不可变	字典中的值是不可变的，只能使用数字、字符串或者元组，不能使用列表

1. 创建字典

创建字典的方式主要有下面的三种。

（1）使用{ }创建字典

由于字典中每个元素都包含两部分，分别是键（key）和值（value），因此在创建字典时，键和值之间使用冒号“:”分隔，相邻元素之间使用逗号“,”分隔，所有元素放在大括号{ }中。使用{ }创建字典的语法格式如下：

```
dictname={key1:value1,key2:value2,...,keyn:valuen}
```

其中 dictname 表示字典变量名，keyn：valuen 表示各个元素的键值对。需要注意的是，同一字典中的各个键必须唯一，不能重复。例如：

```
student={'学号':'20200001','姓名':'张三','性别':'男','年龄':19}   #使用字符串作为 key
print(student)
dict1={(20,30):'great',30:[1,2,3]}                         #使用元组和数字作为 key
print(dict1)
dict2={}                                                   #创建空字典
print(dict2)
```

运行结果为：

```
{'学号':'20200001','姓名':'张三','性别':'男','年龄':19}
{(20,30):'great',30:[1,2,3]}
{}
```

可以看到，字典的键可以是整数、字符串或者元组，只要符合唯一和不可变的特性就行；字典的值可以是 Python 支持的任意数据类型。

（2）通过 fromkeys()方法创建字典

Python 中，还可以使用 dict 字典类型提供的 fromkeys()方法创建带有默认值的字典，具体格式为：

```
dictname=dict.fromkeys(list,value=None)
```

其中，list 参数表示字典中所有键的列表；value 参数表示默认值，如果不写，则为空值 None。例如：

```
subject={'Python 语言','C 语言','Java 语言'}
scores=dict.fromkeys(subject,60)
print(scores)
```

运行结果为：

```
{'Java语言':60,'Python语言':60,'C语言':60}
```

可以看到，subject 列表中的元素全部作为了 scores 字典的键，而各个键对应的值都是 60。这种创建方式通常用于初始化字典，设置 value 的默认值。

（3）通过 dict()函数创建字典

通过 dict()函数创建字典的写法有多种，表 4-10 罗列出了常用的几种方式，它们创建的都是同一个字典 a。

表 4-10　使用 dict()函数创建字典

创建格式	注意事项
a=dict(str1=value1,str2=value2,str3=value3)	str 表示字符串类型的键，value 表示键对应的值。使用此方式创建字典时，字符串不能带引号

#方式 1 demo=[('two',2),('one',1),('three',3)]
#方式 2 demo=[['two',2],['one',1],['three',3]]
#方式 3 demo=(('two',2),('one',1),('three',3))
#方式 4 demo=(['two',2],['one',1],['three',3])
a=dict(demo)
	向 dict()函数传入列表或元组，而列表或元组中的元素又各自是包含两个元素的列表或元组，其中第一个元素作为键，第二个元素作为值

keys=['one','two','three'] #还可以是字符串或元组
values=[1,2,3] #还可以是字符串或元组
a=dict(zip(keys,values))
	通过应用 dict()函数和 zip()函数，可将前两个列表转换为对应的字典

注意，无论采用以上哪种方式创建字典，字典中各元素的键都只能是字符串、元组或数字，不能是列表。列表是可变的，不能作为键。如果不为 dict()函数传入任何参数，则代表创建一个空的字典，例如：

```
d=dict()   # 创建空的字典
print(d)
```

运行结果为：

```
{}
```

2. 访问字典

列表和元组是通过下标来访问元素的，而字典不同，它通过键来访问对应的值。因为字典中的元素是无序的，每个元素的位置都不固定，所以字典也不能像列表和元组那样，采用切片的方式一次性访问多个元素。Python 中访问字典元素的具体格式为：

```
dictname[key]
```

其中，dictname 表示字典变量的名称，key 表示键名。注意，键必须是存在的，否则会抛出异常。例如：

```
tup=(['two',26],['one',88],['three',100],['four',-59])
dic=dict(tup)
print(dic['one'])   #键存在
print(dic['five'])  #键不存在
```

运行结果为：

```
88
Traceback(most recent call last):
File "<ipython-input-40-b00e0b922310>", line 4, in <module>
print(dic['five'])  #键不存在
KeyError:'five'
```

除了上面这种方式外，Python 更推荐使用 dict 类型提供的 get()方法来获取指定键对应的值。当指定的键不存在时，get()方法不会抛出异常。

get()方法的语法格式为：

```
dictname.get(key[,default])
```

其中，dictname 表示字典变量的名称；key 表示指定的键；default 用于指定要查询的键不存在时，此方法返回默认值，如果不指定，会返回 None。例如：

```
a=dict(two=0.65,one=88,three=100,four=-59)
print(a.get("one"))
```

运行结果为：

```
88
```

注意，当键不存在时，get()返回空值 None，如果想明确地提示用户该键不存在，那么可以设置 get()的第二个参数，例如：

```
a=dict(two=0.65,one=88,three=100,four=-59)
print(a.get("five","该键不存在"))
```

运行结果为：

```
该键不存在
```

3. 删除字典

Python 中能删除单一的元素也能清空字典，清空只需一项操作。和删除列表、元组一样，删除字典也可以使用 del 关键字，例如：

```
a=dict(two=0.65,one=88,three=100,four=-59)
print(a)
del a["two"]  #删除键是 two 的条目
print(a)
del a
print(a)
```

运行结果为：

```
{'two': 0.65, 'one': 88, 'three': 100, 'four': -59}
{'one': 88, 'three': 100, 'four': -59}
Traceback(most recent call last):
File "<ipython-input-47-f04f1c690688>", line 6, in <module>
    print(a)
NameError:name 'a' is not defined
```

Python 自带垃圾回收功能，会自动销毁不用的字典，所以一般不需要通过 del 来手动删除。

4. 字典的内置函数和方法

字典的内置函数和方法如表 4-11 所示。

表 4-11　字典的内置函数和方法

内置函数/方法	说　明
d.keys()	返回字典 d 中所有的键信息
d.values()	返回字典 d 中所有的值信息
d.items()	返回字典 d 中所有的键值对信息
d.get(key[,default])	若键存在于字典 d 中则返回其对应的值，否则返回默认值
d.clear()	清空字典
d.pop(key[,default])	若键存在于字典 d 中则返回其对应的值，同时删除键值对，否则返回默认值

续表

内置函数/方法	说　明
d.popitem()	随机删除字典 d 中的一个键值对
del d[key]	删除字典 d 中的某键值对
len(d)	返回字典 d 中元素的个数
min(d)	返回字典 d 中最小键所对应的值
max(d)	返回字典 d 中最大键所对应的值

【例 4-8】 简单四则运算。

输入两个数字，并输入加、减、乘、除运算符号，然后输出运算结果，若输入其他符号，则退出程序。

程序代码如下：

```
while True:
      m=float(input("请输入第一个数字："))
      n=float(input("请输入第二个数字："))
      op=input("请输入四则运算符号，其他符号则退出：")
      tup=("+","-","*","/")
      if op not in tup:
            break
      dic={'+':m+n,'-':m-n,'*':m*n,'/':m/n}
      print("%s%s%s=%0.1f" %(m,op,n,dic.get(op)))
```

4.6.4 集合

Python 中的集合可用来保存不重复的元素，即集合中的每个元素都是唯一的。

1. 创建集合

（1）使用{}创建

在 Python 中，创建集合与创建字典类似，将所有元素放在一对花括号{}中，相邻元素之间用“,”分隔，其语法格式如下：

```
setname={element1,element2,...,elementn}
```

其中，setname 表示集合的名称，起名时既要符合 Python 的命名规范，也要避免与 Python 内置函数重名；elementn 表示集合中的元素，个数没有限制，但是不能有重复的元素。例如：

```
set1={1,'c',1,(1,2,3),'c'}
print(set1)
```

运行结果为：

```
{'c',1,(1,2,3)}
```

（2）使用 set()函数创建集合

set()函数为 Python 的内置函数，其功能是将字符串、列表、元组等可迭代对象转换成集合。该函数的语法格式如下：

```
setname=set(iteration)
```

其中，iteration 就表示字符串、列表、元组等数据类型。例如：

```
set1=set("hello")
set2=set([1,2,3,4,5])
set3=set((1,2,3,4,5))
```

```
print("set1:",set1)
print("set2:",set2)
print("set3:",set3)
```

运行结果为:

```
set1: {'l','e','h','o'}
set2: {1,2,3,4,5}
set3: {1,2,3,4,5}
```

注意，如果要创建空集合，只能使用 set()函数实现。因为直接使用一对{}，Python 解释器会将其视为一个空字典。

2. 访问集合

由于集合中的元素是无序的，因此无法像列表一样使用下标访问元素。在 Python 中，访问集合元素最常用的方法是使用循环结构将集合中的数据逐一读取出来。例如:

```
a={1,'c',1,(1,2,3),'c'}
for ele in a:
    print(ele,end=' ')
```

运行结果为:

```
1 c (1,2,3)
```

3. 更新集合

(1)添加元素

在集合中添加元素，可以使用 set 类型提供的 add()方法实现。该方法的语法格式为:

```
setname.add(element)
```

其中，setname 表示要添加元素的集合，element 表示要添加的元素内容。例如:

```
a={'Python语言','C语言','Java语言'}
a.add('C#语言')
print(a)
```

运行结果为:

```
{'Java语言', 'C#语言', 'Python语言', 'C语言'}
```

注意，使用 add()方法添加的元素只能是数字、字符串、元组或者布尔类型值，不能添加列表、字典、集合这类可变的数据类型的值，否则 Python 解释器会报 TypeError 错误。

(2)删除元素

删除现有集合中的指定元素，可以使用 remove()方法，该方法的语法格式如下:

```
setname.remove(element)
```

需要注意的是，使用此方法删除集合中的元素，如果被删除元素本就不包含在集合中，则此方法会抛出 KeyError 错误，例如:

```
a={1,2,3}
a.remove(1)
print(a)
a.remove(1)
print(a)
```

运行结果为:

```
{2,3}
Traceback(most recent call last):
File "<ipython-input-54-64fe129332e5>", line 4, in <module>
a.remove(1)
KeyError:1
```

上面的程序中，由于集合中的元素“1”已被删除，因此当再次尝试使用 remove()方法删除时，会引发 KeyError 错误。

4. 集合的运算符和常用方法

对集合最常做的操作就是进行交集、并集、差集以及对称差集运算。假设有两个集合，分别为 set1={1,2,3}和 set2={3,4,5}，它们既有相同的元素，也有不同的元素，做不同的集合运算，结果如表 4-12 所示。

表 4-12 集合的运算符和常用方法

运算符/方法	说　明
&	求交集，取两集合公共的元素。例如，set1 & set2 的结果为{3}
|	求并集，取两集合全部的元素。例如，set1 | set2 的结果为{1,2,3,4,5}
−	求差集，取一个集合中有而另一个集合没有的元素。例如，set1−set2 的结果为{1,2}，set2−set1 的结果为{4,5}
^	求对称差集。取集合 A 和集合 B 中不属于 A&B 的元素。例如 set1^set2 的结果为{1,2,4,5}
S.add(x)	往集合 S 中添加元素 x（x 不属于 S）
S.remove(x)	若 x 在集合 S 中，则删除该元素，不在则产生 KeyError 错误
S.discard(x)	若 x 在集合 S 中，则删除该元素，不在则也会报错
S.pop()	随机返回集合 S 中的一个元素，同时删除该元素。若 S 为空，则产生 KeyError 错误
S.clear()	删除集合 S 中的所有元素
S.copy()	返回集合 S 的一个拷贝
S.isdisjoint(T)	若集合 S 和 T 中没有相同的元素，则返回 True

4.6.5 字符串

字符串（str）是 Python 中一种常用的数据类型，也是一种重要且提供了多种处理方式的数据类型，很多实际问题的解决都需要用到字符串。第 3 章已对字符串进行了简要介绍，本节进行更为详细的介绍。

1. 字符串的访问

字符串由单个或多个字符构成，多个字符之间是有顺序的，每个字符的顺序号就称为索引（index）。Python 允许通过索引来操作字符串中的单个或者多个字符。

（1）索引方式

索引方式也称为单字符访问方式，其语法格式如下：

```
strname[index]
```

其中，strname 表示字符串的名称，index 表示索引值。

当以字符串的左端（字符串的开头）为起点时，索引是从 0 开始计数的；字符串的第一个字符的索引为 0，第二个字符的索引为 1，以此类推；当以字符串的右端（字符串的末尾）为起点时，索引是从−1 开始计数的；字符串的倒数第一个字符的索引为−1，倒数第二个字符的索引为−2，以此类推。

对于单个符号，不管是英文字符、数字，还是汉字，都按一个字符对应索引值。例如：

```
str1="数据科学与管理实践（Python）"
print(str1[0],str1[10],str1[-1])
```

运行结果为：

```
数P )
```

（2）切片方式

切片方式也称为子串访问方式，其语法格式如下：

```
strname[start:end:step]
```

其中：strname 为要截取的字符串；start 表示要截取的第一个字符所在的索引（截取时包含该字符）。如果不指定，默认为 0，也就是从字符串的开头截取；end 表示要截取的最后一个字符所在的索引（截取时不包含该字符）。如果不指定，默认为字符串的长度；step 指的是从 start 索引处的字符开始，每隔一定的距离（step）获取一个字符，直至 end 索引出的字符。step 默认值为 1，当省略该值时，最后一个冒号也可以省略。例如：

```
str1="数据科学与管理实践（Python）"
print(str1[:10:2])
print(str1[10:16:1])
```

运行结果为：

```
数科与理践
Python
```

2. 字符串的运算

（1）字符串运算符

在 Python 中可以进行字符串的连接、比较以及判断子串等运算，假设 a 变量值为字符串“Hello”，b 变量值为字符串“Python”，运算符和运算结果如表 4-13 所示。

表 4-13　字符串运算符及功能描述

字符串运算符	功能描述	实例
+	字符串连接	a+b 的结果为 HelloPython
*	重复输出字符串	a*2 的结果为 HelloHello
[]	通过索引获取字符串中的字符	a[1]的结果为 e
[:]	截取字符串中的一部分	a[1:4]的结果为 ell
in	成员运算符：如果字符串中包含给定的字符，则返回 True	H in a 的结果为 True
not in	成员运算符：如果字符串中不包含给定的字符，则返回 True	M not in a 的结果为 True
<,<=, >,>=,==,!=	字符串的比较运算	a>b,a<=b,a==b 的结果都为 False a<b,a<=b,a!=b 的结果都为 True

（2）字符串运算函数

常用的四个字符串运算函数如表 4-14 所示。

表 4-14　常用的字符串运算函数

字符串运算函数	功能描述
len(str1)	返回字符串 str1 的长度，即字符串中字符的个数
str(x)	返回数值 x 对应的字符，可以带正负号
chr(n)	返回整数 n 对应的字符，n 是 Unicode 编码值
ord(c)	返回字符 c 对应的 Unicode 的编码值

（3）字符串处理方法

作为一种面向对象的程序设计语言，Python 可以把每种数据类型都封装为一个类，类能提供若干个函数，用于对类内数据进行处理，这种函数称为“方法”，内置的字符串类型的常用处理方法如表 4-15 所示。

表 4-15　内置的字符串类型的常用处理方法

函　　数	功 能 描 述
string.center(width)	返回一个原字符串居中，并使用空格填充至长度为 width 的新字符串
string.count(str1)	返回 str1 在 string 里面出现的次数
string.find(str1)	检测 str1 是否包含在 string 中，如是，则返回 str1 在 string 中的开始位置，否则返回-1
string.format()	格式化字符串
string.index(str1)	跟 find()方法一样，只不过如果 str1 不在 string 中会报一个异常
string.islower()	如果 string 中包含至少一个区分大小写的字母，并且所有这些字母都是小写，则返回 True，否则返回 False
string.isnumeric()	如果 string 中只包含数字字符，则返回 True，否则返回 False
string.isspace()	如果 string 中只包含空格，则返回 True，否则返回 False
string.istitle()	如果 string 是标题化的（见 title()）则返回 True，否则返回 False
string.isupper()	如果 string 中包含至少一个区分大小写的字母，并且所有这些字母都是大写，则返回 True，否则返回 False
string.join(seq)	以 string 作为分隔符，将 seq 中所有的元素合并为一个新的字符串
string.ljust(width)	返回一个原字符串左对齐，并使用空格填充至长度为 width 的新字符串
string.lower()	转换 string 中所有大写字母为小写
string.split(sep,n)	以 sep 为分隔符切片 string 为一个包含 n+1 个字符串的列表

3. 字符串的格式设置

Python 支持格式化字符串的输出，其基本的用法是将一个值插入到一个有字符串格式符的模板中。

（1）用符号%进行字符串格式化（见表 4-16）

表 4-16　格式符含义

符　　号	描　　述
%c	格式化字符及其 ASCII 码
%s	格式化字符串
%d	格式化整数
%u	格式化无符号整数
%o	格式化无符号八进制数
%x	格式化无符号十六进制数（小写）
%X	格式化无符号十六进制数（大写）
%f	格式化浮点数字，可指定小数点后的精度
%e	用科学计数法格式化浮点数
%E	作用同%e，用科学计数法格式化浮点数
%g	%f 和%e 的简写
%G	%F 和%E 的简写
%p	用十六进制数格式化变量的地址

（2）用 format()方法进行字符串格式化

format()方法的语法格式如下：

```
str.format(args)
```

其中，str 用于指定字符串的显示样式；args 用于指定要进行格式转换的项，如果有多个项，之间用逗号进行分割。在创建显示样式模板时，需要使用“{}”和“:”来指定占位符。其完整的语法格式为：

```
{[index][:[[fill]align][sign][#][width][.precision][type]]}
```

index：指定“:”后边设置的格式要作用到 args 中第几个数据，数据的索引值从 0 开始。如果省略此选项，则会根据 args 中数据的先后顺序自动分配。

fill：指定空白处填充的字符。注意，当填充字符为逗号“,”且作用于整数或浮点数时，该整数（或浮点数）会以逗号分隔的形式输出，例如，1000000 会输出为 1,000,000。

align：指定数据的对齐方式，具体的对齐方式如表 4-17 所示。

表 4-17　align 参数及含义

align	含　义
<	数据左对齐
>	数据右对齐
=	数据右对齐，同时将符号放置在填充内容的最左侧，该选项只对数字类型有效
^	数据居中，此选项需和 width 参数一起使用

sign：指定有无符号数，此参数的值以及对应的含义如表 4-18 所示。

表 4-18　sign 参数及其含义

sign 参数	含　义
+	正数前加正号，负数前加负号
-	正数前不加正号，负数前加负号
空格	正数前加空格，负数前加负号
#	对于二进制数、八进制数和十六进制数，使用此参数，各进制数前会分别显示 0b、0o、0x 前缀；反之则不显示前缀

width：指定输出数据时所占的宽度。

precision：指定保留的小数位数。

type：指定输出数据的具体类型，如表 4-19 所示。

表 4-19　type 占位符类型及其含义

type 类型值	含　义
s	对字符串类型格式化
d	十进制整数
c	将十进制整数自动转换成对应的 Unicode 字符
e 或 E	转换成科学计数法后，再格式化输出
g 或 G	自动在 e 和 f（或 E 和 F）中切换
b	将十进制数自动转换成二进制数，再格式化输出
o	将十进制数自动转换成八进制数，再格式化输出
x 或 X	将十进制数自动转换成十六进制数，再格式化输出
f 或 F	转换为浮点数（默认小数点后保留 6 位），再格式化输出
%	显示百分比（默认显示小数点后 6 位）

format()方法进行字符串格式化示例如下：

```
x,y,z=3.14,1.7182,1.0
print("{:<8}{:<8}{:<8}".format(x,y,z))        #宽度为 8，左对齐
a=int(input("请输入第一个数："))
b=int(input("请输入第二个数："))
print("{}*{}={:2d}".format(a,b,a*b))          #九九乘法表格式“乘数*乘数=积”
```

运行结果为：

```
3.14    1.7182  1.0
请输入第一个数：8
请输入第二个数：9
8*9=72
```

归纳与提高

本章首先介绍了函数的概念、定义和调用，主要介绍了函数参数传递的几种方式、常用的内置函数、变量作用域和模块，并在第 3 章基本数据类型的基础上，深入介绍了 Python 中大量使用的组合数据类型以及字符串。通过对本章的学习，希望读者能够理解函数、变量及其作用域、模块等的基本概念；掌握函数的定义、调用和参数传递、lambda 表达式的使用。在定义和使用函数时，应注意变量的局部和全局作用域，以及 global 关键字的作用。模块常应用于公共的常量、变量、函数和类等，通过学习读者应掌握模块的导入和使用方法。组合数据类型包括列表、元组、字典和集合等，组合数据类型为数据提供了结构化的存储和处理方法。熟练掌握各种数据类型的操作，可以帮助读者提高编程效率。

知识巩固与训练

一、单选题

1. 函数 type(1+0xf*3.14)的返回结果是（　　）。
   A. <class 'int'>　　B. <class 'long'>　　C. <class 'str'>　　D. <class 'float'>
2. 下列属于 math 模块中的数学函数的是（　　）。
   A. time()　　B. round()　　C. sqrt()　　D. random()
3. 语句 eval('2+4/5')执行后的输出结果是（　　）。
   A. 8　　B. 2　　C. 2+ 4/5　　D. '2+4/5'
4. 执行语句 x,y=eval(input())时，输入数据格式错误的是（　　）。
   A. 3 4　　B. (3,4)　　C. 3,4　　D. [3,4]
5. Python 中的函数不包括（　　）。
   A. 标准函数　　B. 第三方函数　　C. 内置函数　　D. 参数函数
6. Python 中，函数定义可以不包括（　　）。
   A. 函数名　　B. 关键字 def　　C. 一对圆括号　　D. 可选参数列表

7. 以下代码的输出结果是（　　）。

```
def func(num):
    num *=2
x=20
func(x)
print(x)
```

A. 40　　B. 20　　C. 无输出　　D. 出错

8. 以下代码的输出结果是（　　）。

```
def func(a,*b):
    for item in b:
        a+=item
    return a
m=0
print(func(m,1,1,2,3,5,7,12,21,33))
```

A. 33　　B. 0　　C. 85　　D. 7

9. 以下代码的输出结果是（　　）。

```
x=10
y=3
print(divmod(x,y))
```

A. (1, 3)　　B. (3, 1)　　C. 1,3　　D. 3,1

10. 下列不属于使用函数的优点的是（　　）。

A. 减少代码重复　　B. 使程序更加模块化

C. 使程序便于阅读　　D. 为了展现智力优势

二、填空题

1. Python 中定义函数的关键字是________。

2. 在函数内部可以通过关键字________来定义全局变量。

3. 如果函数中没有 return 语句或者 return 语句不带任何返回值，那么该函数的返回值为________。

4. 表达式 sum(range(10))的值为________。

5. 表达式 list(filter(None, [0,1,2,3,0,0]))的值为________。

6. 表达式 list(filter(lambda x:x %2==0, range(10)))的值为________。

7. 已知 f=lambda x:x+5，那么表达式 f (3) 的值为________。

8. 表达式 sorted(['abc','acd','ade'], key=lambda x:(x[0], x [2]))的值为________。

9. 已知函数定义 def demo(x,y,op):return eval(str(x)+op+str(y))，那么表达式 demo(3, 5, '+')的值为________。

10. 已知函数定义 def demo(x, y, op):return eval(str(x)+op+str(y))，那么表达式 demo(3, 5, '*')的值为________。

11. 已知函数定义 def demo(x, y, op):return eval(str(x)+op+str(y))，那么表达式 demo(3, 5, '-')的值为________。

12. 已知 f=lambda n:len(bin(n)[bin(n).rfind('1')+1:])，那么表达式 f(6)的值为________。

三、编程题

1. 编写一个函数，用于接收任意多个整数并输出其中的最大值和所有整数之和。

2. 编写程序以实现：从键盘输入两个数（换行），调用函数 gcd()输出两个数的最大公约数。

3. 编写一个函数，用于判断输入字符串是否由小写字母和字符串构成。

4. 编写程序以实现：从键盘输入一个列表，计算输出列表元素的平均值。

5. 编写程序以实现：从键盘输入三个数作为三角形的边长，在屏幕上显示输出由这三个边长构成的三角形的面积（保留两位小数）。

6. 编写一个函数，用于将华氏温度转换为摄氏温度。公式为 $C=(F-32)\times 5/9$。

7. 已知一个字典包括若干员工信息（姓名和性别），请编写一个函数，用于删除性别为“男”的员工信息。

8. 已知一个列表存储了多个整数，请编写函数，用于删除列表中的素数。

9. 定义一个 getMax()函数，返回三个数（从键盘输入的整数）中的最大值。

四、思考题

1. 如何定义带有可选参数的函数？

2. 函数一旦定义完成便会立即执行吗？

3. 若函数内部和外部定义了一个同名变量，如何在函数内部修改函数外部变量的值？

4. 比较元组和集合的区别，思考如何实现元组与集合的相互转换。

5. 两个集合分别是 S1={1,3,4,6}和 S2={2,5,6}，请计算 S1|S2、S1&S2、S1^S2 和 S1−S2 的值。

6. 请比较两个列表：ls1=[30,1,2,0]，ls2=[1,21,133]。

7. 如果列表 ls=[[2,3,7],[[3,5],25],[0,9]]，那么 len(ls)的值是多少？

8. 对于字典 d={"abc":1, "qwe":3, "zxc":2}，len(d)的结果是什么？

五、实训题

实训题目：练习使用函数、模块和组合数据类型

实训目的：

1. 了解 Python 函数的概念；

2. 掌握 Python 函数的定义、函数调用的各种方式；

3. 掌握编写 lambda 表达式的方法；

4. 掌握内置函数的使用方法；

5. 了解列表、元组、字典和集合的概念；

6. 掌握列表、元组、字典和集合对象的创建及使用方法；

7. 掌握字符串的基本操作、字符串的处理函数和处理方法。

实训内容：

1. 编写一个判断闰年的函数 leapyear(year)，返回 1 表示闰年，0 表示非闰年。

2. 编写一个函数，计算 $s(n)=1+2+3+\cdots+n$。

3. 编写程序实现以下目的：生成一个包含 20 个随机整数的列表，然后对偶数下标的元素进行降序排序，奇数下标的元素不变。

4. ls 是一个列表，内容如下：ls=[123,'456',789,'123',456,'789']，求列表 ls 中所有元素的和。

5. 设计一个字典，并编写程序实现以下目的：以用户输入的内容作为键，然后输出字典中对应的值，如果用户输入的键不存在，则输出“您输入的键不存在！”

6. 编程程序：生成包含1000个0～100的随机整数，并统计每个元素的出现次数。（提示：使用集合）

7. 编写程序实现以下目的：获得用户输入的一个字符串，将其中的字符串“py”替换为“ython”，输出替换后的字符串。

8. 编写程序实现以下目的：合并列表lst1=[3,7,44,78,6]和lst2=[35,8,59,3,47,6]中的元素，并将重复元素去除。

9. 编写程序实现以下目的：输入一串字符，统计单词个数（假设所有单词以空格分隔）。

第5章 文件操作

【知识目标】

掌握异常的类型以及异常处理的方法；理解常见的文件类型及其文件格式；掌握文件读取的流程；分别掌握文本文件、csv格式的文件以及JSON格式的文件的读取和写入的方法。

【本章导读】

在编写程序的过程中，难免会出现各种类型的错误。出现错误并不可怕，关键问题是如何处理这些错误。Python提供了异常处理机制以对各种错误进行检查和处理。在日常生活中，我们会遇到大量的数据，而这些数据通常存储在文本文件、csv文件、JSON文件当中，本章将会介绍Python中对以上类型的文件进行读写的方法。

5.1 错误处理

在编写程序的过程中，难免会产生各种类型的错误，这些错误将导致程序停止运行。这个时候，就需要停下来，改正错误，然后继续调试程序。错误一般包含两类：一类是Python可以帮我们检查的，称为语法错误；另一类是Python检查不出来的，称为异常。

5.1.1 错误

1. 语法错误

语法错误是指程序的语法有问题，编译器能够检查出来。大多数语法错误是由于程序员粗心引起的，比如拼写错误、忘掉缩进等。Python提供了语法错误检查机制，以便能检查和修改错误。

```
for i in range(10)
    print(i)
```

上段代码在运行的时候，会提示类似下面的语法错误：

```
File "C:/Users/xjm/Desktop/EX/test.py",line 1
    for i in range(10)
                    ^
SyntaxError: invalid syntax
```

invalid syntax即语法不符合规则。仔细检查的话，会发现因为在range(10)的后边缺少了“:”号。这个错误可以由Python检测完成。

 **小贴士**

Python 初学者最容易犯的语法错误一般包括以下四个：①少写括号；②代码没有缩进；③忘记写冒号；④变量名前后不一致。我们可以利用 Python 的提示，在错误提示符号“^”附近按以上四个错误仔细检查，基本就能发现错误。

2. 异常

Python 能够为我们检查语法错误，但是在做语法检查的时候有些问题是看不出来的。比如典型代码如下：

```
a=int(input("请输入被除数"))
b=int(input("请输入除数"))
print(a/b)
```

例如，你如果本来想实现 3 除以 10，但是不小心写成了 3 除以 0。而我们都知道 3 除以 0 是没有结果的。Python 在做语法检查的时候是不可能预见你会输入 0 作为除数的。因此，Python 只能让程序顺序执行，一直运行到 print(a/b)这条语句，才能发现问题，并终止程序的运行。再如，你准备写一个读取文件的程序，但是，可惜该文件被删除了，而 Python 不能预先知道该文件已被删除，所以会出现问题。

我们将这些语法上没有错误但是运行时会出现的问题，称为异常。Python 内置了很多异常，并且定义为异常类。比较典型的异常如表 5-1 所示。

表 5-1 典型的异常

异常	描述
BaseException	所有异常的基类
Exception	常规错误的基类
ArithmeticError	所有数值计算错误的基类
OverflowError	数值运算超出最大限制
ZeroDivisionError	除（或取模）零（所有数据类型）
AttributeError	对象没有这个属性
IOError	输入/输出操作失败
IndexError	序列中没有此索引（index）
KeyError	映射中没有这个键
NameError	未声明/初始化对象（没有属性）
UnboundLocalError	访问未初始化的本地变量
ValueError	传入无效的参数

下面是几个异常的示例。

（1）ZeroDivisionError

```
a=int(input("请输入被除数"))
b=int(input("请输入除数"))
print(a/b)
```

如果不小心将 b 输为 0，会引发异常 ZeroDivisionError:division by zero。

（2）AttributeError

```
class test:
    a=''
```

```
t=test()
t.b
```

以上代码会引发如下异常 AttributeError:'test' object has no attribute 'b'（test 中没有 b 属性）。

（3）IOError

```
file=open('ce.txt')
```

如果 ce.txt 不存在，会引发异常 FileNotFoundError:[Errno 2] No such file or directory:'ce.txt'。

（4）IndexError

```
array=[1,2,3,4,5]
array[6]
```

超出下标的上限，会引发异常 IndexError:list index out of range。

异常也是类，因此具有继承结构，如图 5-1 所示。

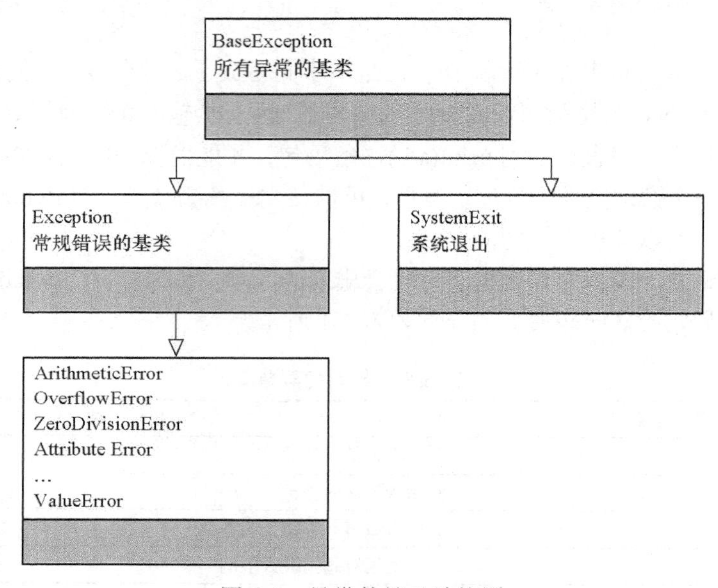

图 5-1　异常的继承结构图

如图 5-1 所示，我们在表 5-1 中所列的大多数异常的父类是 Exception，Exception 是常规错误的基类，我们所遇到的绝大多数异常都是 Exception 的子类。除了 Exception 以外，还有 SystemExit，它是会引发 Python 系统退出的异常，我们很少遇到。

5.1.2　异常处理

当异常发生的时候，需要处理异常。可以用 try/except/finally 机制来处理异常。

```
try:
    <语句>      #怀疑有异常的代码
except <异常 1>:
    <语句>      #匹配并处理第一个异常
except <异常 2>:
    <语句>      #匹配并处理第二个异常
else:
    <语句>      #没有异常情况下执行的代码
finally:
    <语句>      #当所有程序执行完毕以后，执行 finally
```

当我们怀疑某段代码可能会有异常时，可以通过 try 语句将这段代码包含起来。如果没有异常，则执行 else 后面的语句。如果有异常，那么会跳到 except 语句块，并且根据异常的类型进行匹配，找到匹配的异常，执行该异常后面的语句。当 except 语句块执行完后，再执行 finally 语句块。

让我们来看一个使用 try 语句的例子，代码如例 5-1 所示。

【例 5-1】 使用 try 和 except 语句捕获异常。

```
print('我们尝试异常')
try:
    a=int(input("请输入被除数"))
    b=int(input("请输入除数"))
    c=a/b
except ZeroDivisionError as e:
    print('你输入的除数是 0，请重新输入')
    b=int(input("请输入除数"))
    c=a/b
    print(c)
else:
    print(c)
```

如果我们输入正常，将会执行到 else 语句直接输出 a 除以 b 的值。如果我们不小心输入了 0 作为除数，那么执行到 c=a/b 的时候，将会引发异常 ZeroDivisionError。异常发生后，会跳到 except 语句，查找对应的异常名，找到以后，执行该异常名后面的语句。

程序的一个输入如下所示：

```
我们尝试异常
请输入被除数 10
请输入除数 0
你输入的除数是 0，请重新输入
请输入除数 2
5.0
```

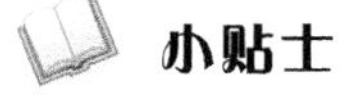

小贴士

因为 Exception 是常规错误的基类，所以也可以将以上语句的 ZeroDivisionError 改为 Exception，程序还是能执行。请思考为什么。

我们再来看一个捕获两个异常的例子，代码如例 5-2 所示。

【例 5-2】 捕获两个异常的示例。

```
print('尝试捕获两个异常')
try:
    a=['1.txt','2.txt','3.txt']
    f=open(a[4])
except IndexError as e1:
    print('你输入的下标越界，将改为最后一个文件读取')
    f=open(a[2])
except IOError as e2:
    print('请检查文件是否存在')
    f=open(a[2])
else:
```

```
    print('文件读取正常')
finally:
    print('文件出现异常，但是读取完毕')
```

以上这段代码尝试捕获两个异常，并分别进行异常处理。最终结果如下：

```
尝试捕获两个异常
你输入的下标越界，将改为最后一个文件读取
文件出现异常，但是读取完毕
---------------------------------------------------------------------------
IndexError                                Traceback (most recent call last)
<ipython-input-8-a7469a8babe4> in <module>
      3     a=['1.txt','2.txt','3.txt']
----> 4     f=open(a[4])
      5 except IndexError as e1:

IndexError: list index out of range

During handling of the above exception, another exception occurred:

FileNotFoundError                         Traceback (most recent call last)
<ipython-input-8-a7469a8babe4> in <module>
      5 except IndexError as e1:
      6     print('你输入的下标越界，将改为最后一个文件读取')
----> 7     f=open(a[2])
      8 except IOError as e2:
      9     print('请检查文件是否存在')

FileNotFoundError: [Errno 2] No such file or directory: '3.txt'
```

5.2 文件读写

在进行数据分析的过程中，我们会操作各种类型的文件，并从中读写信息。这些文件的类型包括 txt、csv、xls、JSON 等。Python 可以通过文件读写函数，将文件中的数据调入内存，以便在内存中对数据进行处理。处理完毕以后，也能够将处理过的数据重新写入文件进行保存。本节重点介绍 txt、csv 和 JSON 类型文件的读写。

5.2.1 读写文本文件

文本文件的读写是通过 file 类实现的，并且在 Python 中 file 类的很多函数变成了内置函数。file 类提供了程序的打开函数 open()、关闭函数 close()、读取函数 read()和写入函数 write()。

要读写文件，首先必须要有一个文件，如果该文件没有，请自行创建它。例如，我们可以在当前目录下创建一个名为 intro.txt 的文本文档，并在其中添加两句话：

```
Life is short, I love Python!
It is a perfect world!
```

文件操作的基本流程如下。

第一步：使用 open()函数打开一个文件，创建一个文件（file）对象。open()函数的语法如下：

```
f=open(file_name [,access_mode][,buffering])
```

各个参数的作用如下：

file_name：文件的路径及名称。

access_mode：文件的打开模式（只读，写入，追加等）。

buffering：设置文件缓冲区的大小，可以忽略。

access_mode 可以指定的部分模式列表如表 5-2 所示。

表 5-2　常用的文件打开模式

模　式	描　述
t	文本模式（默认）
x	写模式，新建一个文件，如果该文件已存在则会报错
b	二进制模式
+	打开一个文件进行更新（可读写）
r	以只读方式打开文件（默认）
rb	以二进制方式打开一个文件，并可读
w	打开一个文件只用于写入。如果该文件已存在则打开文件，并从开头开始编辑，即原有内容会被删除。如果该文件不存在，则创建新文件
a	打开一个文件用于追加。如果该文件已存在，文件指针将会放在文件的结尾。如果该文件不存在，则创建新文件进行写入

在不指定 access_mode 的情况下，系统提供的默认值为 t 和 r，也就是说默认以文本文件的模式打开，并且为只读（不可写）。

第二步：使用 file 对象的读 read()或者写 write()方法，读取或者写入文件。read()方法用于从文件中读取内容，直到文件的末尾；write()方法用于向文件中写入指定字符串。

第三步：使用 close()函数关闭文件。

下面，分别就文本文件的读取、写入和追加为例演示文件操作的基本流程。

小贴士

读和写的操作最好不要同时进行，否则会发生一些未知的错误。此外，一定要养成在文件读写完毕后关闭文件的好习惯。

1. 读取文本文件

下面我们尝试读取 intro.txt 文件中的值，代码如例 5-3 所示。

【例 5-3】　读取 intro.txt 文件中的值。

```
f=open('intro.txt')
print(f.read())
f.close()
```

如果 intro.txt 文件存在，那么会输出：

```
Life is short, I love Python!
It is a perfect world!
```

我们也可以将该文件复制到 e 盘根目录下。由于文件的路径发生了改变，因此需要将 open()函数中的路径更改为“e:\intro.txt”，代码如例 5-4 所示。

【例 5-4】　读取 e 盘根目录下的文件中的值。

```
f=open('e:\intro.txt')
print(f.read())
f.close()
```

以上代码也能正常运行。

2. 写入文本文件

我们在使用 open()函数将数据写入一个文件的时候，需要将 open()函数中的参数 access_mode 设置为 w。如果该文件已存在则打开文件，并从开头开始编辑，即原有内容会被删除。如果该文件不存在，则创建新文件。

在当前目录下创建一个名为“hello.txt”的文本文件，并写入“hello，Python”的代码（如例 5-5 所示）。

【例 5-5】 将文字写入文本文件。

```
f=open('hello.txt','w')
f.write("hello,Python\n")
f.close()
```

通过以上代码，在当前的目录下创建了一个文件，名称为 hello.txt。通过记事本程序打开这个文件，可以看到文件中的文字就是“hello,Python”。

3. 追加文件

如果想在原有的文件后面再追加一行文字，可以用'a'模式。代码如例 5-6 所示。

【例 5-6】 使用 'a'模式在文件的最后追加一行文字。

```
f=open('intro.txt','a')
f.write("\nhello,Python")
f.close()
```

参考代码

计算 0～10 之间的数字的平方和的代码

通过以上代码，在文件的最后追加了一行文字“hello,Python”。

【小练习】

编写代码，计算 0～10 之间的数字的平方和，将计算结果存入 pingfang.txt 中，每一行只写一个数字的平方和。

5.2.2 读写 csv 文件

csv 格式的文件以纯文本形式存储表格数据，数字也被认为是文本。csv 文件由任意数目的记录组成，记录间以换行符分隔；每条记录由字段组成，字段间的分隔符为逗号或制表符。

csv 是一种通用的、相对简单的文件格式，其最广泛的应用是在程序之间转移表格数据，而这些程序本身是在不兼容的文件格式上进行操作的（往往是私有的或无规范的格式）。大量程序都支持 csv，至少会将其作为一种可选择的输入/输出格式。

小贴士

为什么把数据保存为 csv 文件格式而不保存为后缀为 xls 的 Excel 文件格式呢？主要有以下原因：①csv 文件格式是通用的标准，而 xls 格式是微软制定的文件格式，xls 格式在使用时不如 csv 兼容性好；②csv 比 xls 格式占用的空间小，能够存储更多的内容。同样的内容，xls 需要 25kB，而 csv 只需要 1kB；③xls 文件可以通过“另存为”的方式，保存为 csv，当然也可以通过 Excel 直接打开 csv。另一方面，csv 格式也可以保存成 xls 格式。

一个典型的 csv 文件所含有的内容如下：

```
序号,学号,姓名,班级,专业,成绩
1,20133503,吴东弢,会计1501,会计学,72
2,5120161468,蔡东良,营销1701,市场营销,88
3,5120162602,唐岚,ACCA1601,会计学(ACCA),69
4,5120163063,黄敏,商务1602,电子商务,81
5,5120166019,杨洋,ACCA1601,会计学(ACCA),69
6,5120166431,杨翁淇,ACCA1601,会计学(ACCA),76
7,5120170123,王汝舟,会计1702,会计学,69
8,5120171314,张萌萌,商务1701,电子商务,75
9,5120171840,段贻赈,会计1702,会计学,76
10,5120171954,邱东梅,会计1702,会计学,62
```

我们首先看第一行，通常第一行是标题行，其中每个小标题通过“,”隔开。第2行则是一组记录，记录的每个值之间也通过“,”隔开。后续还有第3行，第4行……直到最后一行。

请大家尝试一下，新建一个chengji.txt文件，然后将上面的文字复制进去，最后将文件的后缀从txt改为csv。然后，通过记事本或者Excel打开该文件。

1. 读取csv文件

Python提供了csv模块以便读取csv文件的内容，通过import csv可以导入csv模块。具体代码参见例5-7。

【例5-7】 使用csv模块读取csv文件中的内容。

```
import csv  #注意：需要导入csv
f=open('chengji.csv',encoding='utf-8')  #注意：该文件中有中文，需要设置编码为utf-8
reader=csv.reader(f)   #csv.reader()函数能返回一个迭代器，以便实现循环
for row in reader:
   print(row)
f.close()
```

运行上面的代码，我们可以看到如下结果：

```
['\ufeff序号','学号','姓名','班级','专业','成绩']
['1','20133503','吴东弢','会计1501','会计学','72']
['2','5120161468','蔡东良','营销1701','市场营销','88']
['3','5120162602','唐岚','ACCA1601','会计学(ACCA)','69']
['4','5120163063','黄敏','商务1602','电子商务','81']
['5','5120166019','杨洋','ACCA1601','会计学(ACCA)','69']
['6','5120166431','杨翁淇','ACCA1601','会计学(ACCA)','76']
['7','5120170123','王汝舟','会计1702','会计学','69']
['8','5120171314','张萌萌','商务1701','电子商务','75']
['9','5120171840','段贻赈','会计1702','会计学','76']
['10','5120171954','邱东梅','会计1702','会计学','62']
```

从上面的输出可以看出，每一次循环中的row读取了一个列表[ ]，列表中包含了多个元素，中间用（逗号）“,”隔开。同时，我们还注意到成绩是加了单引号的，说明在csv中，数字也被看成了文本。

2. 写入csv文件

写入csv的方法如例5-8所示。

【例5-8】 将文字写入csv文件。

```
import csv
data=[
    ['name','score'],
```

```
    ['jimmy','60'],
    ['scu','70'],
    ['goodwood','80']
]
f=open('test.csv','w',newline='')  #newline=''是为了避免写入之后有空行
writer=csv.writer(f)
writer.writerows(data)
f.close()
```

在写入 csv 的过程中，我们先声明了一个列表 data，data 中的元素还是列表，并且两个为一组。然后通过 file 类的 open()函数创建了一个文件，最后将 data 写入文件中。上面的程序运行完毕后，会在当前目录下产生一个名为“test.csv”的文件，请通过记事本或者 Excel 打开该文件，查看有什么内容。

5.2.3 读写 JSON 文件

JSON(JavaScript Object Notation)是一种轻量级的数据交换格式，这种格式易于阅读和编写，同时也易于机器解析和生成。简单来说 JSON 就是 JavaScript 中的对象和数组，通过这两种结构可以表示各种复杂的结构。Python 中自带了 json 模块，直接通过 import json 即可使用。

将 5.2.2 节中 csv 文件变为 JSON 文件，其中的部分内容如下（请注意采用英文的双引号）：

```
{"序号":1,"学号":20133503,"姓名":"吴东弢","班级":"会计 1501","专业":"会计学","成绩":72}
```

可以看到，其中的内容是{key:value,key:value,...}的键值对的结构，key 为对象的属性，value 为对应的属性值。请大家回顾这种键值对的结构，对应于 Python 中的什么数据类型。请将其保存为 cj.json。

json 模块提供了两个函数：load()和 dump()，用于将 JSON 文件中的内容从字符串转化为 Python 的数据类型。load()类似于 read()，dump()类似于 write()。

1. 读取 JSON 文件

在 Python 中读取 JSON 文件的内容，可以参见例 5-9。

【例 5-9】 读取 JSON 文件中的内容。

```
import json
f=open("cj.json",'r',encoding='utf-8') #文本中有中文，因此必须用 utf-8 编码
df=json.load(f) #df 变量与 Python 中的字典类型对应
print(df)
print("学号：")
print(df['学号'])
```

运行上面的代码，我们可以看到如下结果：

```
{'序号':1,'学号':20133503,'姓名':'吴东弢','班级':'会计 1501','专业':'会计学','成绩':72}
学号：
20133503
```

从上面的输出可以看出，此时 df 中存储的是一个字典，可以按照键值对的方式进行存取。

2. 写入 JSON 文件

写入 JSON 的方法如例 5-10 所示。

【例 5-10】 将数据写入 JSON 文件。

```
import json
data={
    "学号":20133503,
```

```
    "姓名":"吴东弢",
    "成绩":72
}
f=open('cj1.json','w',encoding="utf-8")
json.dump(data,f,ensure_ascii=False)
#请注意添加 ensure_ascii=False，否则不会输出字母，而是输出该字母的 ASCII 码
```

在写入 JSON 的过程中，我们先声明了一个字典 data，data 中有三组键值对的数据。然后通过 file 类的 open()函数创建了一个文件，最后将 data 写入 JSON 文件中。上面的程序在正常运行完毕后，会在当前目录下产生一个名为 cj1.json 的文件，请通过记事本打开 cj1.json 文件，查看有什么内容。

3. 读取含有多条记录的 JSON 文件

我们前面在进行读取的时候，所操作的数据记录只有一条。而一般情况下，一个 JSON 文件可以含有若干条记录，例如可以创建一个名为 cjd.json 的文件，并在其中写入如下内容。

```
[
{"学号":20133503,"姓名":"吴东弢","成绩":72},
{"学号":20134207,"姓名":"晴川","成绩":84},
{"学号":20131205,"姓名":"陈敏","成绩":82}
]
```

从 cjd.json 中可以看到，能够在一个 JSON 文件中保存多条记录，其中的每条记录都放在一个列表[]中，该列表中有 3 条记录。而每条记录又是一个字典，记录之间用逗号隔开。

对于该文件的读写与普通 JSON 文件的读写相同，只是需要注意，该 JSON 文件的层次结构为列表+字典。

【例 5-11】 读取 JSON 文件中的多条记录。

```
import json
f=open("cjd.json",'r',encoding='utf-8') #文本中有中文，因此必须用 utf-8 编码
df=json.load(f)    #df 中存储的是一个列表，而不是字典
print(df[0])       #df[0]中存储的才是字典
print(df[1])
print(df[2])
```

从上面的代码中我们可以看到，如果一个 json 文件中有多条记录，那么通过 json.load()语句读取之后的结果是一个列表。可以通过 df[0]、df[1]、df[2]的方式访问每一条记录。

运行上面的代码，我们可以看到如下结果：

```
C:\Users\xjm\Anaconda3\envs\EX\Python.exe C:/Users/xjm/Desktop/EX/ex5-11.py
{'学号':20133503,'姓名':'吴东弢','成绩':72}
{'学号':20134207,'姓名':'晴川','成绩':84}
{'学号':20131205,'姓名':'陈敏','成绩':82}
```

归纳与提高

Python 语言为我们提供了错误的处理机制，错误一般包括两种类型：一类是语法错误；另一类是异常。大多数语法错误是由于程序员粗心引起的，比如拼写错误、忘掉缩进等，一般仔细检查之后能够修改。Python 可以帮我们检查语法错误。当异常发生的时候，需要处理异常。可以用 try、except、finally 机制来处理异常。本章还介绍了文件的读写机制，通过对

文件进行读写，将数据调入内存，可方便进一步进行数据处理。本章除介绍 txt 文件的读写以外，还针对 csv 类型和 JSON 类型的文件读写进行了介绍。

知识巩固与训练

一、单选题

1. Python 可以帮我们检查出来的错误被称为（　　）。

A. 语法错误　　B. 异常　　C. 文件　　D. 错误

2. 所有常规异常类的父类是（　　）。

A. BaseException　　B. Exception　　C. ArithmeticError　　D. OverflowError

3. 下列哪个选项是用来对异常进行匹配的？（　　）

A. try　　B. except　　C. else　　D. finally

4. 对文件进行读取的函数是（　　）。

A. open()　　B. read()　　C. write()　　D. close()

5. 通过 open()打开一个文件，在不指定文件打开模式的情况下，默认的打开模式是（　　）。

A. r　　B. w　　C. t　　D. rt

6.（　　）文件由任意数目的记录组成，记录间以换行符分隔；每条记录由字段组成，字段间的分隔符为逗号或制表符。

A. txt　　B. csv　　C. Excel　　D. JSON

7. JSON 文件中存储的内容，其格式对应于（　　）文件类型。

A. 列表　　B. 元组　　C. 字典　　D. 集合

二、填空题

1. 错误一般包含两类：一类是 Python 可以帮我们检查的，称为________；另一类是 Python 检查不出来的，称为________。

2. 文件操作的基本流程是：第一步________，第二步________，第三步________。

3. 在对文件进行读写操作的时候，会用到 open()函数，其中 access_mode 如果设置为________，代表以只读的方式打开一个文件，设置为________，代表写入文件，设置为________，代表在文件的末尾追加内容。

4. 在读取 csv 文件时，需要用到 csv 模块，通过________语句可以导入 csv 模块。

5. csv 文件中，每一行数据是以________结构存储的（列表、元组、字典）。

三、编程题

1. 请改正如下代码中的几个错误，使其能够计算 1～100 之间的整数和。

```
def sum():
    s=0
    for i in range(101)
        s=s+i
    return s
print(su())
```

2. 请编写一段代码，创建一个名为jys.txt的文件，并将李白的《静夜思》写入该文件。

3. 编写一段代码，将如下的数据存储为csv格式的文件。

```
省市名称,电话区号
北京市,010
上海市,021
天津市,022
重庆市,023
香港,852
澳门,853
```

4. 请编写一段代码，利用for或者while语句将九九乘法口诀表写入名为99.txt的文件中。显示的格式如下所示：

```
1×1=1
1×2=2 2×2=4
1×3=3 2×3=6 3×3=9
1×4=4 2×4=8 3×4=12 4×4=16
1×5=5 2×5=10 3×5=15 4×5=20 5×5=25
1×6=6 2×6=12 3×6=18 4×6=24 5×6=30 6×6=36
1×7=7 2×7=14 3×7=21 4×7=28 5×7=35 6×7=42 7×7=49
1×8=8 2×8=16 3×8=24 4×8=32 5×8=40 6×8=48 7×8=56 8×8=64
1×9=9 2×9=18 3×9=27 4×9=36 5×9=45 6×9=54 7×9=63 8×9=72 9×9=81
```

5. 请将如下内容保存在cjd.json文件中，并通过for语句，遍历该文件中的所有记录。

```
[
{"学号":20133503,"姓名":"吴东弢","成绩":72},
{"学号":20134207,"姓名":"晴川","成绩":84},
{"学号":20131205,"姓名":"陈敏","成绩":82}
]
```

四、思考题

1. 为什么有些错误Python语言能够帮我们检查出来，而有些错误Python语言没办法帮我们检查出来？

2. Python语言初学者常犯的错误包括哪些？

3. 为什么在存储大量数据的过程中，会使用csv文件格式而不是txt文件格式？csv文件格式有什么优点？

五、实训题

实训题目：将用户名和密码保存在文件中

实训目的：

1. 掌握文件读取的基本方法。
2. 掌握读写csv文件的方法。
3. 掌握读写JSON文件的方法。

实验内容：

请编写一个程序：请用户输入用户名和密码；请用户再次输入用户名和密码；如果两次输入的用户名和密码相同，则输出“两次输入的用户名和密码相同”，并将两次输入的用户名和密码保存在csv文件中；请修改上一个程序以实现将用户名和密码保存在JSON文件中。

第6章 数据采集

【知识目标】

通过本章的学习，读者应掌握HTTP的工作原理，了解HTTP请求及HTTP响应的消息结构，掌握使用XPath解析HMTL元素的方法，熟悉数据采集的流程，能使用Scrapy框架编写爬虫程序，了解网站的反爬虫措施，并掌握应对方法。

【本章导读】

在大数据时代，进行数据分析以辅助决策过程的基础在于数据的获取。人们通常使用数据搜索引擎来获取数据，然后需要对搜索到的网页再进行数据的收集、整理，这样会花费很多时间。如果要根据不同的检索目的，在整个Web系统中快速地获取有价值的数据，就需要编写爬虫程序来实现，这样不仅可以有针对性、精准地进行数据抓取，还能按照一定规则和筛选标准进行数据归类，形成数据库文件，方便之后的数据分析与挖掘。

6.1 HTTP请求概述

要实现网络的访问和数据的采集，理解HTTP请求至关重要。我们首先要了解HTTP和HTTPS协议，掌握其工作原理；其次需要弄清楚具体网站的业务流程，知道为了实现某个操作该在什么时候向哪个页面以什么方式提交什么数据，才能编写程序以模拟发出请求；最后，还必须掌握解析HTML的方法，用于在响应的页面中提取数据。

6.1.1 HTTP和HTTPS

HTTP（HyperText Transfer Protocol，超文本传输协议）是指计算机通信网络中两台计算机之间进行通信所必须共同遵守的规定或规则，超文本传输协议是一种通信协议，它允许将超文本标记语言（HTML）文档从Web服务器传送到客户端的浏览器。

HTTPS（HyperText Transfer Protocol over Secure Socket Layer，超文本安全传输协议）简单来讲就是HTTP的安全版，是在HTTP下加入了SSL协议。SSL（Secure Socket Layer，安全套接层）主要用于Web的安全传输协议，在传输层对网络连接进行加密，保障在Internet上数据传输的安全。

6.1.2 HTTP 的工作原理

要理解 HTTP 的工作原理，我们需要先了解 URL。

URL（统一资源定位符）：用于完整描述 Internet 上资源地址的一种标识方法。其基本格式为：protocol://host[：port#]/path/..../[?query-string][#anchor]。

protocol：协议（例如：http、https、ftp）；

host：服务器的 IP 地址或者域名；

port#：服务器的端口（可选，省略时使用协议的默认端口，http 的默认端口为 80）；

path：访问资源的路径；

query-string：可选，用于给动态网页传递参数，可有多个参数，用“&”符号分隔，各个参数的名和值用“=”连接；

anchor：锚（跳转到网页的指定锚点位置）。

例如：http://192.168.0.116:8080/cx.jsp?uname=Jhon 就是通过 8080 端口访问 IP 地址为 192.168.0.116 的服务器中网站目录下的 cx.jsp 文件，并向其传递参数 uname 的值 Jhon。

在网络连接状态下，当我们在浏览器的地址栏中输入 URL，并按下回车键后，就能打开相应的网页。虽然访问网页操作起来十分简单，但客户端和服务器建立连接，完成数据传输，实际上是一个较为复杂的过程，如图 6-1 所示。

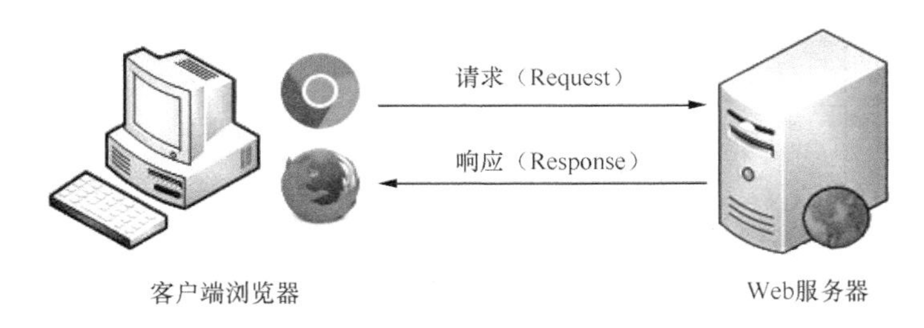

图 6-1　HTTP 的工作原理

当在浏览器地址栏输入 URL 并按下回车键后，浏览器就会给 Web 服务器发送一个请求（Request），Web 服务器接到请求后对其进行处理，生成相应的响应（Response），然后将其发送给浏览器，浏览器解析响应中的 HTML，这样我们就看到了网页。

网络爬虫的抓取过程就是模拟浏览器操作的过程，下面我们详细介绍 HTTP 的请求与响应。

6.1.3 HTTP 的请求与响应

“工欲善其事，必先利其器”，在分析 HTTP 的请求与响应之前，我们需要安装 Chrome 浏览器。Chrome 提供了一套完整的调试工具，非常适合 Web 开发。安装好 Chrome 浏览器后，打开 Chrome，按下 F12 键，就可以显示开发者工具，如图 6-2 所示。

其中 Elements 选项页显示网页的结构，Console 选项页记录开发者开发过程中的日志信息，Sources 选项页显示资源文件，并且可以设置断点，调试 Javascript 程序，Network 选项页显示浏览器和服务器的通信。我们选择 Network，小红灯亮起，Chrome 就会记录所有浏览器和服务器之间的通信过程，如图 6-3 所示。

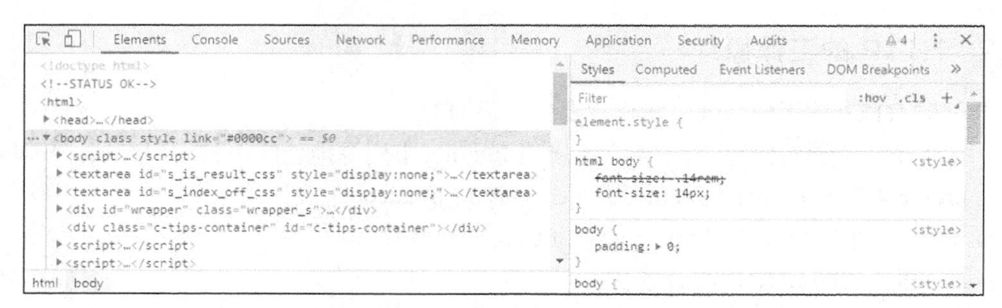

图 6-2　Chrome 提供的开发者工具

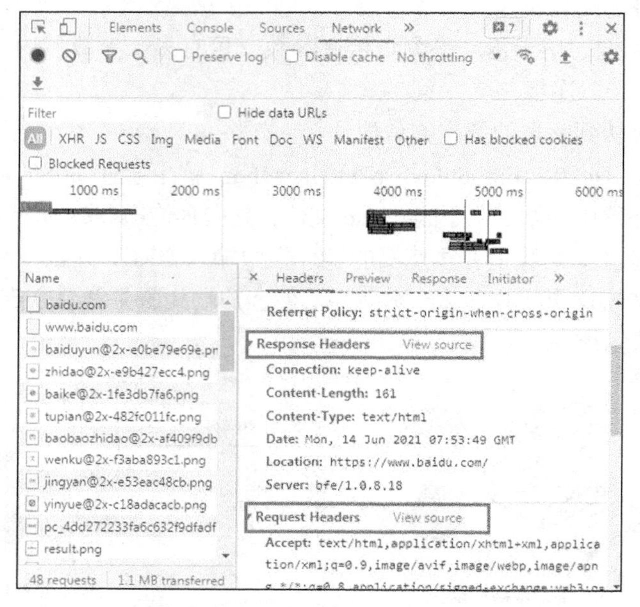

图 6-3　使用开发者工具中的 Network 记录通信过程

从图 6-3 中可以看出，HTTP 通信由两部分组成：HTTP 请求与 HTTP 响应。

1. HTTP 请求

当在浏览器地址栏输入 URL，按下回车键后，就向服务器发出了请求。请求包含什么内容呢？我们先看一下请求（Request）消息的结构，请求消息分为三个部分，第一部分叫请求行，第二部分叫请求头部，第三部分叫请求体。请求头部和请求体之间有个空行，如图 6-4 所示。

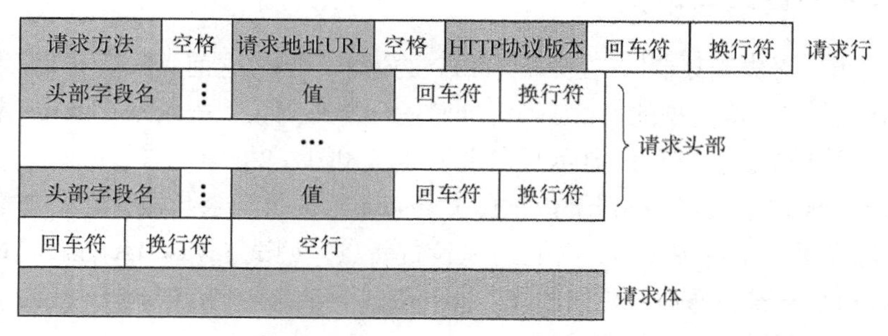

图 6-4　请求（Request）消息结构图

（1）请求行

请求行分为三个部分：请求方法、请求地址 URL 和 HTTP 协议版本，它们之间用空格分割。

我们常用到的提交请求的方法是 GET 或 POST，GET 和 POST 请求方法有较大的区别。

GET 请求参数显示在浏览器网址上，HTTP 服务器根据该请求中的参数来产生响应的内容，GET 请求的参数最多只能有 1024 字节。

POST 请求参数在请求体中，消息长度没有限制而且以隐式的方式进行发送，通常用来向 HTTP 服务器提交数据量较大的信息，请求的参数包含在“Content-Type”消息头里，指明该消息体的媒体类型和编码。

虽然使用 GET 方法提交表单较为方便，但是有可能会导致安全问题。比如在登录表单中用 GET 方式提交请求，用户输入的用户名和密码将在 URL 中暴露无遗。

除了 GET 或 POST 请求，另外还有一些请求方式，如 HEAD、PUT、DELETE、OPTIONS、CONNECT、TRACE 等。

（2）请求头部

请求头部为请求报文添加了一些附加信息，由“名/值”对组成，每行一对，名和值之间使用冒号分隔。下面对一些常用的头信息进行说明。

Accept：指浏览器或其他客户端可以接收的 MIME（Multipurpose Internet Mail Extensions，多用途互联网邮件扩展）文件类型，服务器可以根据它判断并返回适当的文件格式。

Accept-Charset：指出浏览器可以接收的字符编码，常见的编码有 ISO8859-1、Gb2312、UTF-8。如果在请求消息中没有设置这个域，默认是任何字符集都可以接受。

Accept-Encoding：浏览器发给服务器消息，声明浏览器支持的编码类型。

Accept-Language：指出浏览器可以接受的语言种类，如 en 或 en-us 指英语，zh 或者 zh-cn 指中文，当服务器能够提供一种以上的语言版本时会用到。

Connection：表示客户端与服务器连接的类型。

Cookie：浏览器用这个属性向服务器发送 Cookies。Cookie 用于记载和服务器相关的用户信息。

Content-Type：表示请求信息的内容类型，用来告诉服务器端如何处理请求的数据。

Host：对应网址 URL 中的 Web 名称和端口号，用于指定被请求资源的 Internet 主机和端口号，通常属于 URL 的一部分。

Referer：表明产生请求的网页来自哪个 URL，用户是从该 Referer 页面访问当前请求的页面。这个属性可以用来跟踪 Web 请求来自哪个页面，是从什么网站来的。有时候遇到下载某网站图片，出现无法下载的情况，那是因为网站做了防盗链，原理就是根据 Referer 去判断图片的来源是不是该网站的地址，如果不是则拒绝，如果是就可以下载。

Text：用于标准化地表示文本信息，文本信息可以是多种字符集或者多种格式。

Application：用于传输应用程序数据或者二进制数据。

Upgrade-Insecure-Requests：用于升级不安全的请求，它会在加载 HTTP 资源时自动替换成 HTTPS 请求，让浏览器不再显示 HTTPS 页面中的 HTTP 请求警报。HTTPS 是以安全为目标的 HTTP 通道，所以在 HTTPS 加载的页面上不允许出现 HTTP 请求，一旦出现就会提示或报警。

User-Agent：客户端浏览器的名称。

请求头部的最后会有一个空行，表示请求头部结束。

（3）请求体

请求体为浏览器真正发送给服务器的数据，在 POST 请求中使用，在 GET 请求中则不会有请求数据。与请求数据相关的请求头部是 Content-Type 和 Content-Length。

2. HTTP 响应

HTTP 响应，由服务器端返回给客户端，响应（Response）消息的结构也分为三部分：响应状态行、响应头部和响应体，如图 6-5 所示。

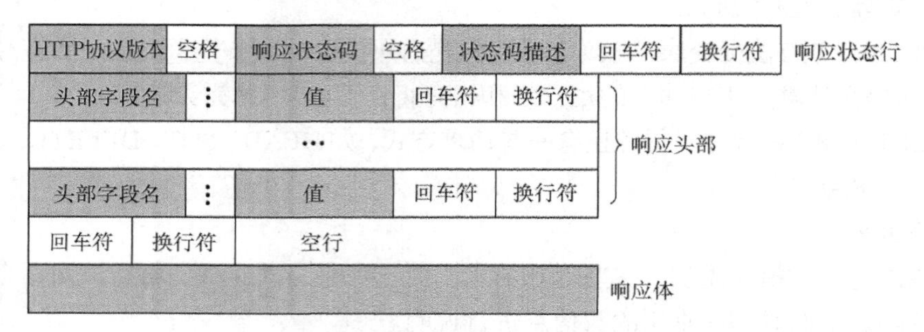

图 6-5 响应（Response）消息结构图

（1）响应状态行

响应状态行包括 HTTP 协议的版本，响应状态码与状态码描述，它们之间用空格分割。

常见的响应状态码如下：

100～199：表示服务器成功接收部分请求，要求客户端继续提交其余请求才能完成整个处理过程。

200～299：表示服务器成功接收请求并已完成整个处理过程。常用 200 OK 表示请求成功。

300～399：重定向，需用户进一步操作细化请求。例如：302 表示网页暂时性地转移到一个新的地址，现在不能访问，客户端在以后可以继续向本地地址发起请求。

400～499：客户端错误，请求有语法错误或请求无法实现。常用 404 表示服务器无法找到被请求的页面；403 表示服务器拒绝访问，权限不够。

500～599：服务器出现错误。常用 500 表示请求未完成，服务器内部发生错误。

在爬虫程序中，我们可以根据响应状态码来判断服务器的响应状态。如看到响应状态码为 200 则说明成功返回数据，可以进一步处理，否则就会转入爬取失败流程。

（2）响应头部

响应头部包含了服务器对请求的应答信息，如 Content-Type、Server、Set-Cookie 等。下面简要说明一些常用的头信息。

Content-Type：文档类型，指定返回的数据类型是什么，如 html 代表返回 HTML 文档，application/x-javascript 代表返回 JavaScript 文件，image/jpeg 代表返回图片。

Data：标识响应产生的时间。

Expires：指定响应的过期时间，可以使代理服务器或浏览器将加载的内容更新到缓存中。如果再次访问时，就可以直接从缓存中加载，从而可以降低服务器负载，缩短加载时间。

Last-Modified：指定资源的最后修改时间

Server：包含服务器的信息，如名称、版本号等。

Set-Cookie：设置 Cookies。响应头中的 Set-Cookie 告诉浏览器需要将此内容放在 Cookies 中，下次请求携带 Cookies 请求。

（3）响应体

响应体是响应的正文数据，在请求网页时，它的响应体就是网页的 HTML 代码；请求一张图片时，它的响应体就是图片的二进制数据。我们使用爬虫程序请求网页后，要解析的内容就是响应体。通过响应体我们可以得到网页的源代码、JSON 数据等，然后就能从中做相应内容的提取。

6.2 HTML、DOM 树结构和 XPath

爬虫不仅要抓取网页，还要负责从抓取的网页中提取我们想要的数据，即对非结构化的数据（网页）进行解析以提取出结构化的数据（有用数据），这时候就需要用到网页解析器。网页解析器就是 HTML 网页信息提取工具。一种最简单的网页解析方式是使用正则表达式，正则表达式是对字符串操作的一种逻辑公式，用事先定义好的一些特定字符及其组合，组成一个“规则字符串”，这个“规则字符串”用来表达对字符串的一种过滤逻辑。此种方法是将整个 HTML 网页当作字符串来进行模糊匹配，但是提取的逻辑不能复杂，不然写出的正则表达式就晦涩难懂。另外一种方式则是结构化解析，将整个网页文档加载成一个 DOM 树来进行解析。XPath 提供了非常简洁明了的路径选择表达式，所有想要定位的节点都可以用 XPath 来选择。

6.2.1 HTML 简述

服务器在收到用户请求后，会根据 URL 找到相关程序进行运行，并将运行的结果生成一个 HTML 文档，回复给客户端。HTML 代码本质上是一个文本文件，可以用 Notepad、Editplus 或 HomeSite 等软件打开。与大多数文本文件不同，HTML 严格遵循 W3C 制定的规范。例如，在京东网的搜索栏中输入“华为”，在搜索结果的第 1 页右击页面空白处，在弹出的快捷菜单中选择“查看网页源代码”，就可以看到 HTML 代码，如下所示：

```
<!DOCTYPE html>
<html><head>
<meta http-equiv="Content-Type" content="text/html;charset=utf-8" />
<link rel="dns-prefetch" href="//search.jd.com" />
<link rel="dns-prefetch" href="//item.jd.com" />
<title>华为-商品搜索-京东</title>
</head>
<body>
<!--shortcut start-->
<div id="shortcut-2014">
  <div class="w">
      <ul class="fl">
          <li id="ttbar-home"><i class="iconfont">&#xe608;</i><a href= "//www.
jd.com/" target="_blank">京东首页</a></li>
          <li class="dorpdown" id="ttbar-mycity"></li>
```

```
        </ul>
            ......
            ......
            ......
    </div>
    </body></html>
```

在 HTML 代码中，连续的空格和换行符会被浏览器识别为网页上的一个空格，因此多余的空格与换行不会对网页造成影响。为了使网页代码便于阅读，在编写代码时通常会进行缩进。

HTML 的基本语法为：

```
<标签名 属性="属性值" 属性="属性值" >内容</标签名>
```

尖括号中的字符称作标签，标签经常成对出现，但是也有单个标签，比如只用
来表示换行。

标签中还包含属性，属性与属性值用"="进行连接，多个属性使用空格进行分隔。例如 a 标签中带有 URL 的 href 部分就是属性。

每组标签与其之间的内容一起组成了一个 HTML 的元素。元素之间可以嵌套，比如下面代码中的标签 h3 的起始与结束标签之间，包含了 a 标签。元素之间不可以交叉，如下所示：

```
<h3 class="list_title"><a href="article-5967-1.html" target="_blank">荣耀x20</a></h3>
```

多数标签元素都包含文本，例如 div 标签中的文本内容。对我们而言，要采集的数据就是标签之间的可见内容，因此必须重视如何获取标签间的文本。

6.2.2 DOM 树结构

网页 HTML 源代码经过浏览器解析，就形成了一般浏览者看到的网页外观，但作为数据爬取者需要看到网页的结构，那就是 DOM 树。DOM 树是跨平台且不依赖语言的，几乎可以被所有浏览器支持。

我们只需在网页中用鼠标右键单击要检查的元素，然后选择快捷菜单中的"检查"就可以在浏览器中查看网页的树结构。在右边方框的 properties（属性）标签下，可以看到这个树结构的属性列表。如图 6-6 所示，在页面底部，可以看到一个面包屑路径，指示选中元素的所在位置。

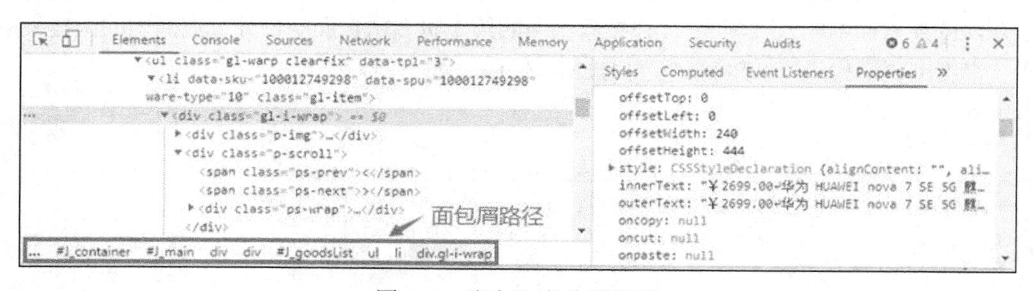

图 6-6　选中元素的属性图

实际上，DOM 通过解析 HTML 文档为 HTML 文档在逻辑上建立了一个树模型，树的节点是一个个的对象，通过操作这棵"树"和这些对象就可以完成对 HTML 文档的操作。

6.2.3 用 XPath 选择 HTML 元素

XPath 是 XML Path 的简称，它是一种在 XML 文档中查找信息的语言，可以用来在 XML

文档中对元素和属性进行遍历。由于 HTML 文档本身就是一个标准的 XML 页面，因此我们可以使用 XPath 来定位页面元素。

XPath 使用路径表达式在网页文档中选取节点，表 6-1 列出了最常用的 XPath 路径表达式。

表 6-1　XPath 路径表达式及其说明

表　达　式	描　　述
Nodename	选取此节点的所有子节点
/	从根节点选取
//	从匹配选择的当前节点选择文档中的节点，而不考虑它们的位置
.	选取当前节点
..	选取当前节点的父节点
@	选取属性

为加深读者对 XPath 表达式的理解，我们以在京东网搜索“华为”后的第 1 个搜索页的源码为例，验证 XPath 的使用方式。在 Chrome 中按 F12 键打开开发者工具，如图 6-7 所示，点击 Console 控制台标签，输入“$x('/html')”，这时会输出 html 标签的内容。

图 6-7　$x('/html')的输出结果

当我们在 Console 控制台输入“$x('/html/body')”并按下回车键，这时会输出 html 标签包含的 body 标签的内容，如图 6-8 所示。

```
> $x('/html/body')
< ▶ [body#nv_portal.pg_index]
```

图 6-8　$x('/html/body')的输出结果

XPath 路径表达式除了选取单个元素，还可以选取多个 HTTP 元素。当我们在控制台输入“$x('/html/body/div')”并按下回车键，这时会输出 html 标签内 body 标签里面的多个 div 标签内容。如图 6-9 所示，我们选取了一共 14 个 div 标签的内容。

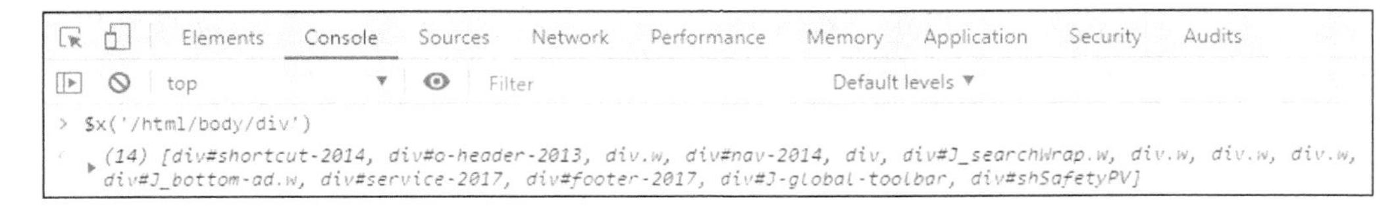

图 6-9　$x('/html/body/div')的输出结果

我们在控制台输入“$x('/html/body/div[1]')”并按下回车键，这时会输出 html 标签内 body 标签里面的第一个<div>标签的内容。

对于层次结构较为复杂的文档，获取所需内容需要写很长的 XPath 表达式。为了避免这一点，使用两个斜杠线//可以访问所有的同名元素，例如，使用//a 可以选择所有的链接。

但是需要注意//a 与/a 是不同的。例如，//div//a 会返回 div 标签下面所有的 a 标签，结果一共有 853 个；//div/a 则仅会返回 div 根目录下面的 a 标签的内容，仅有 316 个标签，因为在前一个结果中有些 a 标签是 div 标签的根目录里面没有的，结果如图 6-10 所示。

```
> $x('//div//a')
<· (853) [a, a, a, a, a, a, a, a, a, a, a, a, a, a, a, a, a, a, a, a, a, a, a.selected, a, a, a, a, a, a, a, a, a, a, a, a, a,
   a, a.areamini_inter_lk, a.areamini_inter_lk, a.areamini_inter_lk, a.areamini_inter_lk, a.areamini_inter_lk,
  ▶a.areamini_inter_lk, a.areamini_inter_lk, a.areamini_inter_lk, a.link-login, a.link-regist.style-red, a, a, a, a, a, a, a,
   a, a, a, a.logo, a, a.fore, a, a, a, a, a, a, a, a, a, a, a, a, a, a, a, a, a.b, a.b, a.b, a.b, a.b, a.b, a.b, a.b, a, a, a, a,
   a, a, a, a, a, a, a, a, a, a, a, a, a, a, a, …]
> $x('//div/a')
<· (316) [a, a, a, a, a, a, a, a, a, a, a, a, a, a, a, a, a, a, a, a, a, a.selected, a, a, a, a, a, a, a, a, a, a, a, a, a,
  ▶a, a, a, a, a, a, a, a, a, a, a.logo, a, a.fore, a, a, a, a, a, a, a, a, a, a, a, a, a, a, a, a, a, a, a, a, a, a, a, a,
   a, a, a, a, a, a, a, a, a, a, a, a, a, a, a, a, a, a, a, a, a, a, a, a, a, a, a, a, …]
```

图 6-10　$x('//div//a')与$x('//div/a')输出结果对比

XPath 路径表达式除了选取特定元素，还可以通过表 6-2 中的通配符选取未知的网页元素。

表 6-2　XPath 的通配符

通　配　符	描　　述
*	匹配任何元素节点
@*	匹配任何属性节点
node()	匹配任何类型的节点

如果要选择某层下所有的元素，可以使用*通配符。例如在控制台输入“$x('//div/*')”，可以找到 div 标签层下所有的元素。

当然 XPath 也可以用来寻找具有特定属性或属性有特定值的网页元素。例如，//a[@href]可以找到所有链接元素，而输入“$x('//a[(@href="portal.php?mod=view")]')”，就可以找到所有 a 标签 href 属性为 portal.php?mod=view 的元素。

此外，我们还可以进行属性选择，输入“$x('//a/@href')”可以找到 a 标签的链接属性，如图 6-11 所示。

```
> $x('//a/@href')
<· (847) [href, href, href, href, href, href, href, href, href, href, href, href, href, href, href, href, href, href, href,
   href, href, href, href, href, href, href, href, href, href, href, href, href, href, href, href, href, href, href, href,
  ▶href, href, href, href, href, href, href, href, href, href, href, href, href, href, href, href, href, href, href, href,
   href, href, href, href, href, href, href, href, href, href, href, href, href, href, href, href, href, href, href, href,
   href, href, href, href, href, href, href, href, href, href, href, href, href, href, href, href, href, href, href, href,
   href, …]
```

图 6-11　$x('//a/@href')的输出结果

我们也可以进行文字选择，输入“$x('//a/text()')”可以找到所有 a 标签的文本，如图 6-12 所示。

```
> $x('//a/text()')
<· (1072) [text, text, text, text, text, text, text, text, text, text, text, text, text, text, text, text, text, text
   text, text, text, text, text, text, text, text, text, text, text, text, text, text, text, text, text, text, text,
  ▶text, text, text, text, text, text, text, text, text, text, text, text, text, text, text, text, text, text, text,
   text, text, text, text, text, text, text, text, text, text, text, text, text, text, text, text, text, text, text,
   text, text, text, text, text, text, text, text, text, text, text, text, text, text, text, text, text, text, text,
   text, text, text, text, text, text, text, text, text, text, text, text, text, text, text, text, text, text, text,
   text, …]
```

图 6-12　$x('//a/text()')的输出结果

XPath 对于 6.3 节介绍的 Scrapy（爬虫）是十分有用的，我们可以在 Scrapy 终端中输入命令，获取相应的数据。首先在开始—运行中输入“cmd”，按下回车键，在打开的窗口中输入“Scrapy shell+相应网址”就可以成功进入 Scrapy 终端，再输入“response.xpath('/html/head/title').extract()”就能获取网页的标题，结果如图 6-13 所示。

```
[s]   request    <GET https://search.jd.com/Search?keyword=%E5%8D%8E%E4%B8%BA&page=1>
[s]   response   <200 https://search.jd.com/Search?keyword=%E5%8D%8E%E4%B8%BA&page=1>
[s]   settings   <scrapy.settings.Settings object at 0x0000019098E049E8>
[s]   spider     <DefaultSpider 'default' at 0x19099056898>
[s] Useful shortcuts:
[s]   fetch(url[, redirect=True]) Fetch URL and update local objects (by default, redirects are followed)
[s]   fetch(req)                  Fetch a scrapy.Request and update local objects
[s]   shelp()           Shell help (print this help)
[s]   view(response)    View response in a browser
In [1]: response.xpath('/html/head/title').extract()
Out[1]: ['<title>华为 - 商品搜索 - 京东</title>']
```

图 6-13　使用 XPath 获取 html 的 title

小贴士

爬取的目标常常位于远程服务器，它的 HTML 可能会发生改变，当变化后，XPath 表达式就无效了，我们就不得不回过头修改爬虫程序。下面一些方法可以帮助我们降低表达式失效的概率。

1. 应当避免使用路径太长的表达式。假如你的爬虫程序中设置的 XPath 表达式为//*[@id="myid"]/div/div/div[1]/div[2]/div/div[1]/div[1]/a/img，由于路径过长，特定位置过多，只要文档的结构发生一点改变，表达式就会失效。解决的方法是，尽量找到离 img 标签近的元素，根据该元素的 id 或 class 属性进行抓取，将 XPath 表达式改为//div[@class="thumbnail"]/a/img 更加合理。

2. 选用相对固定的 class 属性。使用 class 属性可以方便地定位要抓取的元素，但是因为 CSS 也要通过 class 修改页面的外观，所以 class 属性可能会发生改变，因此应该选用相对固定的 class 属性，优先选用结构描述类名称。

3. 优先选用 id 是较为可靠的。只要 id 具有语义并且与数据相关，id 就是抓取时最好的选择。例如：//*[@id="more_info"]//text()就是很好的 XPath 表达式。

6.3　Scrapy 数据采集入门

Scrapy 是用 Python 实现的为了爬取网络数据、提取结构性数据而编写的应用型框架。它具有速度快、扩展性强、使用简便等特点，即便是新手也能迅速掌握并编写出所需要的爬虫程序，它被广泛应用于数据挖掘、监测和自动化测试。

6.3.1　安装 Scrapy

Scrapy 有两种安装方法，一是使用 pip install 来安装 Scrapy，这需要安装大量的依赖库；二是在 Anaconda 环境下安装 Scrapy，操作比较简单。我们这里主要介绍第二种方法。

Anaconda 是一个用于科学计算的 Python 发行版，支持 Linux、macOS、Windows 系统，提供了包管理与环境管理的功能，可以很方便地解决多版本 Python 并存、切换以及各种第三方包安装问题。

在完成安装 Anaconda 后，以管理员身份打开 cmd，输入“conda install scrapy”就可以安装 Scrapy 了。

安装后，在命令行程序中输入“scrapy”并按回车键，如果显示图 6-14 所示的信息，则说明 Scrapy 环境安装成功。

```
命令提示符
(c) 2019 Microsoft Corporation。保留所有权利。

C:\Users\56576>scrapy
Scrapy 1.3.3 - no active project

Usage:
  scrapy <command> [options] [args]

Available commands:
  bench         Run quick benchmark test
  commands
  fetch         Fetch a URL using the Scrapy downloader
  genspider     Generate new spider using pre-defined templates
  runspider     Run a self-contained spider (without creating a project)
  settings      Get settings values
  shell         Interactive scraping console
  startproject  Create new project
  version       Print Scrapy version
  view          Open URL in browser, as seen by Scrapy

  [ more ]      More commands available when run from project directory

Use "scrapy <command> -h" to see more info about a command

C:\Users\56576>
```

图 6-14　scrapy 程序运行成功

6.3.2　Scrapy 框架结构

如图 6-15 所示，Scrapy 整个框架一共分为五个部分：SPIDERS、ITEM PIPELINES、DOWNLOADER、SCHEDULER、ENGINE。这五个部分互相协作，共同完成整个爬虫项目的工作。

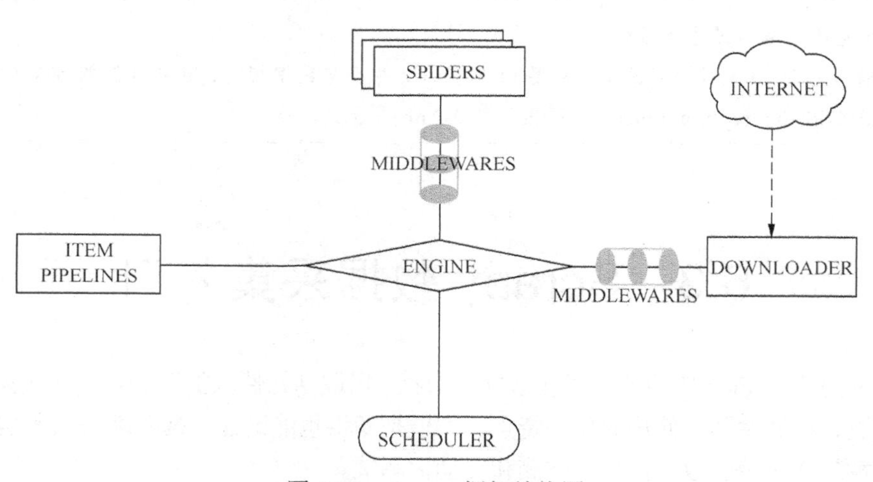

图 6-15　Scrapy 框架结构图

SPIDERS 模块就是整个爬虫项目中需要我们手动实现的核心部分，其最主要的功能是解析网页内容、产生爬取项、产生额外的爬取请求。

ITEM PIPELINES 模块也需要我们手动实现，它的主要功能是将我们爬取筛选完毕的数据写入文本或数据库等。

DOWNLOADER 模块是 Scrapy 帮我们做好的，不需要我们自己编写，可直接拿来使用，其主要功能就是从网上获取网页内容。

SCHEDULER 模块对所有的爬取请求进行调度管理，同样也是不需要我们编写的模块，通过简单的配置能实现多线程、并发处理等强大功能。

ENGINE 模块是整个框架的控制中心，它控制着所有模块的数据流交换，并根据不同的条件触发相对应的事件，同样，这个模块也是不需要我们编写的。

以上是各个模块的作用，当整个项目运行的时候，它们相互配合，完成数据的爬取。整个工作流程如图 6-16 所示。

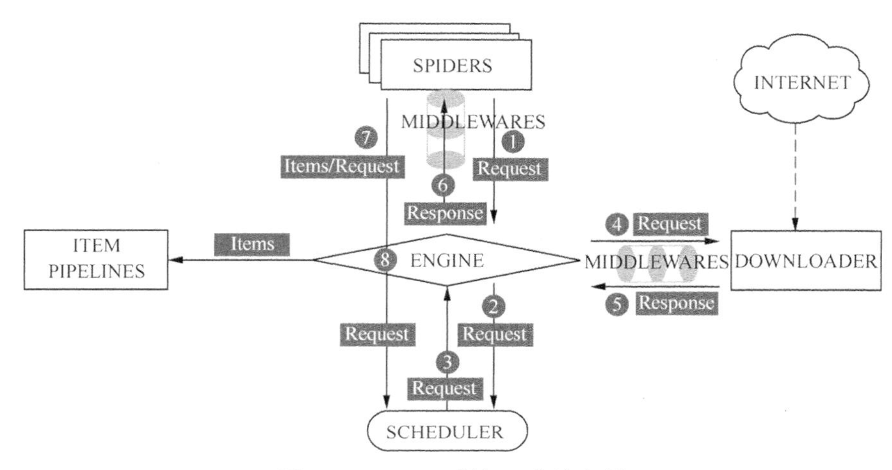

图 6-16　Scrapy 框架工作流程图

图 6-16 中的数字代表数据的流向：

① 表示 ENGINE 从 SPIDERS 处获得爬取请求（Request）;

② 表示 ENGINE 将爬取请求转发给 SCHEDULER，调度指挥进行下一步；

③ 表示 ENGINE 从 SCHEDULER 处获得下一个要爬取的请求；

④ 表示 ENGINE 将爬取请求通过中间件发给 DOWNLOADER；

⑤ 表示爬取网页后，DOWNLOADER 返回一个 Response 给 ENGINE；

⑥ 表示 ENGINE 将获取的 Response 数据返回给 SPIDERS 处理；

⑦ 表示 SPIDERS 处理响应后，产生爬取项和新的请求给 ENGINE；

⑧ 表示 ENGINE 将爬取项发送给 ITEM PIPELINES（写出数据）。

当上述流程完成后，ENGINE 将会把爬取请求再次发给 SCHEDULER 进行调度，开始下一个周期的爬取。

6.3.3　基础 Spider 源码解析

正如前面所讲，在 Scrapy 中，设置抓取网站的链接、构建解析网页的方法及编写抓取的过程都需要在 Spider 中完成。Scrapy 有个命令是 runspider，这个命令的作用是将 Spider 当作一个 Python 文件去执行，而不用创建一个完整的项目，也就是说最简单的爬虫项目只有一个文件。由此可以看出 Spider 对于 Scrapy 的重要性，可是 Spider 通常需要自己构造，我们写爬虫程序的时候大部分时间和精力都会耗在这里。

1. Spider 的爬取流程

Spider 主要做如下两件事情：一是模拟爬取网站的动作，二是分析爬取下来的网页。整个爬取流程如下所述。

（1）根据 URL 生成 Request，并指定回调方法处理 Response。第一个 Request 是通过 start_requests()产生的。

（2）在回调方法中，解析 Response，返回 Item 实例或者 Request 实例，或者这两种实例的可迭代对象。

（3）在回调方法中，使用 Selectors 来提取数据。

（4）最后 Spider 会返回 Item 给 Pipline 进而完成数据的清洗、持久化等操作。

2. 类 Scrapy、Spider 的基础属性及常用方法

Scrapy 为我们提供了几款基础的 Spider，我们需要基于它们来实现自己的 Spider。其中类 scrapy.spider 是最简单的 Spider，其他的 Spider 必须继承这个类。

这个类里提供了 start_requests()方法的默认实现，能读取 start_urls 属性并按此发出请求，获取返回的结果并调用 parse()方法解析结果。另外它还有一些基础属性，下面对其进行讲解。

（1）name。这个属性是字符串变量，是这个类的名称，代码会通过它来定位 Spider，所以它必须唯一，它是 Spider 最重要的属性。

（2）allowed_domains。这个属性是一个列表，里面记载了允许采集的网站的域名，该值如果没被定义或者为空时表示对所有的域名都不进行过滤操作。如果 URL 的域名不在这个变量中，那么这个 URL 将不会被处理。

（3）start_urls。这个属性是一个列表或者元组，其作用是存放抓取网页的起始地址。当我们没有实现 start_requests()方法时，默认会从这个列表开始抓取。

（4）custom_settings。这个属性是一个字典，存放 settings 键值对，用于覆盖项目中的 settings.py 的值，可以做到在一个项目中的不同 Spider 可以有不同的配置。

（5）crawler。此属性是由 from_crawler()方法设置的，代表的是本 Spider 类对应的 crawler 对象，crawler 对象中包含了很多项目组件，利用它我们可以获取项目的一些配置信息。

（6）settings。利用它我们可以直接获取项目的全局设置变量。

（7）logger。logger 是记录日志用的。

3. Spider 的一些常用方法

除了一些基础属性，Spider 还有一些常用的方法，下面一一进行介绍。

（1）from_crawler()。这是一个类方法，Scrapy 创建 Spider 的时候会调用。在实例化这个 Spider 以后，这个实例才有 settings 和 crawler 属性，所以在 __init__ 方法中是没法访问这两个属性的。

（2）start_requests()。这个方法用于生成第一次链接，创建 Request。在爬虫程序开始运行后，Scrapy 会调用 start_requests()，其内部会默认调用 make_requests_from_url()方法，根据 start_urls 列表每一个链接生成 Request。我们只需要把要开始爬取的链接放入 start_urls 中即可，当然也可以不定义 start_urls，这样就需要生成自定义的 Request 对象，然后获取 Response 后再将其传递给自定义的回调函数处理。start_requests()在整个爬虫程序运行过程中只会执行一次。

（3）make_requests_from_url(url)。这个方法可以接收一个链接，返回一个 Request 对象。这里的 Request 初始化没有回调方法，而是默认采用 parse()方法作为回调。

（4）parse(self,response)。这个方法作为默认回调方法，Request 没有指定回调方法的时候会调用它，这个回调方法和别的回调方法一样返回值只能是 Request、字典和 item 对象，或

者它们的可迭代对象。

（5）closed(reason)。当爬虫程序结束运行时这个方法会被调用，其参数是一个字符串，是结束的原因。若想在爬虫程序结束后再执行一些操作时可以写在这里。

6.4 Scrapy 实例

下面我们将使用 Spider 爬取京东网站中“华为”产品的数据信息，根据爬取数据的要求不同，分两个实例进行讲解。

6.4.1 实例一

在京东网站中以关键字“华为”进行搜索后，爬取搜索结果第一页中的产品名称、产品价格、产品链接以及产品店铺名称。

6.4.1.1 网页源代码分析

为方便大家理解，对请求网址进行简化，去掉其中不必要的传递参数，这是我们分析的起点。我们在浏览器地址栏输入网址后，按下回车键，在显示的网页中单击鼠标右键，选择“查看网页源代码”，部分源代码如图 6-17 所示。

```
▼<div id="J_goodsList" class="goods-list-v2 gl-type-3 J-goods-list">
  ▼<ul class="gl-warp clearfix" data-tpl="3">
    ▼<li data-sku="100012749298" data-spu="100012749298" ware-type="10" class="gl-item">
      ▼<div class="gl-i-wrap"> == $0
        ▶<div class="p-img">…</div>
        ▶<div class="p-scroll">…</div>
        ▶<div class="p-price">…</div>
        ▶<div class="p-name p-name-type-2">…</div>
        ▶<div class="p-commit" data-done="1">…</div>
        ▶<div class="p-focus  ">…</div>
        ▶<div class="p-shop" data-dongdong data-selfware="1" data-score="5" data-reputation="97" data-done="1">…</div>
        ▶<div class="p-icons" id="J_pro_100012749298" data-done="1">…</div>
         <div class="p-stock">四川预定</div>
       </div>
     </li>
    ▶<li data-sku="100004404944" data-spu="100004404944" ware-type="10" class="gl-item">…</li>
```

图 6-17 京东搜索页部分源代码

对需要爬取的数据进行分析，得到以下结果（我们需要获取的产品的信息都存放在 class 属性为"gl-i-wrap"的<div>标签中）：

```
<div class="p-name p-name-type-2">
        <a target="_blank" title="【限时优惠 100，再享 6 期免息】麒麟 820 芯片；6400 万高清 AI 四摄；爆款至高立省 500" href="//item.jd.com/100012748630.html" onclick="searchlog(1,'100012749280','0','1','','flagsClk=2097728');">
            <em><font class="skcolor_ljg">华 为</font> HUAWEI nova 7 SE 5G 麒麟 820 5G SoC 芯片 6400 万高清 AI 四摄 40W 超级快充 8GB+128GB 银月星辉全网通手机</em>
            <i class="promo-words" id="J_AD_100012749298">【限时优惠 100，再享 6 期免息】麒麟 820 芯片；6400 万高清 AI 四摄；爆款至高立省 500</i>
        </a>
</div>
```

产品名称是其中 class 属性为"p-name p-name-type-2"的<div>标签下<em>标签的文本。

产品链接是其中 class 属性为"p-name p-name-type-2"的<div>标签下的<a>标签的链接。

```
<div class="p-price">
        <strong class="J_100012749298" data-done="1"><em>¥</em><i>2299.00</i></strong>
</div>
```

产品价格是其中 class 属性为"p-price"的<div>标签下的<i>标签的文本。

```
<div class="p-shop" data-dongdong="" data-selfware="1" data-score="5" data-repu
tation="97" data-done="1">
        <span class="J_im_icon"><a target="_blank" class="curr-shop hd-shopname"
onclick=" searchlog(1,'1000004259',0,58)" href="//mall.jd.com/index-1000004259.html
?from=pc" title="华为京东自营官方旗舰店">华为京东自营官方旗舰店</a><b class="im-02" style=
"background:url (//img14.360buyimg.com/uba/jfs/t26764/156/1205787445/713/9f715eaa/
5bc4255bN0776eea6.png) no-repeat;" title="联系客服" onclick="searchlog(1,1000004259,
0,61)"></b></span>
  </div>
```

产品店铺名称是其中 class 属性为"p-shop"的<div>标签下的<a>标签的文本。

6.4.1.2 编写爬虫程序

1. 实例项目初始化

在安装 Scrapy 后，只需要输入一条简单的指令“scrapy startproject jd_spider”就可以新建项目。如果创建成功，那么会返回图 6-18 所示的结果。

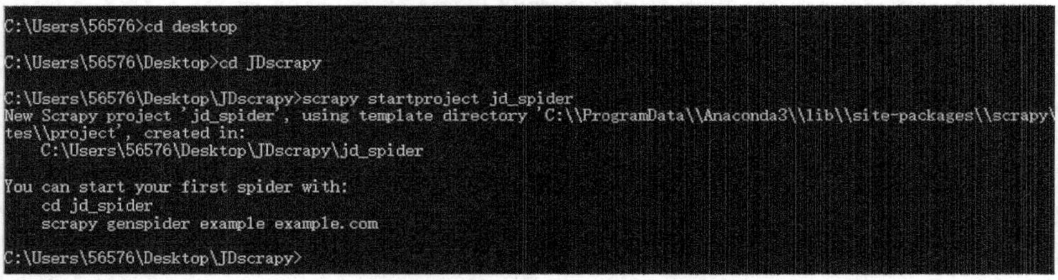

```
C:\Users\56576>cd desktop

C:\Users\56576\Desktop>cd JDscrapy

C:\Users\56576\Desktop\JDscrapy>scrapy startproject jd_spider
New Scrapy project 'jd_spider', using template directory 'C:\\ProgramData\\Anaconda3\\lib\\site-packages\\scrapy\
tes\\project', created in:
    C:\Users\56576\Desktop\JDscrapy\jd_spider

You can start your first spider with:
    cd jd_spider
    scrapy genspider example example.com

C:\Users\56576\Desktop\JDscrapy>
```

图 6-18　Scrapy 初始化项目

在执行了 scrapy startproject jd_spider 后，对应的文件夹下就会出现一个子文件夹，其文件夹名与项目名相同（即为 jd_spider），其下包含一个同名的子文件和配置文件 scrapy.cfg，文件结构如图 6-19 所示。

名称	修改日期	类型	大小
jd_spider	2020/8/16 8:25	文件夹	
scrapy.cfg	2020/8/16 8:25	CFG 文件	1 KB

图 6-19　Scrapy 初始化项目第一层文件夹结构图

进入 jd_spider 文件夹，该文件夹的文件结构如图 6-20 所示。

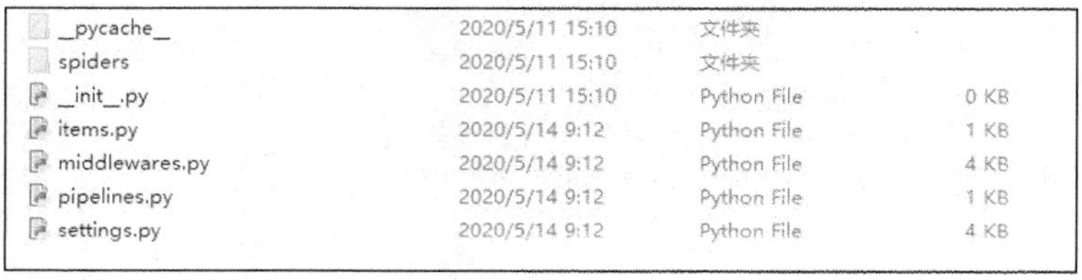

__pycache__	2020/5/11 15:10	文件夹	
spiders	2020/5/11 15:10	文件夹	
__init__.py	2020/5/11 15:10	Python File	0 KB
items.py	2020/5/14 9:12	Python File	1 KB
middlewares.py	2020/5/14 9:12	Python File	4 KB
pipelines.py	2020/5/14 9:12	Python File	1 KB
settings.py	2020/5/14 9:12	Python File	4 KB

图 6-20　Scrapy 初始化项目第二层文件夹结构图

__init__.py：爬虫项目的初始化文件，用来对项目做初始化工作。

items.py：爬虫项目的数据容器文件，用来定义要获取的数据。

pipelines.py：爬虫项目的管道文件，用来对 items 中的数据进行进一步的加工处理。

settings.py：爬虫项目的设置文件，包含爬虫项目的设置信息。

middlewares.py：爬虫项目的中间件文件。

spiders：放置 Spider 代码的文件夹，其内部的文件结构如图 6-21 所示。

名称	修改日期	类型	大小
__pycache__	2020/5/13 10:12	文件夹	
__init__.py	2020/5/13 10:10	Python File	1 KB

图 6-21　Scrapy 初始化项目子文件夹 spiders 结构图

2. 定义要抓取的数据

【例 6-1】 在文件夹里面打开 items.py，定义我们需要抓取的数据。

```
import scrapy
class JdSpiderItem(scrapy.Item):
    pname=scrapy.Field()
    purl=scrapy.Field()
    pprice=scrapy.Field()
    pshop=scrapy.Field()
    pass
```

其中，pname 是我们要抓取的产品名称，purl 是产品链接，pprice 是产品价格，pshop 是产品店铺名称。

3. 编辑 jd_spider.py 文件

要编写爬虫程序，我们必须创建一个 Spider。我们在 jd_spider/spiders/目录下创建一个文本文件并将其命名为 jd_spider.py，该文件主要包含一个 JdSpider 类。

【例 6-2】 在 jd_spider.py 中完成爬虫程序编写，获取指定网页元素中的有效数据。

```
import scrapy
from jd_spider.items import JdSpiderItem

class JdSpider(scrapy.Spider):
    name="Jd_spider"
    allowed_domains=['jd.com']
    start_urls=['https://search.jd.com/Search?keyword=华为&page=1']

    def parse(self,response):
        for div in response.xpath('//div[@class="gl-i-wrap"]'):
            item=JdSpiderItem()
            pname=div.xpath('.//div[(@class="p-name p-name-type-2")]//em/text()').
extract()
            purl=div.xpath('.//div[(@class="p-name p-name-type-2")]/a/@href').
extract()
            pprice=div.xpath('.//div[(@class="p-price")]//i/text()').extract()
            pshop=div.xpath('.//div[(@class="p-shop")]//a/text()').extract()
            item['pname']=''.join(pname)
            item['purl']=''.join(purl)
            item['pprice']=''.join(pprice)
            item['pshop']=''.join(pshop)
            yield item
```

name 在其中设置为“Jd_spider”，这是 Spider 的逻辑名称。

allowed_domains 是允许爬取的域名列表，由于我们不止要用到“search.jd.com”，后面的例子中还用到了“item.jd.com”，因此在这里我们设置爬取域名为“jd.com”下的数据。

start_urls 是起始爬取链接，设置为我们要爬取的起始网址“https://search. jd.com/Search?keyword=华为&page=1”。

在 parse()函数中编写程序实现数据的具体爬取过程。这里需要使用 Xpath 确定数据在网页上的位置才能进行数据提取。参照前面对搜索页首页源码的分析结果，先对 class 属性为“gl-i-wrap”的<div>标签进行遍历，然后初始化 item 对象并保存产品名称、产品链接、产品价格、产品店铺名称等数据。

4. 编辑 settings.py 文件

为防止恶意爬取数据，网站一般都会检查 header 信息，具体参看 6.5 节。在本实例中，京东网站对 header 中的浏览器信息进行了检测，因此必须在 settings.py 文件的末尾添加一行代码“USER_AGENT = 'Mozilla/5.0 (Windows NT 6.1; WOW64) AppleWebKit/537.36 (KHTML, like Gecko) Chrome/45.0.2454.101 Safari/537.36'”，用来设置浏览器信息，不然就会出现错误，爬取不到数据。

6.4.1.3 执行命令

前面我们在类 JdSpider 中设置了 name="Jd_spider"，现在我们再次进入项目文件夹下执行命令：“scrapy crawl Jd_spider -o items.csv”。就在项目文件夹第一层下生成了 items.csv 文件，结果如图 6-22 所示。

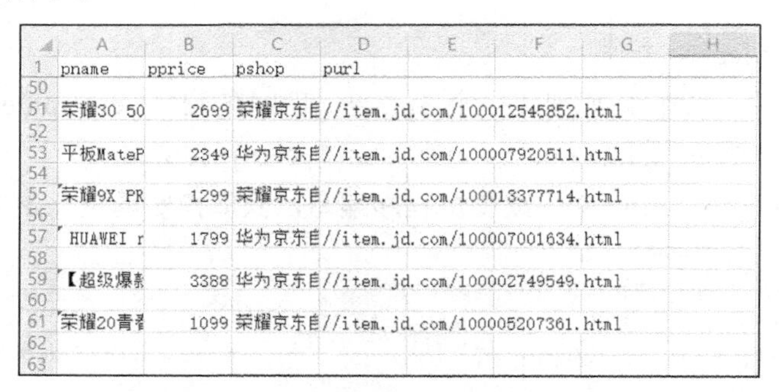

	A	B	C	D
1	pname	pprice	pshop	purl
50				
51	荣耀30 50	2699	荣耀京东自	//item.jd.com/100012545852.html
52				
53	平板MateP	2349	华为京东自	//item.jd.com/100007920511.html
54				
55	荣耀9X PR	1299	荣耀京东自	//item.jd.com/100013377714.html
56				
57	HUAWEI r	1799	华为京东自	//item.jd.com/100007001634.html
58				
59	【超级爆款	3388	华为京东自	//item.jd.com/100002749549.html
60				
61	荣耀20青春	1099	荣耀京东自	//item.jd.com/100005207361.html
62				
63				

图 6-22 items.csv 文件截图

6.4.1.4 检测结果

打开 items.csv，我们会发现一共有 30 条记录，再打开网页“https://search.jd.com/Search?keyword=华为&page=1”，会发现搜索网页上一共有 60 个产品列表，再查看网页源代码，就会发现其实网页源代码只有前 30 条的数据，后面 30 条的数据找不到。

造成这种情况的原因是京东采用了一种异步加载的方式，为弄明白异步加载的过程，我们打开 Chrome 浏览器，然后按下 F12 键，点击开发者工具中的 NetWork，然后点击 XHR，会发现通信情况如图 6-23 所示。

定位到网页，然后向下浏览内容，这时会在通信情况中发现，此时出现了对 s_new.php 网页的访问，如图 6-24 所示。

在 Preview 中显示的是网页响应的内容，如图 6-24 所示，从中可以看出访问该网页后加载了后面 30 条数据的内容。

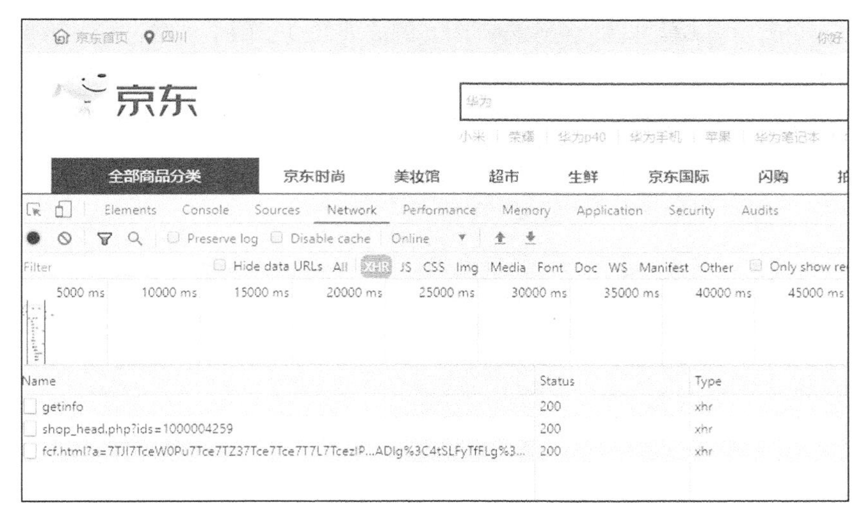

图 6-23　查看京东网站搜索页的通信情况

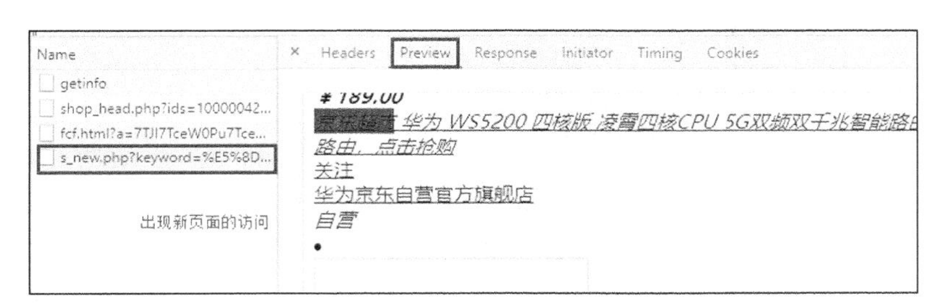

图 6-24　京东网站异步加载网页显示

选中 Headers，如图 6-25 所示，可以看到发送的请求情况：请求的网页是“https://search.jd.com/s_new.php”，提交的参数有很多，我们尝试去掉一些参数，会发现对请求并没有多大影响。简化之后的 url 为“https://search.jd.com/s_new.php?keyword=华为&page=2”，keyword 为查询字符串，page 为页面序号，我们只需要改动这两处就可以打开不同的网页。

图 6-25　京东网站异步加载网页请求情况

通过以上分析，可以看出京东网站搜索内容的展现经过了两个加载过程：请求主网页时，传递 page 值加载奇数页内容；异步加载网页时，传递 page 值加载偶数页内容。

我们编写的爬虫程序没有爬取完整的数据，缺失了对异步加载内容的爬取，因此应该对爬虫程序进行重新编写。

【例 6-3】 模拟异步加载，爬取完整的商品列表内容。

```
import scrapy
from jd_spider.items import JdSpiderItem

class JdSpider(scrapy.Spider):
    name="Jd_spider"
    allowed_domains=['jd.com']
    start_urls=['https://search.jd.com/Search?keyword=华为&page=1']
    snew_url='https://search.jd.com/s_new.php?keyword=华为&page=2'

    def parse(self,response):
        for div in response.xpath('//div[@class="gl-i-wrap"]'):
            item=JdSpiderItem()
            pprice=div.xpath('.//div[(@class="p-price")]//i/text()').extract()
            pname=div.xpath('.//div[(@class="p-name p-name-type-2")]//em/text()').
extract()
            pshop=div.xpath('.//div[(@class="p-shop")]//a/text()').extract()
            purl=div.xpath('.//div[(@class="p-name p-name-type-2")]/a/@href').extract()
            item['pname']=''.join(pname)
            item['purl']=''.join(purl)
            item['pprice']=''.join(pprice)
            item['pshop']=''.join(pshop)
            yield item
        snewheaders={'referer':response.url}
        yield scrapy.Request(self.snew_url,callback=self.snew_parse,headers=
snewheaders)

    def snew_parse(self,response):
        for div in response.xpath('//div[@class="gl-i-wrap"]'):
            item=JdSpiderItem()
            pprice=div.xpath('.//div[(@class="p-price")]//i/text()').extract()
            pname=div.xpath('.//div[(@class="p-name p-name-type-2")]//em/text()').
extract()
            pshop=div.xpath('.//div[(@class="p-shop")]//a/text()').extract()
            purl=div.xpath('.//div[(@class="p-name p-name-type-2")]/a/@href').
extract()
            item['pname']=''.join(pname)
            item['purl']=''.join(purl)
            item['pprice']=''.join(pprice)
            item['pshop']=''.join(pshop)
            yield item
```

在程序中，我们主要使用 scrapy.Request()方法形成一个请求，进行异步加载模拟。需要注意的是，在该请求中，网站会检查 headers 中的 referrer，referrer 错误会跳转到“https://www.jd.com/?se=deny”，因此要赋予 referrer 正确的值。referrer 指的是请求网页的来源网页，不难看出是在“https://search.jd.com/Search?keyword=华为&page=1”网页上完成对“https://search.jd.com/Search?keyword=华为&page=2”网页请求的。

snew_parse 是异步加载完成后的处理方法，其主要功能是完成对异步加载数据的爬取与存储。

至此，一个简单的爬虫程序已经完成。在当前项目里，我们把爬取的数据保存在了本地 csv 文件中，在类似的小规模项目中，这种存储方式已经足够。但是如果需要对爬取到的 item 执行更多、更为复杂的操作时，我们就需要编写 Item Pipeline。在下面的实例二中我们会讲到 Item Pipeline 的编写。

6.4.2 实例二

在京东网站中以关键字“华为”进行搜索后，爬取所有搜索页中的产品名称、产品价格、产品链接、产品店铺名称以及产品详细信息。

6.4.2.1 网页源代码分析

上个实例我们已经进行了搜索页的分析，找到了产品名称、产品价格、产品链接及产品店铺名称的 XPath，这里不再赘述。本次任务主要有两个，一是需要找到所有搜索页，通过对网页地址分析，不断修改 Page 值就可以实现对所有搜索页的爬取；二是要找到产品详细信息的 XPath，由于产品详细信息保存在产品链接网页中，因此需要对产品链接网页进行分析。

在搜索页点击一个产品链接来到产品链接页面“https://item.jd.com/100004404944.html”，浏览网页，找到产品详细信息所在位置，单击鼠标右键，然后在快捷菜单中点击“检查”，就可以发现所要获取的产品详细信息数据是此页面中 class 属性为“parameter2 p-parameter-list”的<ul>标签下的<li>标签的文本。

```
<ul class="parameter2 p-parameter-list">
    <li title='华为 P30 Pro'>商品名称:华为 P30 Pro</li>
    <li title='100004404944'>商品编号:100004404944</li>
    <li title='0.53kg'>商品毛重:0.53kg</li>
    <li title='中国大陆'>商品产地:中国大陆</li>
    <li title='麒麟 980'>CPU 型号:麒麟 980</li>
    <li title='8GB'>运行内存:8GB</li>
    <li title='128GB'>机身存储:128GB</li>
    <li title='NM 存储卡'>存储卡:NM 存储卡</li>
    <li title='后置四摄'>摄像头数量:后置四摄</li>
    <li title='4000 万像素'>后摄主摄像素:4000 万像素</li>
    <li title='3200 万像素'>前摄主摄像素:3200 万像素</li>
    <li title='6.47 英寸'>主屏幕尺寸(英寸):6.47 英寸</li>
    <li title='全高清 FHD+'>分辨率:全高清 FHD+</li>
    <li title='其他屏幕比例'>屏幕比例:其他屏幕比例</li>
    <li title='水滴屏'>屏幕前摄组合:水滴屏</li>
    <li title='10V/4A'>充电器:10V/4A</li>
    <li title='液冷散热，人脸识别，无线充电，快速充电，防水防尘，NFC，屏幕指纹，高倍率变焦，
曲面屏'>热点:液冷散热，人脸识别，无线充电，快速充电，防水防尘，NFC，屏幕指纹，高倍率变焦，曲面屏</li>
    <li title='40-49W'>充电功率:40-49W</li>
    <li title='≥90%'>屏占比:≥90%</li>
    <li title='Android(安卓)'>操作系统:Android(安卓)</li>
</ul>
```

6.4.2.2 编写爬虫程序

1. 实例项目初始化

通过命令“scrapy startproject jd_spider”来创建项目。

2. 定义要抓取的数据

【例 6-4】 在目录中打开 items.py，定义我们需要抓取的数据。

```
import scrapy
class JdSpiderItem(scrapy.item):
    pname=scrapy.Field()
    purl=scrapy.Field()
    pprice=scrapy.Field()
    pshop=scrapy.Field()
    pinfo=scrapy.Field()
    pass
```

其中 pname 是我们要抓取的产品名称，purl 是产品链接，pprice 是产品价格，pshop 是产品店铺名称，pinfo 是产品详细信息。

3. 创建 jd_spider.py 文件

在例 6-2 中我们在 jd_spider/spiders/目录下直接创建了空白的 Jd_spider.py 文件，所有代码都是手动编写的。现在，我们通过另外一种方式创建该文件：通过命令"cd jd_spider"切换到 jd_spider 目录，然后再执行"scrapy genspider Jd_spider jd.com"，操作过程如图 6-26 所示，这样就在 jd_spider/spiders/目录下直接创建了 Jd_spider.py 文件，而且文件有了基本的内容。

```
C:\Users\56576\Desktop\JDscrapy>cd jd_spider

C:\Users\56576\Desktop\JDscrapy\jd_spider>scrapy genspider Jd_spider jd.com
Created spider 'Jd_spider' using template 'basic' in module:
  jd_spider.spiders.Jd_spider

C:\Users\56576\Desktop\JDscrapy\jd_spider>
```

图 6-26 通过命令生成 Jd_spider 文件

【例 6-5】 在 jd_spider.py 中完成爬虫程序编写，爬取所有搜索页中的产品名称、产品价格、产品链接、产品店铺名称以及产品详细信息。

```
import scrapy
from jd_spider.items import JdSpiderItem

class JdSpider(scrapy.Spider):
    name="Jd_spider"
    allowed_domains=['jd.com']
    url='https://search.jd.com/Search?keyword=%s&page=%d'
    # %s 匹配任意字符，%d 匹配任意数字
    snew_url='https://search.jd.com/s_new.php?keyword=%s&page=%d'
    page=1
    keyword="华为"

    # 模拟对搜索页的访问，响应内容交给 parse()方法处理
    def start_requests(self):
        yield scrapy.Request(self.url % (self.keyword,self.page),callback=self.parse)

    # 完成对主网页中数据的爬取
    def parse(self,response):
        for div in response.xpath('//div[@class="gl-i-wrap"]'):
            item=JdSpiderItem()
            pname=div.xpath('.//div[(@class="p-name p-name-type-2")]//em/text()').
extract()
```

```
                purl=div.xpath('.//div[(@class="p-name p-name-type-2")]/a/@href').
extract()
                pprice=div.xpath('.//div[(@class="p-price")]//i/text()').extract()
                pshop=div.xpath('.//div[(@class="p-shop")]//a/text()').extract()
                # 将列表转化为字符串
                item['pname']=''.join(pname)
                item['purl']=''.join(purl)
                item['pprice']=''.join(pprice)
                item['pshop']=''.join(pshop)
                # item['purl']的值为"//item.jd.com/100012749298.html",转换为完整URL形式
                if item['purl'].startswith('//'):
                    item['purl']='https:'+item['purl']

                # 模拟对产品链接页面的访问,响应内容交给pinfo_parse()方法处理
                # 京东网站会对headers进行检测,如果没有在headers中设置必要的值,则会转到登录页面
                # 由于一条数据中的item['pinfo']还没被爬取到,不能提交,需要传递已获取的item值
                pinfoheaders={'User-Agent':'Mozilla/5.0 (Windows NT 10.0;Win64;x64;
rv:65.0) Gecko/20100101 Firefox/65.0','Accept':'text/html,application/xhtml+xml,
application/xml;q=0.9,image/webp,*/*;q=0.8','Accept-Language':'en-US,en;q=0.8,zh-CN;
q=0.5,zh;q=0.3','Referer':'https://www.jd.com/','DNT':'1','Connection':'keep-alive',
'Upgrade-Insecure-Requests':'1','TE':'Trailers',}
                yield scrapy.Request(item['purl'],callback=self.pinfo_parse,meta=
{"item":item},headers=pinfoheaders)

            # 模拟异步加载,将响应内容交给snew_parse()方法处理
            # 网站会检查referer,referer就是本页的实际链接
            # referer错误会跳转到:https://www.jd.com/?se=deny
            snewheaders={'referer':response.url}
            self.page+=1
            yield scrapy.Request(self.snew_url % (self.keyword,self.page),callback=
self.snew_parse,headers=snewheaders)

        # 完成对异步加载网页中数据的爬取
        def snew_parse(self,response):
            for div in response.xpath('//div[@class="gl-i-wrap"]'):
                item=JdSpiderItem()
                pname=div.xpath('.//div[(@class="p-name p-name-type-2")]//em/text()').
extract()
                purl=div.xpath('.//div[(@class="p-name p-name-type-2")]/a/@href').
extract()
                pprice=div.xpath('.//div[(@class="p-price")]//i/text()').extract()
                pshop=div.xpath('.//div[(@class="p-shop")]//a/text()').extract()
                item['pname']=''.join(pname)
                item['purl']=''.join(purl)
                item['pprice']=''.join(pprice)
                item['pshop']=''.join(pshop)
                if item['purl'].startswith('//'):
                    item['purl']='https:'+item['purl']

                pinfoheaders={'User-Agent':'Mozilla/5.0 (Windows NT 10.0;Win64;x64;
rv:65.0) Gecko/20100101 Firefox/65.0','Accept':'text/html,application/xhtml+xml,
application/xml;q=0.9,image/webp,*/*;q=0.8','Accept-Language':'en-US,en;q=0.8,zh-CN;
```

```
q=0.5,zh;q=0.3','Referer':'https://www.jd.com/','DNT':'1','Connection':'keep-alive',
'Upgrade-Insecure-Requests':'1','TE':'Trailers',}
                yield scrapy.Request(item['purl'],callback=self.pinfo_parse,meta=
{"item":item},headers=pinfoheaders)

            # 京东网站提供的最大搜索页数量为100页，page值为200以内
            if self.page<200:
                self.page+=1
                yield scrapy.Request(self.url % (self.keyword,self.page),callback=
self.parse)

        # 完成对产品链接网页中产品详细信息数据的爬取
        def pinfo_parse(self,response):
            item=response.meta['item']
            pinfo=response.xpath('//ul[@class="parameter2 p-parameter-list"]/li/
text()').extract()
            item['pinfo']=''.join(pinfo)
            yield item
```

该程序在例 6-3 中程序的基础上完成，主要改动有三处：一是遍历所有搜索页需要不断改动 page 值，而改变搜索内容则需要改动 keyword 值，因此使用正则表达式，对 url、snew_url 进行重构。

二是不再使用 start_urls 作为起始爬取链接，使用 start_requests 作为开始爬取的方法，完成对搜索页访问的模拟，将响应的内容交给 parse()方法处理。在 parse()方法中完成对主网页中产品名称、产品链接、产品价格及产品店铺名称的爬取，再模拟对产品链接页面的访问，调用 pinfo_parse()方法爬取产品详细信息。然后模拟异步加载，在 snew_parse()方法中完成对异步加载网页的各项所需数据的爬取，最后又模拟下一个搜索页的访问，将响应内容再次交给 parse()方法处理，如此循环往复，完成对全部搜索页数据的爬取。

三是构建 pinfo_parse()方法，在产品链接页面中爬取产品详细信息，并生成爬取内容。

4. 编辑 pipelines.py 文件

【例 6-6】 通过 Pipeline 将爬取的结果保存到文件中。

```
import csv
class JdSpiderPipeline(object):
    # 参看CSV文件操作，完成CSV文件写入
    def __init__(self):
        self.f=open("myproject.csv","w",newline="")
        self.fieldnames=["pprice","pname","pshop","purl","pinfo"]
        self.writer=csv.DictWriter(self.f,fieldnames=self.fieldnames)
        self.writer.writeheader()

    def process_item(self,item,spider):
        self.writer.writerow(item)
        return item

    def close_spider(self,spider):
        self.f.close()
```

以上代码中，__int__是可选实现的方法，作为参数的初始化。而 process_item 是必须实现的方法，每个 item pipeline 组件都需要调用该方法，这个方法必须返回一个 item 对象，被

丢弃的 item 将不会被之后的 pipeline 组件处理。最后一个 close_spider 是可选实现的方法，当 Spider 被关闭时，这个方法被调用。当 item 在 Spider 中被收集之后，它将会被传递到 item pipeline，我们通过以上代码将数据保存到当前目录下 myproject.csv 文件中。

5. 编辑 settings.py 文件

【例 6-7】修改 settings.py，设置浏览器信息，激活 pipeline。

```
# 设置浏览器信息
USER_AGENT = 'Mozilla/5.0 (Windows NT 6.1; WOW64) AppleWebKit/537.36 (KHTML, like Gecko) Chrome/45.0.2454.101 Safari/537.36'

# 激活 pipeline
BOT_NAME='jd_spider'
SPIDER_MODULES=['jd_spider.spiders']
NEWSPIDER_MODULE='jd_spider.spiders'
ROBOTSTXT_OBEY=True
ITEM_PIPELINES={
    'jd_spider.pipelines.JdSpiderPipeline':300,
}
```

6.4.2.3 执行爬虫程序

现在，回到项目目录下面执行“scrapy crawl Jd_spider”爬虫程序，因为我们已经在 item pipeline 中对数据持久化进行了处理，所以当前命令直接可以采用 csv 格式对爬取的数据进行序列化，生成 myproject.csv 文件。当然也可以用命令“scrapy crawl Jd_spider -o items.csv”来执行，这样会同时产生两个 csv 文件，数据爬取结果如图 6-27 所示。

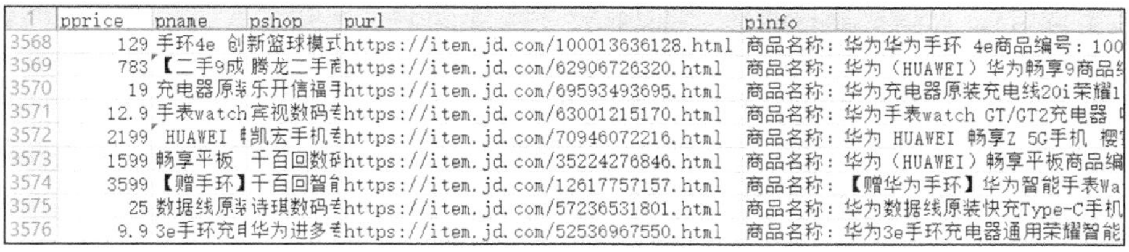

1	pprice	pname	pshop	purl	pinfo
3568	129	手环4e	创新篮球模式	https://item.jd.com/100013636128.html	商品名称：华为华为手环 4e商品编号：100
3569	783	【二手9成	腾龙二手	https://item.jd.com/62906726320.html	商品名称：华为（HUAWEI）华为畅享9商品
3570	19	充电器原装	乐开信福	https://item.jd.com/69593493695.html	商品名称：华为充电器原装充电线20i荣耀1
3571	12.9	手表watch	宾视数码	https://item.jd.com/63001215170.html	商品名称：华为手表watch GT/GT2充电器
3572	2199	HUAWEI	凯宏手机	https://item.jd.com/70946072216.html	商品名称：华为 HUAWEI 畅享Z 5G手机
3573	1599	畅享平板	千百回数	https://item.jd.com/35224276846.html	商品名称：华为（HUAWEI）畅享平板商品编
3574	3599	【赠手环】	千百回智	https://item.jd.com/12617757157.html	商品名称：【赠华为手环】华为智能手表Wa
3575	25	数据线原装	诗琪数码	https://item.jd.com/57236531801.html	商品名称：华为数据线原装快充Type-C手机
3576	9.9	3e手环充	华为进多	https://item.jd.com/52536967550.html	商品名称：华为3e手环充电器通用荣耀智能

图 6-27 myproject.csv 文件截图

6.5 Scrapy 应对反爬虫程序

经过前面的学习，我们已经可以编写简单的爬虫程序实现数据采集了。爬虫程序能简单粗暴地快速抓取大量数据，但是这样会导致一个问题，因为请求过多，很容易造成服务器过载，不能正常工作。于是许多网站为了保护自己的服务器，往往会采用反爬虫技术来阻止爬虫程序爬取数据。面对这样的情况，我们需要了解网站识别爬虫程序的手段、防止爬取的策略，然后再有针对性地对爬虫程序进行必要的“伪装”，使其能正常工作。

6.5.1 爬虫的检测方法

我们想要应对反爬虫程序，首先要了解网站是如何进行爬虫识别的。总的来说有以下几种。

1. 检查 header 信息

一般需要检查的 header 信息有 User-Agent、Referer、Cookies 等。User-Agent 是检查用户所用客户端的种类和版本；Referer 是检查此请求从哪里来，通常可以做图片的盗链判断。在 Scrapy 中，如果某个页面的 URL 是通过之前爬取的页面提取到的，Scrapy 就会自动把之前爬取的页面 URL 作为 Referfer。网站可能还会检测 Cookies 中 session_id 的使用次数，如果超过限制，就会触发反爬机制。

2. 统计 IP 访问频率

网站常常会针对 IP 访问频率进行统计，设置一个阈值，当超过这个阈值时，网站就会判断这个 IP 访问太过频繁，会短时间甚至永久性地禁止该 IP 地址的访问。

3. 隐藏链接

网站往往会给一个浏览器隐藏的链接，正常浏览网页的人看不见，更不会去点击。假如来访者点击了链接，就会被网站认定是爬虫。

6.5.2 应对反爬虫的对策

当我们了解网站进行爬虫识别的措施后，就有了应对网站反爬虫的方法了。

1. 应对 header 中 User-Agent 与 Referer 反爬虫检查

在 Scrapy 中，通常是在下载器中间件中进行处理，从而避免反爬虫检查。方法是在 setting.py 中建立一个包含很多浏览器 User-Agent 的列表，然后在中间件中新创建一个发送随机请求的程序。这样就可以在每次请求中，随机选取一个真实浏览器的 User-Agent。同理，也可以自己定义 Referfer 字段。

2. 应对 header 中 Cookies 的反爬虫检查

可以在 Scrapy 中设置 COOKIES_ENABLED=False，使请求不带 Cookies。如果有网站要强制开启 Cookies，这时就要麻烦一点了：可以定时向目标网站发送不带 Cookies 的请求，提取响应中 Set-cookie 字段信息并保存，爬取网页时，再把存储起来的 Cookies 带入 Headers 中。

3. 应对 IP 访问频率限制

应对 IP 访问频率限制的一种应对方法为放慢爬取速度，这要以爬取时间的大大增加为代价；另一种应对方法就是添加代理：在下载器中间件中添加代理，然后在每次请求时使用不同的代理 IP。当然，这可能需要大量的代理，我们可以自己编写一个 IP 代理获取和维护系统，定时从各种披露免费代理 IP 的网站爬取免费 IP 代理，然后定时扫描这些 IP 和端口是否可用，将不可用的代理 IP 及时清理掉。这样就形成了一个动态的代理库，每次请求时再从其中随机选择一个代理。然而这个方案的缺点也很明显，开发代理获取和维护系统本身就很费时费力，并且这种免费代理的数量并不多，而且稳定性都比较差。如果必须要用到代理，也可以去购买一些稳定的代理服务。

对于隐藏链接的处理，需要更加仔细地进行网页源代码分析，避开隐藏链接的陷阱。

6.5.3 反爬虫实例

前面介绍了如何应对网站反爬虫的策略，现在我们就用一个实例来讲解在 Scrapy 中反爬虫具体需要怎么做。在 jd_spider 项目中已经完成了从京东网站爬取全站数据，但是该网站如果有反爬机制，就会对 header 中的信息及 IP 访问次数进行检测，这时我们应该如何应对呢？

1. 自定义请求头模拟浏览器请求

第一步：在 settings.py 配置文件中定义浏览器请求头列表。

```
USER_AGENT_LIST=[
    'Mozilla/5.0 (Macintosh;Intel Mac OS X 10_13_2) AppleWebKit/537.36 (KHTML, like Gecko)Chrome/65.0.3325.181 Safari/537.36',
    'Mozilla/5.0 (Windows NT 6.1; WOW64) AppleWebKit/535.1 (KHTML, like Gecko) Chrome/14.0.835.163 Safari/535.1'
]
```

在以上代码中，我们自己配置了两个浏览器的请求头，在 Scrapy 的工作中会随机选取一个请求头进行请求，如果网站反爬机制较多的话，应该增加请求头的数量。

第二步：在 middlewares.py 中编写中间件。

```
import random
class RandomUserAgentMiddleware(object):
    def __init__(self,crawler):
        super(RandomUserAgentMiddleware,self).__init__()
        self.user_agent_list=crawler.settings.get('USER_AGENT_LIST',[])
    @classmethod
    def from_crawler(cls,crawler):
        return cls(crawler)
    def process_request(self,request,spider):
        request.headers.setdefault('User-Agent',self.user_agent_list[random.randint(0,(len(self. user_agent_list)-1))])
```

crawler.settings.get('USER_AGENT_LIST',[])的作用是获取第一步中定义的请求头列表。完成中间件编写后，还需要启用这个中间件，在 settings.py 中配置以下代码：

```
DOWNLOADER_MIDDLEWARES={
    'jd_spider.middlewares.RandomUserAgentMiddleware':543,
    'scrapy.downloadermiddlewares.useragent.UserAgentMiddleware':None,
}
```

将 scrapy.downloadermiddlewares.useragent.UserAgentMiddleware 的属性设置为 None，是指把默认的中间件关闭，开启自己编写的中间件 jd_spider.middlewares.RandomUserAgentMiddleware。

在以上第二步中使用的是我们自定义的浏览器请求头，如果我们使用第三方插件来模拟浏览器请求的话，只需要修改中间件的代码，其他的步骤与之前一样，修改中间件的代码如下：

```
from fake_useragent import UserAgent
class RandomUserAgentMiddleware(object):
    def __init__(self, crawler):
        super(RandomUserAgentMiddleware,self).__init__()
        self.ua=UserAgent()
        self.ua_type = crawler.settings.get("RANDOM_UA_TYPE","random")
    @classmethod
    def from_crawler(cls,crawler):
        return cls(crawler)
    def process_request(self,request,spider):
        def get_ua():
            return getattr(self.ua, self.ua_type)
        request.headers.setdefault('User-Agent', get_ua())
```

这样我们就完成了自定义请求头和第三方的模拟浏览器请求。

2. 模拟 Cookies

在爬取数据的时候，有的数据需要登录网站后才能获取，这时就需要模拟 Cookies。我们首先得知道 Cookies 包含什么内容。在 Chrome 地址栏中输入“chrome://settings/content/cookies”，按下回车键后打开 Cookies 设置，就可以查看各个网站的 Cookies。

接着我们需要模拟 Cookies：先在 settings.py 文件中添加配置文件 ROBOTSTXT_OBEY=False，再在 Spider（爬虫）主文件中重写 start_request()方法，设置 Cookies 的值，在 Scrapy 发送请求的参数中传递此 Cookies。

代码如下：

```
def start_requests(self):
    url='https://search.jd.com/Search?keyword=华为&page=1'
    snewheaders={'User-Agent':'Mozilla/5.0 (Windows NT 6.1;Win64;x64;rv:59.0)
Gecko/20100101 Firefox/59.0'}
    snewcookies={'874f0f6c4c3a4387_gr_session_id':'bba4c3a2-0354-4608-93aa-
92f1609738d9','874f0f6c4c3a4387_gr_session_id_bba4c3a2-0354-4608-93aa-92f1609738d9':
true,'_ga':'GA1.2.1845214866.1589350043','_gid':'GA1.2.1227443118.1589350043','gr_user_id':
'cc474e14-06db-4373-a64a-34fcc08bf72d','grwng_uid':'4a4c1df9-c56c-41b9-8a34-9cb6a77ce827'}
    yield scrapy.Request(url,headers=snewheaders,cookies=snewcookies,callback=
self.parse)
```

这样 Scrapy 就能躲过网站的 cookies 检测了。

3. 随机更改请求 IP 地址

如果我们遇到 IP 访问频率限制，最简单的办法就是延长程序运行间隔时间进行破解，在 settings.py 配置中我们可以设置间隔时间 DOWNLOAD_DELAY=['time']。但是当数据量很大的时候，就会花费很多的时间，这显然不符合我们使用爬虫的目的，因此我们会采用 IP 代理来避免 IP 访问频率限制。

IP 代理可以通过 request 的 meta 属性进行设置。在“自定义请求头模拟浏览器请求”中我们已经完成了 middlewares.py 中 RandomUserAgentMiddleware 类的编程，其中最后一个方法是 process_request()，如果要采用 IP 代理，只需要在后面加上一句代码即可：

```
def process_request(self,request,spider):
    def get_ua():
        return getattr(self.ua, self.ua_type)
    request.headers.setdefault('User-Agent', get_ua())
    request.meta["proxy"] = 'http://118.190.14.150:3128'
```

以上代码 request.meta['proxy']=后面是代理 IP 的 API，我们可以使用免费或者付费的代理 API。通过这样的方式爬虫程序就能通过网站对 IP 地址访问频次的检测了。

归纳与提高

本章介绍了网络数据采集的实现过程，首先重点介绍了网络数据采集的基本原理：如何用 Python 向网络服务器请求信息，如何对服务器的响应进行基本处理，以及如何以自动化手段与网站进行交互。然后介绍了 Scrapy 框架以及其中主要的类，通过实例讲解了如何编写网络爬虫爬取网站中的数据。本章内容仅介绍了 Scrapy 的基础，还有很多特性没有涉及，Scrapy 的内容非常丰富，具有很多特性，详细的技术文档请参看在线学习资源。

知识巩固与训练

一、单选题

1. HTTP 请求中，消息长度没有限制而且以隐式的方式进行发送的请求方式是（　　）。

   A. get　　B. post　　C. head　　D. put

2. HTTP 请求中表示访问成功的状态码是（　　）。

   A. 200　　B. 404　　C. 501　　D. 500

3. 选择 ul 元素根目录下的 li 元素，要使用的 XPath 表达式是（　　）。

   A. /ul　　B. /ul/li　　C. //ul/li*　　D. //ul/li

4. Scrapy 框架中对所有的爬取请求进行调度管理的模块是（　　）。

   A. ITEM PIPELINES　　B. DOWNLOADER

   C. SCHEDULER　　D. ENGINE

5. Spider 中 start_urls 属性的作用是（　　）。

   A. 设置爬取任务起始网址　　B. 设置允许采集的网站的域名

   C. 设置爬取的所有网址　　D. 设置爬取任务结束网址

二、简答题

1. 简述 Scrapy 框架中各组件的工作流程。
2. 什么是 XPath？
3. 简述 Response 消息的结构。
4. 简述 Scrapy 中爬虫中间件的作用。
5. 网站反爬虫的手段有哪些？

三、实训题

实训题目： 爬取豆瓣网上的电影信息，包括电影的名称、评分、评论人数

实训目的：

1. 掌握网络爬虫爬取的流程；
2. 熟悉 Scrapy 框架。

实验内容：

1. 分析豆瓣网网页中电影名称、评分、评论人数等信息出现在什么网页元素中；
2. 编写爬虫程序，采集数据；
3. 数据保存、展示。

第7章　numpy数值计算

【知识目标】

掌握数组的创建及索引；掌握数组的基本数学运算；掌握数组的排序与统计函数；熟悉矩阵的创建及运算；了解读写文件的方法。

【本章导读】

numpy（Numerical Python 的简称）是用于数据科学计算的基础扩展库，它本身并没有提供很多高级的数据分析功能，却是数据分析和科学计算领域如 SciPy、pandas、sklearn 等众多扩展库应用的必备扩展库之一，它不但能够完成科学计算的任务，而且能够被用作高效的多维数据容器，可用于存储和处理大型矩阵。numpy 提供了高效存储和操作密集数据缓存的接口，能够保存任意类型的数据。要导入 numpy 可以使用命令：import numpy as np。

7.1　numpy 数组概述

numpy 数组在数值运算方面的速度比 Python 提供的 list 容器快。numpy 的主要对象是多维数组 ndarray（N-Dimensional array Object）和 ufunc（universal function object）。ndarray 是存储单一数据类型的多维数组，而 ufunc 则是能够对数组进行处理的函数。

7.1.1　numpy 数组的特点及属性

1. numpy 数组的特点

numpy 数组与 Python 内置的列表类型非常相似，采用标准方式安装的 Python 中用列表（list）保存一组值，可以用来当作数组使用，不过由于列表的元素可以是任何对象，因此列表中所保存的是对象的指针，如为了保存一个简单的列表[7,8,9]，需要有三个指针和三个整数对象。对于数值运算来说这种结构显然比较浪费内存和 CPU 的计算时间。此外，Python 还提供了一个 array 函数，array 函数和列表不同，它直接保存数值，但是由于不支持多维，也没有各种运算函数，因此它也不适合做数值运算。

numpy 弥补了这些不足，它提供的特色功能包括：①支持 *n* 维数组，能够快速、高效地使用内存中的多维数组，支持矢量化数学运算；②支持高效的数组运算，可以不需要使用循环，就对整个数组内的数据进行标准数学运算；③非常便于传送数据到用低级语言（如C或C++）编写的外部库，也便于外部库以numpy数组形式返回数据。

2. 数组属性

numpy数组对象是以专用数据结构来存储数值的。在numpy数组中，用维度一词来表示访问数组元素所使用索引的数量，即用几个下标可以访问数组中最基本的元素，如一维数组的下标为1，二维数组的下标为2。维度又称为轴（axis），每个维度（轴）包含的元素个数称为长度。例如数组[[1,2,3],[4,5,6]]有两个轴，维度为2，第一轴（axis=0）的长度为2，第二轴（axis=1）的长度为3。

注意，numpy数组中的维度与数学向量的维度概念是不同的。例如数学向量[1,2,1]的维度为3，而在numpy中，这个数组的维度为1。numpy中每个轴（维度）都有标签标识，通常是从整数0开始，如axis=0，axis=1，axis=2，等等。numpy规定最外层为0轴，从外向内依次增加，直到包含最基本元素的层。

由每个维度包含元素的个数（即维度或轴的长度）组成的元组（tuple）称为数组的形（shape），其中的元素从左到右依次为第一维度（轴）的长度、第二维度（轴）的长度……。可以看出，shape中元素的个数就是数组的维度数。维度数又称为数组的阶（rank）。

numpy数组还有一个相关联的数据类型对象（data-type object），用来描述数组中每个元素的基本数据类型、字节顺序、在内存中占据的字节数等信息。

数组的属性及其说明如表7-1所示。

表7-1 数组的属性及其说明

属　性	说　明
ndim	返回int。表示数组的维数
shape	返回tuple。表示数组的尺寸，对于n行m列的矩阵，shape为（n,m）
size	返回int。表示数组的元素总数，等于数组shape的乘积
dtype	返回data-type。描述数组中元素的类型
itemsize	返回int。表示数组的每个元素的大小（以字节为单位）。例如，一个元素类型为float64的数组的itemsize属性值为8（float64占用64bit，每个字节长度为8bit，所以，占用8个字节）。又如，一个元素类型为complex32的数组的itemsize属性值为4，即32/8

3. 查看数组属性

下面通过例7-1演示如何查看数组属性。

【例7-1】 查看数组属性。

```
import numpy as np
arr=np.array([np.arange(1,4),np.arange(5,8)])
print('生成的数组为：\n',arr)
print('数组的 shape 为：\n',arr.shape)   #显示数组结构： (2,3)
print('数组的 ndim 为：\n',arr.ndim)     #显示数组的维数：2
print('数组的 dtype 为：\n',arr.dtype)   #显示数组中元素的类型：int32
print('数组的 size 为：\n',arr.size)     #显示数组元素个数：6
print('数组的 itemsize 为：\n',arr.itemsize) #显示数组的每个元素的大小：4
```

输出结果为：

```
生成的数组为：
[[1 2 3]
```

```
 [5 6 7]]
数组的 shape 为：
(2,3)
数组的 ndim 为：
2
数组的 dtype 为：
int32
数组的 size 为：
6
数组的 itemsize 为：
4
```

7.1.2 创建 numpy 数组

可以使用 numpy 内置的函数 array()创建 numpy 数组对象，也可以使用 zeros()等函数创建。

（1）numpy 提供的 array()函数可以创建一维或多维数组，其基本语法如下：

```
numpy.array(object,dtype=None,copy=True,order='K',subok=False,ndmin=0)
```

array()函数的主要参数及其说明如表 7-2 所示。

表 7-2 array()函数的主要参数及其说明

参数名称	说 明
object	接收 array；表示想要创建的数组；无默认
dtype	接收 data-type；表示数组所需的数据类型；如果未给定，则选择保存对象所需的最小类型；默认为 None，可以省略
ndmin	接收 int；指定生成数组应该具有的最小维数；默认为 None，可以省略

【例 7-2】 创建 numpy 数组。

```
import numpy as np
#创建一维数组
arr11=np.array([1,2,3,4]) #根据列表创建数组
arr12=np.array((5,6,7,8)) #根据元组创建数组
#创建二维数组
arr21=np.array([[0,1,2,3],[4,5,6,7],[8,9,10,11]])
print(arr11)
print(arr12)
print(arr21)
```

输出结果为：

```
[1 2 3 4]
[5 6 7 8]
[[ 0 1 2 3]
 [ 4 5 6 7]
 [ 8 9 10 11]]
```

不同于 Python 列表，numpy 要求数组必须包含同一类型的数据。如果类型不匹配，numpy 将会向上转换（如果可行），如整型将被转换为浮点型。

如果希望明确设置数组的数据类型，可以用 dtype 关键字：

```
np.array([1,2,3,4],dtype='float32')
```

（2）利用 zeros()函数创建数组的值都是 0 的数组，如：np.zeros(10,dtype=int)。

（3）利用 ones()函数创建数组的值都是 1 的数组，如：np.ones((3,5),dtype=float)。

（4）利用 full()函数创建数组的值都是指定值的数组，如：np.full((3,5),3.14)。

（5）利用 arange()函数，通过指定开始值、终值和步长来创建一维数组，创建的数组不含终值，如：np.arange(0,20,2)。

（6）利用 linspace()函数，通过指定开始值、终值和元素个数来创建一维数组，默认设置包括终值，如：np.linspace(0,1,5)。

（7）利用 eye()函数生成主对角线上的元素为 1，其他的元素为 0 的数组，类似单位矩阵的数组，如：np.eye(3)。

（8）利用 diag()函数创建类似对角的数组，即除对角线上以外的其他元素都为 0，对角线上的元素可以是 0 或其他值，如：np.diag([1,2,3,4])。

（9）利用 random()函数创建在 0～1 均匀分布的随机数组成的数组，如：np.random.random((3,2))。

（10）利用 random.normal()函数创建在某一区间正态分布的随机数组，如：np.random.normal(0,1,(3,3))。

（11）利用 random.randint()函数创建在某一区间的随机整型数组，如：np.random.randint(0,10,(3,3))。

（12）利用 random.rand()函数生成服从均匀分布的随机数组，如：np.random.rand(10,5)。

（13）利用 random.randn()函数生成服从正态分布的随机数组，如：np.random.randn(10,5)。

7.1.3 numpy 的数据类型及其转换

1. numpy 的数据类型

numpy 极大地扩充了原生 Python 的数据类型，其中大部分的数据类型都是以数字结尾的，这个数字表示其在内存中占有的位数。表 7-3 所示为 numpy 的基本数据类型及其取值范围。

表 7-3 numpy 的基本数据类型及其取值范围

数据类型	取值范围
bool	布尔类型（值为 True 或 False）
inti	由所在平台决定其精度的整数（一般为 int32 或 int64）
int8	整数，范围为−128～127，可以使用字符串“i1”代替
int16	整数，范围为−32768～32767，可以使用字符串“i2”代替
int32	整数，范围为-2^{31}～$2^{31}-1$，可以使用字符串“i4”代替
int64	整数，范围为-2^{63}～$2^{63}-1$，可以使用字符串“i8”代替
uint8	无符号整数，范围为 0～255
uint16	无符号整数，范围为 0～65535
uint32	无符号整数，范围为 0～$2^{32}-1$
uint64	无符号整数，范围为 0～$2^{64}-1$
float16	半精度浮点数（16 位），其中用 1 位表示正负号，用 5 位表示指数，用 10 位表示尾数，可以使用字符串“f2”代替
float32	单精度浮点数（32 位），其中用 1 位表示正负号，用 8 位表示指数，用 23 位表示尾数，可以使用字符串“f4”代替
float64 或 float	双精度浮点数（64 位），其中用 1 位表示正负号，用 11 位表示指数，用 52 位表示尾数，可以使用字符串“f8”代替
complex64	复数，分别用两个 32 位浮点数表示实部和虚部
complex128 或 complex	复数，分别用两个 64 位浮点数表示实部和虚部

2. 数据类型转换

对于 numpy 数组中的数据类型，每一种数据类型均有与其对应的转换函数。

【例 7-3】 numpy 数组中数据类型的转换。

```
np.int8(38.0)   #浮点型转换为整型：38
np.bool(38)     #整型转换为布尔型：True
np.float(38)    #整型转换为浮点型：38.0
```

3. 创建数据类型

利用数据类型对象（dtype）可以创建结构化数据类型，其为固定长度的字节序列，即一个字段集合，结构中的每个字段都有对应的名称和数据类型。每个内建类型都有一个唯一定义它的字符代码，如：i 表示有符号整型，u 表示无符号整型，f 表示浮点型，S、a 表示字节字符串（支持英文），U 表示 Unicode 字符串（支持中文等）。

【例 7-4】 创建结构化数据类型。

```
student=np.dtype([('name','U20'),('age','i1'),('marks','f4')])    #定义一个结构化数据类型 student，包含字符串字段 name，整数字段 age，及浮点字段 marks
print(student)     #输出结果为：[('name','S20'),('age','i1'),('marks','<f4')]
a=np.array([('张三',21,50),('李四',18,75)],dtype=student)
print(a)    #输出结果为：[('张三',21,50.)('李四',18,75.)]
```

7.2　数组形状操作

在对数组进行操作时，经常需要改变数组的维度，这就是数组的形状操作。在 numpy 中，常用 reshape()、resize()、ravel()、flatten()、vstack()、hstack()等函数改变数组的“形状”。

7.2.1　利用 reshape()函数改变数组维度

利用 reshape()函数可以方便地改变数组维度，但不会改变原数组。

【例 7-5】 利用 reshape()函数改变数组维度。

```
arr13=np.arange(12)    #创建一维数组
print("创建的一维数组：",arr13) #显示一维数组
print("改变数组的形状：\n",arr13.reshape(3,4))  #设置数组的形状
print("数组改变形状后的维度：",arr13.reshape(3,4).ndim)  #显示 reshape 后数组的维度
print("原数组的维度：",arr13.ndim)     #reshape 不会改变原数组
```

输出结果为：

```
创建的一维数组： [ 0  1  2  3  4  5  6  7  8  9 10 11]
改变数组的形状：
 [[ 0  1  2  3]
  [ 4  5  6  7]
  [ 8  9 10 11]]
数组改变形状后的维度： 2
原数组的维度： 1
```

7.2.2 利用 ravel()函数展平数组

利用 ravel()函数可以将多维数组转换为一维数组。

【例 7-6】 利用 ravel()函数展平数组。

```
arr23=np.arange(12).reshape(3,4)        #创建二维数组
print("创建的二维数组：\n",arr23)         #显示二维数组
print("利用 ravel()函数展平数组：",arr23.ravel())    #利用 ravel()函数展平数组
```

输出结果为：

```
创建的二维数组：
 [[ 0  1  2  3]
  [ 4  5  6  7]
  [ 8  9 10 11]]
利用 ravel()函数展平数组： [ 0  1  2  3  4  5  6  7  8  9 10 11]
```

7.2.3 利用 flatten()函数横向或纵向展平数组

flatten()函数也可以完成数组展平工作，它与 ravel()函数的区别在于，flatten()函数可以选择横向或纵向展平。

【例 7-7】 利用 flatten()函数展平数组。

```
arr23=np.arange(12).reshape(3,4)        #创建二维数组
print('创建二维数组：\n',arr23)
print('横向展平数组：\n',arr23.flatten())
print('纵向展平数组：\n',arr23.flatten('F'))
```

输出结果为：

```
创建二维数组：
 [[ 0  1  2  3]
  [ 4  5  6  7]
  [ 8  9 10 11]]
横向展平数组：
 [ 0  1  2  3  4  5  6  7  8  9 10 11]
纵向展平数组：
 [ 0  4  8  1  5  9  2  6 10  3  7 11]
```

7.2.4 利用 hstack()、vstack()、concatenate()函数进行数组组合

除了可以改变数组的“形状”外，numpy 还可以对数组进行组合。组合主要有横向组合与纵向组合。下面介绍横向组合 hstack()函数、纵向组合 vstack()函数以及横纵组合 concatenate()函数来完成数组组合的示例。

【例 7-8】 利用 hstack()、vstack()、concatenate()函数进行数组组合。

```
import numpy as np
arr1=np.arange(12).reshape(3,4)       #创建二维数组 3 行 4 列
print('创建的数组 1 为：\n',arr1)       #显示二维数组
arr2=np.arange(13,25).reshape(3,4)  #创建二维数组 3 行 4 列
print('创建的数组 2 为：\n',arr2)       #显示二维数组
print('利用 hstack()函数横向组合为：\n',np.hstack((arr1,arr2))) #利用 hstack()函数横向组合数组
print('利用 vstack()函数纵向组合为：\n ',np.vstack((arr1,arr2)))    #利用 vstack()函数纵向组合数组
print('利用 concatenate()函数横向组合为：\n',np.concatenate((arr1,arr2),axis=1))   #利用
```

```
concatenate()函数横向组合数组
    print('利用 concatenate()函数纵向组合为：\n',np.concatenate((arr1,arr2),axis=0))  #利用
concatenate()函数纵向组合数组
```

输出结果为：

```
创建的数组 1 为：
 [[0 1 2 3]
  [4 5 6 7]
  [8 9 10 11]]
创建的数组 2 为：
 [[13 14 15 16]
  [17 18 19 20]
  [21 22 23 24]]
利用 hstack()函数横向组合为：
 [[0 1 2 3 13 14 15 16]
  [4 5 6 7 17 18 19 20]
  [8 9 10 11 21 22 23 24]]
利用 vstack()函数纵向组合为：
  [[0 1 2 3]
   [4 5 6 7]
   [8 9 10 11]
   [13 14 15 16]
   [17 18 19 20]
   [21 22 23 24]]
利用 concatenate()函数横向组合为：
  [[0 1 2 3 13 14 15 16]
   [4 5 6 7 17 18 19 20]
   [8 9 10 11 21 22 23 24]]
利用 concatenate()函数纵向组合为：
  [[0 1 2 3]
   [4 5 6 7]
   [8 9 10 11]
   [13 14 15 16]
   [17 18 19 20]
   [21 22 23 24]]
```

7.2.5 利用 hsplit()、vsplit()和 split()函数进行数组分割

numpy 提供了横向分割 hsplit()、纵向分割 vsplit()、横纵分割 split()等函数，可以将数组分割成相同大小的子数组。

【例 7-9】 利用 hsplit()、vsplit()和 split()函数进行数组分割。

```
import numpy as np
arr=np.arange(16).reshape(4,4)          #创建二维数组 4 行 4 列
print('创建的二维数组为：\n',arr)          #显示二维数组
print('利用 hsplit()函数横向分割为：\n',np.hsplit(arr,2))  #利用 hsplit()函数横向分割
print('利用 vsplit()函数纵向分割为：\n',np.vsplit(arr,2))  #利用 vsplit()函数纵向分割
print('利用 split()函数横向分割为：\n',np.split(arr,2,axis=1))  #利用 split()函数横向分割
print('利用 split()函数纵向分割为：\n',np.split(arr,2,axis=0))  #利用 split()函数纵向分割
```

输出结果为：

```
创建的二维数组为：
 [[ 0  1  2  3]
```

```
 [ 4  5  6  7]
 [ 8  9 10 11]
 [12 13 14 15]]
利用 hsplit()函数横向分割为:
 [array([[ 0,  1],
        [ 4,  5],
        [ 8,  9],
        [12, 13]]), array([[ 2,  3],
        [ 6,  7],
        [10, 11],
        [14, 15]])]
利用 vsplit()函数纵向分割为:
 [array([[0, 1, 2, 3],
        [4, 5, 6, 7]]), array([[ 8,  9, 10, 11],
        [12, 13, 14, 15]])]
利用 split()函数横向分割为:
 [array([[ 0,  1],
        [ 4,  5],
        [ 8,  9],
        [12, 13]]), array([[ 2,  3],
        [ 6,  7],
        [10, 11],
        [14, 15]])]
利用 split()函数纵向分割为:
 [array([[0, 1, 2, 3],
        [4, 5, 6, 7]]), array([[ 8,  9, 10, 11],
        [12, 13, 14, 15]])]
```

7.3 数组数据获取：索引、切片、复制及条件

索引、切片是获取 numpy 创建的数组中数据的常用方法。索引通过在中括号指定索引参数“[?]”获取数组中的单个元素；切片通过指定索引参数，用切片符号[:]获取子数组。numpy 切片语法和 Python 列表的标准切片语法相同。为了获取数组 x 的一个切片，可以用以下方式：

```
x[start:stop:step]
```

如果以上三个参数都未指定，那么它们会被分别设置默认值 start=0、stop=数组元素总数和 step=1。

7.3.1 一维数组的索引及切片

可以通过指定一维数组的索引、切片获取一维数组中的元素。

【例 7-10】 一维数组的索引及切片。

```
arr=np.arange(6)
print('数组中的第 6 个元素为: ',arr[5])      #用整数作为下标可以获取数组中的某个元素
print('数组中的第 4～5 个元素为: ',arr[3:5])#用范围作为下标获取数组的一个切片，左闭右开，即包括 arr[3],不包括 arr[5]
print('数组中的第 1～5 个元素为: ',arr[:5]) #省略开始下标，表示从 arr[0]开始
```

```
    print('数组中的最后一个元素为：',arr[-1])  #下标可以使用负数，-1表示从数组最后往前数的第一个元素
    print('arr[1:-1:2]的切片结果为：',arr[1:-1:2]) #范围中的第三个参数表示步长，2表示隔1个元素取1个元素
```

输出结果为：

```
数组中的第6个元素为：5
数组中的第4~5个元素为：[3 4]
数组中的第1~5个元素为：[0 1 2 3 4]
数组中的最后一个元素为：5
arr[1:-1:2]的切片结果为：[1 3]
```

7.3.2 多维数组的索引及切片

多维数组的每个维度都有一个索引，可以用逗号分隔的索引元组获取元素。

【例 7-11】 多维数组的索引及切片。

```
import numpy as np
arr=np.arange(15).reshape(3,5)          #创建二维数组3行5列
print('创建的二维数组为：\n',arr)
print('第0行中第3列和第4列的索引结果为：\n',arr [0,3:5])  #索引第0行中第3列和第4列的元素
print('第1~2行中第2~4列的索引结果为：\n',arr [1:,2:])  #索引第1~2行中第2~4列中的元素
print('第2列中元素的索引结果为：\n',arr [:,2])    #索引第2列中的元素
```

输出结果为：

```
创建的二维数组为：
 [[0 1 2 3 4]
  [5 6 7 8 9]
  [10 11 12 13 14]]
第0行中第3列和第4列的索引结果为：
 [3 4]
第1~2行中第2~4列的索引结果为：
 [[7 8 9]
  [12 13 14]]
第2列中元素的索引结果为：
 [2 7 12]
```

数组切片返回的是数组数据的视图，这是numpy数组切片和Python列表切片的不同之处。在Python列表中，切片是值的副本。视图会随原数组值的修改而改变，副本则不会。

7.3.3 数组数据的复制

如果需要复制数组里的数据或子数组，可以很简单地通过copy()方法实现。

【例 7-12】 数组数据的复制。

```
arr=np.arange(15).reshape(3,5)          #创建二维数组3行5列
print(arr[: 2,: 2].copy())              #复制0行0列到1行1列的数组元素
```

输出结果为：

```
[[0 1]
 [5 6]]
```

7.3.4 利用条件获取数组数据

要统计数组中有多少值大于某一个给定值，或者删除所有超出某些阈值的异常点，通常需要遵循某些准则来抽取、修改、计数数组中的值，布尔运算是完成这类任务的最高效方式。

【例 7-13】 利用条件获取数组数据。

```
arr=np.random.randint(12,size=(3,4))
print('创建的二维数组是: \n',arr)
print('数组中每个元素值是否>3: \n',arr>3) #布尔运算，比较数组中每个元素值是否大于3
print('获取数组中>3的元素: ',arr[arr>3]) #利用x>3来获取一个布尔数组，返回的这些值是数组中元素大于3的相关元素的值
```

输出结果为：

```
创建的二维数组是:
[[7 10  2  1]
[3 11  9  6]
[4  1  7 10]]
数组中每个元素值是否>3:
[[True True False False]
[False True True True]
[True False True True]]
获取数组中>3的元素: [7 10 11 9 6 4 7 10]
```

7.4 数 组 运 算

列表是无法直接进行数学运算的，一旦将列表转换为数组后，就可以实现各种常见的数学运算，如四则运算、比较运算、广播运算等。numpy 中的这些操作是通过通用函数实现的，通用函数（ufunc）的主要作用是对 numpy 数组中的值执行更快的重复操作。

7.4.1 常用的 ufunc 函数运算

常用的 ufunc 函数运算有四则运算、比较运算和逻辑运算等。

1. 四则运算

数组间的四则运算操作的对象是数组，表示对每个数组中的元素分别进行四则运算，所以进行四则运算的两个数组的形状必须相同。实现四则运算的计算既可以使用运算符号，也可以使用函数。四则运算中的符号分别是“+、−、*、/”，对应的 numpy 模块函数分别是 np.add()、np.subtract()、np.multiply()和 np.divide()，另外求余数符号是%，整除符号是//，求幂符号是**，对应的函数分别是 np.fmod()、np.modf()和 np.power()。

【例 7-14】 数组的四则运算。

```
x=np.arange(4).reshape(2,2)
y=np.arange(4,8).reshape(2,2)
print('数组x为: \n',x)
print('数组y为: \n',y)
print('数组相加结果为: \n',x+y)
print('数组相减结果为: \n',x-y)
print('数组相乘结果为: \n',x*y)
print('数组相除结果为: \n',x/y)
print('数组求余结果为: \n',x%y)
print('数组整除结果为: \n',x//y)
print('数组幂运算结果为: \n',x**y)
```

输出结果为：

```
数组x为：
[[0 1]
 [2 3]]
数组y为：
[[4 5]
 [6 7]]
数组相加结果为：
[[4 6]
 [8 10]]
数组相减结果为：
[[-4 -4]
 [-4 -4]]
数组相乘结果为：
[[0  5]
 [12 21]]
数组相除结果为：
[[0.         0.2       ]
 [0.33333333 0.42857143]]
数组求余结果为：
[[0 1]
 [2 3]]
数组整除结果为：
[[0 0]
 [0 0]]
数组幂运算结果为：
[[   0    1]
 [  64 2187]]
```

2. 比较运算

比较运算返回的结果是一个布尔数组，其每个元素为数组对应元素的比较结果，比较运算符有：>、>=、<、<=、==、!=，对应的函数分别是：np.greater(arr1,arr2)、np.greater_equal(arr1,arr2)、np.less(arr1,arr2)、np.less_equal(arr1,arr2)、np.equal(arr1,arr2)、np.not_equal(arr1,arr2)。

【例 7-15】 数组的比较运算（接例 7-14）。

```
print('数组比较的结果为：\n',x>y)
print('数组比较的结果为：\n',x==y)
print('数组比较的结果为：\n',x!=y)
```

输出结果为：

```
数组比较的结果为：
 [[False False]
  [False False]]
数组比较的结果为：
 [[False False]
  [False False]]
数组比较的结果为：
 [[ True  True]
  [ True  True]]
```

3. 逻辑运算

在 numpy 逻辑运算中，np.all()函数表示逻辑 and，np.any()函数表示逻辑 or。

【例 7-16】 数组的逻辑运算。

```
x=np.array([1,3,5])
y=np.array([2,3,4])
print('数组逻辑运算结果为: ',np.all(x==y))   #np.all()表示逻辑 and
print('数组逻辑运算结果为: ',np.any(x==y))   #np.any()表示逻辑 or
```

输出结果为：

```
数组逻辑运算结果为: False
数组逻辑运算结果为: True
```

7.4.2 ufunc 函数的广播机制

广播（broadcasting）是指不同形状的数组之间执行算术运算的方式。numpy 中的广播机制并不容易理解，特别是在进行高维数组计算的时候。为了更好地使用广播机制，需要遵循以下四个原则。

（1）让所有的输入数组向其中 shape 最长的数组看齐，shape 中不足的部分通过在前面加 1 补齐。

（2）输出数组的 shape 是输入数组 shape 的各个轴上的最大值。

（3）如果输入数组的某个轴和输出数组的对应轴的长度相同或者其长度为 1，则这个数组能够用来计算，否则就会出错。

（4）当输入数组的某个轴的长度为 1 时，沿着此轴运算时使用此轴上的第一组值。

接下来重点以一维数组和二维数组为例说明数组的广播机制。

【例 7-17】 二维数组与一维数组之间的运算。

```
arr1=np.array([[0,0,0],[1,1,1],[2,2,2],[3,3,3]])
arr2=np.array([1,2,3])
print('创建的数组 1 为: \n',arr1)
print('创建的数组 2 为: \n',arr2)
print('数组相加结果为: \n',arr1+arr2)
```

输出结果为：

```
创建的数组 1 为:
 [[0 0 0]
  [1 1 1]
  [2 2 2]
  [3 3 3]]
创建的数组 2 为:
 [1 2 3]
数组相加结果为:
 [[1 2 3]
  [2 3 4]
  [3 4 5]
  [4 5 6]]
```

【例 7-18】 不同形状的二维数组之间的运算。

```
arr1=np.array([[0,0,0],[1,1,1],[2,2,2]])
arr2=np.array([1,2,3]).reshape(3,1)
print('创建的数组 1 为: \n',arr1)
print('创建的数组 2 为: \n ',arr2)
print('数组相加结果为: \n ',arr1+arr2)
```

输出结果为：

```
创建的数组 1 为：
 [[0 0 0]
  [1 1 1]
  [2 2 2]]
创建的数组 2 为：
 [[1]
  [2]
  [3]]
数组相加结果为：
 [[1 1 1]
  [3 3 3]
  [5 5 5]]
```

7.5 数组排序及统计分析

在 numpy 中，数组运算更为简捷而快速，通常比 Python 方式快几倍，特别是处理数组统计计算与分析的情况时尤其如此。

7.5.1 排序

numpy 的排序方式主要可以概括为直接排序和间接排序两种。直接排序是指对数组的元素直接进行排序；间接排序是指根据一个或多个键对数据集进行排序。在 numpy 中，直接排序经常使用 sort()函数，间接排序经常使用 argsort()函数。

（1）sort()函数是最常用的排序方法，无返回值。如果目标函数是一个视图，则原始数据将会被修改。使用 sort()函数排序时可以指定一个 axis 参数，使得 sort()函数可以沿着指定轴对数据集进行排序。

【例 7-19】 利用 sort()函数进行数组排序。

```
import numpy as np
arr=np.array([[3,2,1],[1,2,3],[2,2,2]])
print('创建的数组为：\n',arr)
print('按行排序的结果为：\n',np.sort(arr,axis=1))     #默认是按行排序，axis 可以省略
print('按列排序的结果为：\n',np.sort(arr,axis=0))
arr.sort(axis=1)
print('使用数组的 sort()函数会改变原始数组：',arr)
```

输出结果为：

```
创建的数组为：
 [[3 2 1]
  [1 2 3]
  [2 2 2]]
按行排序的结果为：
 [[1 2 3]
  [1 2 3]
  [2 2 2]]
按列排序的结果为：
 [[1 2 1]
```

```
 [2 2 2]
 [3 2 3]]
使用数组的 sort()函数会改变原始数组：
[[1 2 3]
 [1 2 3]
 [2 2 2]]
```

（2）使用 argsort()函数，可以在给定一个或多个键时，得到一个由整数构成的索引数组，索引值表示数据在新的序列中的位置。

【例 7-20】 利用 argsort()函数进行数组排序。

```
import numpy as np
arr=np.array([[3,2,1],[1,2,3],[2,2,2]])
print('创建的数组为：\n',arr)
print('按行排序的结果为：\n',np.argsort(arr,axis=1))  #返回值为排序后的值对应的原数组的下标
print('按列排序的结果为：\n',np.argsort(arr,axis=0))  #返回值为排序后的值对应的原数组的下标
```

输出结果为：

```
创建的数组为：
[[3 2 1]
 [1 2 3]
 [2 2 2]]
按行排序的结果为：
[[2 1 0]
 [0 1 2]
 [0 1 2]]
按列排序的结果为：
[[1 0 0]
 [2 1 2]
 [0 2 1]]
```

7.5.2 去重与重复数据

1. 使用 unique()函数去掉重复数据

在 numpy 中，可以通过 unique()函数找出数组中的唯一值并返回已排序的结果。

【例 7-21】 利用 unique()函数去掉重复数据。

```
arr1=np.array([1,2,3,4,5,4,3,2,1])
arr2=np.array(['小王','小周','小李','小黄','小周'])
print('创建的数组 1 为：',arr1)
print('去重后的数组 1 为：',np.unique(arr1))
print('创建的数组 2 为：',arr2)
print('去重后的数组 2 为：',np.unique(arr2))
```

输出结果为：

```
创建的数组 1 为：[1 2 3 4 5 4 3 2 1]
去重后的数组 1 为：[1 2 3 4 5]
创建的数组 2 为：['小王' '小周' '小李' '小黄' '小周']
去重后的数组 2 为：['小王' '小周' '小李' '小黄']
```

2. 利用 tile()函数和 repeat()函数实现数据重复

在 numpy 中主要利用 tile()函数和 repeat()函数实现数据重复。

【例 7-22】 利用 tile()函数和 repeat()函数实现数据重复。

```
arr1=np.array([1,2,3])
```

```
    arr2=np.array([[1,2,3],[9,8,7]])
    print('创建的数组为 1: ',arr1)
    print('创建的数组为 2: \n',arr2)
    print('数组 1 重复 3 次为: ',np.tile(arr1,3))     #title()函数的用法: tile(a,reps),其中参数“a”指定重复的数组, 参数“reps”指定重复的次数
    print('数组 1 的元素重复 3 次为: ',np.repeat(arr1,3,axis=0)) #repeat()函数的用法: repeat(a,repeats,axis=None)。其中参数“a”指定需要重复的数组元素, “repeats”指定重复次数, “axis”指定沿着哪个轴进行重复
    print('数组 2 的元素按列重复 3 次为: \n',np.repeat(arr2,3,axis=0))
    print('数组 2 的元素按行重复 3 次为: \n',np.repeat(arr2,3,axis=1))
```

输出结果为：

```
    创建的数组为 1: [1 2 3]
    创建的数组为 2:
     [[1 2 3]
      [9 8 7]]
    数组 1 重复 3 次为: [1 2 3 1 2 3 1 2 3]
    数组 1 的元素重复 3 次为: [1 1 1 2 2 2 3 3 3]
    数组 2 的元素按列重复 3 次为:
     [[1 2 3]
      [1 2 3]
      [1 2 3]
      [9 8 7]
      [9 8 7]
      [9 8 7]]
    数组 2 的元素按行重复 3 次为:
     [[1 1 1 2 2 2 3 3 3]
      [9 9 9 8 8 8 7 7 7]]
```

这两个函数的主要区别在于，tile()函数是对数组进行重复操作，repeat()函数是对数组中的每个元素进行重复操作。

7.5.3 常用的统计函数

在 numpy 中，常用的统计函数有 sum()、mean()、std()、var()、min()和 max()等（见表 7-4）。这些统计函数在针对二维数组计算的时候大都有 axis 参数。当 axis=0 时，表示沿着垂直方向进行计算；当 axis=1 时，表示沿着水平方向进行计算。但在默认时，函数并不按照任一轴向计算，而是计算一个总值。

表 7-4 统计函数及其说明

函 数	说 明
np.min(arr,axis)	按照轴的方向计算最小值
np.max(arr,axis)	按照轴的方向计算最大值
np.mean(arr,axis)	按照轴的方向计算均值
np.median(arr,axis)	按照轴的方向计算中位数
np.sum(arr,axis)	按照轴的方向计算和
np.std(arr,axis)	按照轴的方向计算标准差
np.var(arr,axis)	按照轴的方向计算方差
np.cumsum(arr,axis)	按照轴的方向计算累计和
np.cumprod(arr,axis)	按照轴的方向计算累计乘积

续表

函　数	说　明
np.argmin(arr,axis)	按照轴的方向返回最小值所在的位置
np.argmax(arr,axis)	按照轴的方向返回最大值所在的位置
np.corrcoef(arr)	计算皮尔逊相关系数
np.cov(arr)	计算协方差矩阵

【例 7-23】 常用统计函数运用示例。

```
x=np.arange(12).reshape(3,4)
print('创建的数组为：\n',x)
print('数组和为：',np.sum(x))
print('垂直方向的数组和为：',np.sum(x,axis=0))
print('垂直方向的均值为：',np.mean(x,axis=0))
print('水平方向的数组和为：',np.sum(x,axis=1))
print('水平方向的均值为：',np.mean(x,axis=1))
```

输出结果为：

```
创建的数组为：
 [[ 0  1  2  3]
  [ 4  5  6  7]
  [ 8  9 10 11]]
数组和为：66
垂直方向的数组和为：[12 15 18 21]
垂直方向的均值为：[4. 5. 6. 7.]
水平方向的数组和为：[ 6 22 38]
水平方向的均值为：[1.5 5.5 9.5]
```

7.6　矩阵创建及运算

7.6.1　创建矩阵

在 numpy 中，数组和矩阵有着重要的区别。矩阵是数组的子类，矩阵与数组在形式上相似，但矩阵是数学上的概念，而数组只是一种数据存储方式，二者有本质的区别。如矩阵必须是二维的，而数组可以是任意维的；矩阵只能包含数字，而数组可以包含任意类型的数据。numpy 对于多维数组的运算，默认情况下并不进行矩阵运算。如果需要对数组进行矩阵运算，则需要调用相应的函数。下面将讲解使用 mat()、matrix()以及 bmat()函数来创建矩阵。

【例 7-24】 利用 mat()、matrix()、bmat()函数创建矩阵。

```
x=np.array([[1,2,3],[4,5,6],[7,8,9]])   #创建的数组 x
y=np.mat("1,2,3;4,5,6;7,8,9")   #利用 mat()函数创建的矩阵 y,使用；分隔
z=np.matrix([[9,8,7],[6,5,4],[3,2,1]])  #利用 matrix()函数创建的矩阵 z
b=np.bmat("x y;y z")   #利用 bmat()函数创建的矩阵，将小矩阵组合成大矩阵
print('创建的数组为：\n',x)
print('利用 mat()创建的矩阵为：\n',y)
print('利用 matrix()创建的矩阵为：\n',z)
print('利用 bmat()创建的矩阵为：\n',b)
```

输出结果为：

```
创建的数组为：
 [[1 2 3]
  [4 5 6]
  [7 8 9]]
利用 mat()创建的矩阵数组为：
 [[1 2 3]
  [4 5 6]
  [7 8 9]]
利用 matrix()创建的矩阵为：
 [[9 8 7]
  [6 5 4]
  [3 2 1]]
利用 bmat()创建的矩阵为：
 [[1 2 3 1 2 3]
  [4 5 6 4 5 6]
  [7 8 9 7 8 9]
  [1 2 3 9 8 7]
  [4 5 6 6 5 4]
  [7 8 9 3 2 1]]
```

7.6.2 矩阵的基本运算

在 numpy 中，矩阵运算是针对整个矩阵中的每个元素进行的。与使用 for 循环语句相比，其在运算速度上更快。

【例 7-25】 矩阵的基本运算示例。

```
matr1=np.mat("1,2,3;4,5,6;7,8,9")
matr2=matr1*3 #矩阵与数相乘
print('矩阵 1 为：\n',matr1)
print('矩阵 2 为：\n',matr2)  #矩阵与数相乘
print('矩阵相加为：\n',matr1+matr2)  #矩阵相加
print('矩阵相减为：\n',matr2-matr1)  #矩阵相减
print('矩阵相乘为：\n',matr2*matr1)  #矩阵相乘
print('矩阵相除为：\n',matr2/matr1)  #矩阵相除
```

输出结果为：

```
矩阵 1 为：
 [[1 2 3]
  [4 5 6]
  [7 8 9]]
矩阵 2 为：
 [[ 3  6  9]
  [12 15 18]
  [21 24 27]]
矩阵相加为：
 [[ 2  4  6]
  [ 8 10 12]
  [14 16 18]]
矩阵相减为：
 [[ 2  4  6]
  [ 8 10 12]
  [14 16 18]]
矩阵相乘为：
 [[ 90 108 126]
```

```
  [198 243 288]
  [306 378 450]]
矩阵相除为：
 [[3. 3. 3.]
  [3. 3. 3.]
  [3. 3. 3.]]
```

7.6.3 矩阵的转置、共轭及逆矩阵

除了能够实现各类运算外，矩阵还有其特有的属性，如表 7-5 所示。

表 7-5 矩阵特有属性及其说明

属　　性	说　　明
T	返回自身的转置
H	返回自身的共轭转置
I	返回自身的逆矩阵
A	返回自身数据的二维数组的一个视图（没有做任何的复制）

【例 7-26】 矩阵的转置、共轭及逆矩阵示例。

```
matr1=np.mat("1,2,3;4,5,6;7,8,9")
print('创建的矩阵为：\n',matr1)
print('矩阵转置结果为：\n',matr1.T)   #矩阵转置
print('逆矩阵结果为：\n',matr1.I)     #逆矩阵
```

输出结果为：

```
创建的矩阵为：
 [[1 2 3]
  [4 5 6]
  [7 8 9]]
矩阵转置结果为：
 [[1 4 7]
  [2 5 8]
  [3 6 9]]
逆矩阵结果为：
 [[-4.50359963e+15  9.00719925e+15 -4.50359963e+15]
  [ 9.00719925e+15 -1.80143985e+16  9.00719925e+15]
  [-4.50359963e+15  9.00719925e+15 -4.50359963e+15]]
```

7.6.4 查看矩阵特征

numpy 提供了 max()、min()、sum()、mean()等方法查看矩阵的最大值、最小值、元素求和值、平均值等特征值。numpy 的线性代数子模块 linalg 提供了计算矩阵特征值与特征向量等重要函数，见表 7-6。

表 7-6 numpy 中有关线性代数的重要函数

函　　数	说　　明	函　　数	说　　明
np.zeros	生成零矩阵	np.ones	生成所有元素为 1 的矩阵
np.eye	生成单位矩阵	np.transpose	矩阵转置
np.dot	计算两个数组的点积	np.inner	计算两个数组的内积

续表

函　数	说　明	函　数	说　明
np.diag	提取对角线或构造对角线数组	np.trace	矩阵主对角线元素的和的转换
np.linalg.det	计算矩阵行列式	np.linalg.eig	计算矩阵特征根与特征向量
np.linalg.eigvals	计算方阵特征根	np.linalg.inv	计算方阵的逆矩阵
np.linalg.pinv	计算方阵的 MoorePenrose 伪逆	np.linalg.solve	计算线性方程组 Ax=b 的解
np.linalg.lstsq	计算 Ax=b 的最小二乘解	np.linalg.qr	计算 QR 分解
np.linalg,svd	计算奇异值分解	np.linalg.norm	计算向量或矩阵的范数

【例 7-27】 查看矩阵特征。

```
matr1=np.mat("1,2,3;4,5,6;7,8,9")
print('创建的矩阵为：\n',matr1)
e,v=np.linalg.eig(matr1)
print('矩阵的特征值及特征向量为：',e,v,sep='\n')
print('矩阵的最大值为：',np.max(matr1))
print('矩阵的均值为：',np.mean(matr1))
print('矩阵的方差为：',np.var(matr1))
print('矩阵的标准差为：',np.std(matr1))
```

输出结果为：

```
创建的矩阵为：
 [[1 2 3]
  [4 5 6]
  [7 8 9]]
矩阵的特征值及特征向量为：
[ 1.61168440e+01 -1.11684397e+00 -1.30367773e-15]
 [[-0.23197069 -0.78583024  0.40824829]
  [-0.52532209 -0.08675134 -0.81649658]
  [-0.8186735   0.61232756  0.40824829]]
矩阵的最大值为：9
矩阵的均值为：5.0
矩阵的方差为：6.666666666666667
矩阵的标准差为：2.581988897471611
```

7.7 读写文件

读写文件是利用 numpy 进行数据处理的基础。numpy 的文件读写主要有二进制的文件读写和文件列表形式的数据读写两种形式。numpy 提供了若干函数，可以把结果保存到二进制文件或文本文件中，或者从文件读取数据并将其转换为数组。

7.7.1 文本数据读写函数 savetxt()、loadtxt()、genfromtxt()

（1）savetxt()函数可将数组写到以某种分隔符隔开的文本文件中，语法格式如下。

```
np.savetxt(fname,X,fmt='%.18e',delimiter='',newline='\n',header='',footer='',
comments='# ')
```

参数“fname”为文件名，参数“X”为数组数据，参数“fmt”为数据格式，参数“delimiter”为数据分隔符，参数“newline”为换行符，参数“header”为写入文件开头的字符串，参数

"footer"为写入文件末尾的字符串，参数"comment"为注释字符，默认为"#"。

（2）loadtxt()函数执行的是相反的操作，即把文件加载到一个二维数组中。

（3）genfromtxt()函数和 loadtxt()函数相似，不过它面向的是结构化数组和缺失数据。它通常使用的参数有三个，即存放数据的文件名参数"fname"、用于分隔的字符参数"delimiter"和是否含有列标题参数"names"。

【例 7-28】 利用 loadtxt()、genfromtxt()、savetxt()函数读写文本数据。

```
arr1=np.arange(0,8,0.5).reshape(4,4)    #创建一个数组
np.savetxt("../save_arr1.txt",arr1,fmt="%d",delimiter=",")       #保存文本数组
load_arr1=np.loadtxt("../save_arr1.txt",delimiter=',')           #读取文本数组
load_arr2=np.genfromtxt("../save_arr1.txt",delimiter=',')        #读取文本数组
print('创建的数组为：\n',arr1)
print('读取的数组为：\n',load_arr1)
print('读取的数组为：\n',load_arr2)
```

输出结果为：

```
创建的数组为：
 [[0.  0.5 1.  1.5]
  [2.  2.5 3.  3.5]
  [4.  4.5 5.  5.5]
  [6.  6.5 7.  7.5]]
读取的数组为：
 [[0. 0. 1. 1.]
  [2. 2. 3. 3.]
  [4. 4. 5. 5.]
  [6. 6. 7. 7.]]
读取的数组为：
 [[0. 0. 1. 1.]
  [2. 2. 3. 3.]
  [4. 4. 5. 5.]
  [6. 6. 7. 7.]]
```

7.7.2 二进制文件读写函数 save()及 load()

（1）需要写入二进制文件的时候可以使用 save()函数和 savez()，其语法格式分别如下

```
np.save(file,arr,allow_pickle=True,fix_imports=True)
np.savez(file,arr1,arr2,…,allow_pickle=True,fix_imports=True)
```

参数 file 为要保存的文件的名称，需要指定文件保存的路径，如果未设置，则保存到默认路径下面；参数 arr 为需要保存的数组。简而言之，就是把数组 arr 保存至名称为"file"的文件中，其文件的扩展名 npy 是系统自动添加的。

如果将多个数组保存到一个文件中，可以使用 savez()函数，其文件扩展名为 npz

【例 7-29】 利用 savez()函数保存数组。

```
arr1=np.arange(16).reshape(4,4)       #创建一个数组
arr2=np.arange(16,32).reshape(4,4)    #创建一个数组
np.save("../save_arr1",arr1)          #保存一个数组，扩展名为 npy
np.savez("../save_arr2",arr1,arr2)    #保存两个数组，扩展名为 npz
```

（2）需要读取二进制文件的时候可以使用 load()函数，用文件名作为参数。

【例 7-30】 利用 load()函数读取二进制文件。

```
load_arr1=np.load("../save_arr1.npy")   #读取含有单个数组的文件，不能省略扩展名
load_arr2=np.load("../save_arr2.npz")   #读取含有多个数组的文件，不能省略扩展名
```

```
print ('读取的数组1为: \n',load_arr1)
print ('读取的数组2中的第一个数组为: \n',load_arr2['arr_0'])
print ('读取的数组2中的第二个数组为: \n',load_arr2['arr_1'])
```

输出结果为：

```
读取的数组1为:
 [[ 0  1  2  3]
  [ 4  5  6  7]
  [ 8  9 10 11]
  [12 13 14 15]]
读取的数组2中的第一个数组为:
 [[ 0  1  2  3]
  [ 4  5  6  7]
  [ 8  9 10 11]
  [12 13 14 15]]
读取的数组2中的第二个数组为:
 [[16 17 18 19]
  [20 21 22 23]
  [24 25 26 27]
  [28 29 30 31]]
```

归纳与提高

本章重点介绍了numpy数值运算的基础知识，包括numpy数组的特点、属性及创建，数组的形状操作，数组数据的获取，数组的基本运算及广播机制，数组的排序及统计分析，矩阵的创建及运算，文本数据文件及二进制文件的读写。

知识巩固与训练

一、单选题

1. 下面不属于数组属性的是（　　）。

   A. ndim　　B. shape　　C. add　　D. size

2. 以下最能体现ufunc函数特点的是（　　）。

   A. 对整个数组进行操作　　B. 对数组中的每个元素逐一操作

   C. 又叫通用函数　　D. 数组中的元素都是相同类型的

3. 创建一个3×3的数组，下列代码中错误的是（　　）。

   A. np.eye(3)　　B. np.arange(0,9).reshape(3,3)

   C. np.random.random([3,3,3])　　D. np.mat("1 2 3；4 5 6；7 8 9")

4. 对于代码a=np.array([(1,2,3),(4,5,6),(7,8,9)])，a.shape的输出结果是（　　）。

   A. (1,3)　　B. (2,3)　　C. (2,3)　　D. (3,3)

5. 已知x=np.array((1,2,3,4,5))，那么表达式(x+2).mean()的值为（　　）。

   A. 3　　B. 3.5　　C. 4　　D. 5

6. 已知 x=np.array([3,5,1,9,6,3])，那么表达式 np.argmax(x)的值为（　　）。

A. 3　　B. 5　　C. 6　　D. 9

7. 已知 x=np.array([3,5,1,9,6,3])，那么表达式 x[(x%2==1)&(x>3)][0]的值为（　　）。

A. 3　　B. 5　　C. 6　　D. 9

8. 已知 x=np.array([3,5,1,9,6,3])，那么表达式 x[(x%2==0)&(x>5)].sum()的值为（　　）。

A. 3　　B. 5　　C. 6　　D. 27

9. 已知 x=np.array([1,2,3])和 y=np.array([[3],[4]])，那么表达式(x*y).mean()的值为（　　）。

A. 3　　B. 4　　C. 6　　D. 7

10. 已知 x=np.matrix([[1,2,3],[4,5,6]])，那么表达式 print(x.mean(axis=1))的输出为（　　）。

A. 2，5　　B. 2.5，3.5，4.5　　C. 3.5　　D. 5

11. 已知 x=np.matrix([1,2,3,4,5])，那么表达式 x*x.T 的值为（　　）。

A. 25　　B. 35　　C. 45　　D. 55

二、实训题

1. 创建数组并进行运算

训练要点：

（1）掌握 numpy 的数组创建及随机数的生成方法。

（2）掌握 numpy 中数组的基本运算方法。

需求说明：

numpy 数组在数值运算方面的效率优于 Python 提供的列表，所以灵活掌握 numpy 中数组的创建以及运算非常有必要。

实现思路及步骤：

（1）创建一个数值范围为 0～1，间隔为 0.01 的数组。

（2）创建 100 个服从正态分布的随机数。

（3）对创建的两个数组进行四则运算。

（4）对创建的随机数组进行简单的统计分析。

2. 读写外部文本文件数据并进行运算

训练要点：

（1）掌握 numpy 读写外部文本文件的方法。

（2）掌握 numpy 中用于统计分析的基本运算函数的使用方法。

需求说明：

创建一个数组，并将数组写入文本文件，然后读取该文件，运用统计分析函数进行统计分析。

实现思路及步骤：

（1）创建一个数值范围为 0～100 的 10×10 的随机整型数组，将其写入文本文件。

（2）读取文本文件，使用 numpy 统计函数进行相关的统计分析。

第8章　数据处理：pandas统计分析

【知识目标】

了解pandas的基本数据结构、DataFrame的常用属性；掌握常见的外部数据读取方法、数据清洗与集成的基本方法、统计分析的基本方法、时间数据处理方法以及透视表与交叉表的创建方法。

【本章导读】

统计分析是数据分析的基础。运用统计方法、定量与定性的结合是统计分析的重要特征。描述性统计是统计研究的基础，它为统计推断、统计咨询和统计决策提供必要的统计数据资料。描述性统计的内容可分为集中趋势分析、离中趋势分析和相关分析三大部分。本章将介绍使用 pandas 库进行统计分析所需要掌握的基本知识。pandas 是基于 numpy 数组构建的，使数据预处理、清洗、分析工作变得更快、更简单。pandas 是专门为处理表格和混杂数据设计的，而 numpy 更适合处理统一的数值数组数据。

pandas 是为了解决数据分析任务而创建的，它建立在 numpy 之上，使以 numpy 为中心的应用变得简单。pandas 包含高级数据结构及大量能使我们快速便捷地处理数据的函数和方法，提供了让数据分析变得快速、简单的工具，这是 Python 成为强大而高效的数据分析工具的重要原因之一。其主要优点如下。

（1）带有坐标轴的数据结构，支持自动或明确的数据对齐。这能防止由于数据没有对齐，以及处理不同来源的、采用不同索引的数据而产生的常见错误。

（2）使用 pandas 更容易处理缺失数据。

（3）合并流行数据库（如基于 SQL 的数据库）。

pandas 是进行数据清洗/整理（data munging）的最好工具。

8.1　pandas 的数据结构

如果从底层视角观察 pandas 对象，可以把它们看成增强版的 numpy 结构化数组，行列都不再只是简单的整数索引，还可以带上标签。pandas 的三个基本数据结构是：Series、DataFrame 和 Index，分别对应于一维序列（数组）、二维数据库表结构和索引结构。

要导入 pandas 可以使用语句：import pandas as pd。

8.1.1 Series（数据序列）

1. 创建 Series 对象

pandas 中的 Series 是一个类，Series 对象实际上是一个一维的 numpy 数组，其很多操作和 numpy 数组类似，例如元素访问、切片等操作基本是一致的。Series 对象支持基于整数和基于标签（字符串）的索引，并提供了索引操作方法。创建一个 Series 对象的方法是调用其构造函数，其语法格式如下：

```
Series(data=None,index=None,dtype=None,name=None,copy=False,fastpath=False)
```

其中各参数意义如表 8-1 所示。

表 8-1　Series 对象的参数及说明

参　　数	说　　明
data	读写的数据，包含 Series 对象，可以是 numpy 数组或类数组对象、字典 dict 对象或者一系列标量值
index	一维类数组对象或一维索引对象；索引对象必须和 data 具有相同的长度，默认为 RangeIndex(0,1,2,…,n)；如果 data 是一个字典对象，并且同时提供了 index，则 index 会覆盖字典的键值
dtype	可为 numpy.dtype 或者 None；若为 None，则自动推断出 data 的类型
name	给创建的对象命名
copy	指明是否复制输入数据；为 boolean 类型；默认为 False
fastpath	是一个内部使用的参数；开发者可忽略
无参数	创建一个长度为 0 的空序列

Series 对象的主要属性是 data 和 index。如果传给构造函数的是一个列表，那么 index 的值是从 0 起递增的整数；如果传入的是一个字典，就会生成 index-value 对应的 Series。可以在初始化的时候以关键字参数指定一个 index 属性。

【例 8-1】 构建 Series 对象。

```
import numpy as np
from pandas import Series,DataFrame
import pandas as pd
#1.创建一个空的 Series 对象
s1=pd.Series()    #创建一个空的对象
print('创建一个空的 Series 对象：',s1)
print()
#2.从一个列表中创建 Series 对象。 不提供索引参数，索引从 0 开始……
dataList=[1,11,111,1111,11111]
s2=pd.Series(dataList)     #从一个列表中创建对象。 不提供索引参数，索引从 0 开始……
print('从一个列表中创建 Series 对象：\n',s2)
print()
#3.通过索引创建 Series 对象
scores=Series(data=[81,77,99],index=['Math','English','Chinese']) #提供索引
print('通过索引创建 Series 对象：\n',scores)
print()
#4.从字典对象创建 Series 对象
dataDict={'Math':81,'English':77,'Chinese':99.}
scores=pd.Series(dataDict)     #从字典对象创建 Series 对象
print('从字典对象创建 Series 对象：\n',scores)
print()
#5.从一个标量值创建 Series 对象
s5 =pd.Series(5)      #创建一个元素的对象
```

```
print('从一个标量值创建 Series 对象：\n',s5)
print()
s6=pd.Series(5,index=[1,2,3,4,5])  #创建元素个数与 index 长度相等的对象，元素值均初始化为标量值。这里是 5
print('从一个标量值创建元素个数与 index 长度相等的对象：\n',s6)
```

输出结果为：

```
创建一个空的 Series 对象：Series([],dtype:float64)

从一个列表中创建 Series 对象：
0        1
1       11
2      111
3     1111
4    11111
dtype:int64

通过索引创建 Series 对象：
Math       81
English    77
Chinese    99
dtype:int64

从字典对象创建 Series 对象：
Math       81.0
English    77.0
Chinese    99.0
dtype:float64

从一个标量值创建 Series 对象：
0    5
dtype:int64

从一个标量值创建元素个数与 index 长度相等的对象：
1    5
2    5
3    5
4    5
5    5
dtype:int64
```

2. Series 的操作

如果需要对序列进行数学函数运算，一般首选 numpy 中的函数；如果是对序列做统计运算，可以使用 numpy 中的函数，也可以使用 Series 提供的方法。可以通过 Series 的基础属性对 Series 对象进行操作。Series 的基础属性主要有 values、index、dtype、shape、ndim、size 等。

【例 8-2】 通过属性获取 Series 对象的值。

```
import numpy as np
from pandas import Series,DataFrame
import pandas as pd
scores=Series(data=[81,77,99],index=['Math','English','Chinese']) #提供索引
print('通过 Series 对象的方法求均值：\n',scores.mean())
print('通过 numpy 中的函数求均值：\n',np.mean(scores))
print('Series 对象的值为：',scores.values)
```

```
print('Series 对象的索引为：',scores.index)
print('Series 对象的索引值为：',scores.Math,scores.English,scores.Chinese)
```

输出结果为：

```
通过 Series 对象的方法求均值：
85.66666666666667
通过 numpy 中的函数求均值：
85.66666666666667
Series 对象的值为：[81.77.99.]
Series 对象的索引为：Index(['Math','English','Chinese'],dtype='object')
Series 对象的索引值为：81 77 99
```

8.1.2 DataFrame（数据框）

pandas 中的 DataFrame 称为数据框或数据帧，是一个类，DataFrame 对象与 Excel 表格非常类似。创建一个 DataFrame 对象的方法是调用其构造函数：

```
pandas.DataFrame(data=None,index=None,columns=None,dtype=None,copy=False)
```

DataFrame 可以创建一个大小可变的二维表格，行和列都可以有标签，也可以沿着行和列方向进行各种计算，其参数及说明见表 8-2。

表 8-2 DataFrame 参数及说明

参 数	说 明
data	包含了 DataFrame 对象的数据；可以是 numpy 结构化数组、字典对象或其他数据框对象
index	给每行分配一个索引；默认为 RangeIndex(0,1,2,…,n)
columns	给每列分配一个索引；默认为 RangeIndex(0,1,2,…,n)
dtype	为 numpy.dtype 或者 None。如果为 None，则自动推断出 data 的类型
copy	指明是否复制输入数据；boolean 类型，默认为 False
无参数	创建一个长度为 0 的空数据框

【例 8-3】 DataFrame 对象的创建。

```
import pandas as pd
#1.创建一个空的 DataFrame 对象
df=pd.DataFrame()
print("创建一个空的 DataFrame 对象：",df)   #创建一个空的 DataFrame 对象
#2.从列表中创建 DataFrame 对象，提供了列名索引：行索引从 0 开始
colNames=["学号","姓名","班级","年龄"]
dataList=[["20201001","张三","商务 2001",18],
          ["20201002","李四","商务 2001",17]]
dfCust=pd.DataFrame(dataList,columns=colNames) #从列表中创建 DataFrame 对象
print("-"*35)
print("从列表中创建的 DataFrame 对象为：")
display(dfCust) #按标准显示 DataFrame 对象
#3.从字典中创建 DataFrame 对象，学生考试成绩
dataList1={"姓名":["张三","李四","王五","赵六"],
"数学":[99,88,77,66],
"语文":[91,81,71,61],
"英语":[68,78,88,98]}
dfScores=pd.DataFrame(dataList1)    #从字典中创建 DataFrame 对象
print("-"*35)
print("从字典中创建的 DataFrame 对象为：")
display(dfScores)     #按标准显示 DataFrame 对象
#4.从字典中创建 DataFrame 对象，应用 index 参数自定义行索引
```

```
dfScores1=pd.DataFrame(dataList1,index=(10,9,8,7))    #应用 index 参数创建 DataFrame 对象
print("-"*35)
print("应用 index 参数创建的 DataFrame 对象为：")
display(dfScores1)    #按标准显示 DataFrame 对象
```

输出结果为：

```
创建一个空的 DataFrame 对象：Empty DataFrame
Columns: []
Index: []
-----------------------------------
从列表中创建的 DataFrame 对象为：
   学号        姓名   班级   年龄
0  20201001  张三   商务   2001  18
1  20201002  李四   商务   2001  17
-----------------------------------
从字典中创建的 DataFrame 对象为：
   姓名  数学  语文  英语
0  张三  99    91    68
1  李四  88    81    78
2  王五  77    71    88
3  赵六  66    61    98
-----------------------------------
应用 index 参数创建的 DataFrame 对象为：
    姓名  数学  语文  英语
10  张三  99    91    68
9   李四  88    81    78
8   王五  77    71    88
7   赵六  66    61    98
```

8.2　DataFrame 的基础操作

DataFrame 是最常用的 pandas 对象，类似于 Excel 表格。完成数据读取后，数据就以 DataFrame 数据结构存储在内存中。但此时并不能直接开始统计分析工作，需要用 DataFrame 的属性与方法对数据分布、大小等基本的数据状况进行收集，然后才能进行相应的统计分析。

8.2.1　查看 DataFrame 的常用属性

DataFrame 的常用属性有 values、index、columns 和 dtypes，分别可以获取元素、索引、列名和类型。

【例 8-4】 利用 values、index、columns 和 dtypes 属性获取 DataFrame 的属性值。

```
df1=pd.DataFrame({"姓名":["张三","李四","王五","赵六"],"数学":[99,88,77,66],"语文":[91,81,71,61],"英语":[68,78,88,98]})
display(df1)
print('DataFrame 对象的值为：\n',df1.values)
print('DataFrame 对象的列名为：',df1.columns)
print('DataFrame 对象的索引为：',df1.index)
print('DataFrame 对象的元素个数为：',df1.size)
print('DataFrame 对象的维度为：',df1.ndim)
```

```
print('DataFrame 对象的形状为: ',df1.shape)
print('DataFrame 对象的转置为: \n',df1.T)
```

输出结果为：

```
   姓名  数学  语文  英语
0  张三  99    91    68
1  李四  88    81    78
2  王五  77    71    88
3  赵六  66    61    98
DataFrame 对象的值为:
[['张三' 99 91 68]
 ['李四' 88 81 78]
 ['王五' 77 71 88]
 ['赵六' 66 61 98]]
DataFrame 对象的列名为: Index(['姓名','数学','语文','英语'],dtype='object')
DataFrame 对象的索引为: RangeIndex(start=0,stop=4,step=1)
DataFrame 对象的元素个数为: 16
DataFrame 对象的维度为: 2
DataFrame 对象的形状为: (4,4)
DataFrame 对象的转置为:
      0     1     2     3
姓名  张三  李四  王五  赵六
数学  99    88    77    66
语文  91    81    71    61
英语  68    78    88    98
```

8.2.2 查看和修改 DataFrame 数据

DataFrame 作为一种二维数据表结构，能够像数据库一样实现查看和修改操作，如添加一行，删除一行，添加一列，删除一列，修改某一个值，或将某个区间的值替换等。

1. 查看 DataFrame 中的数据

（1）DataFrame 数据的基本查看方式

DataFrame 的单列数据为一个 Series。根据 DataFrame 的定义可以知道，DataFrame 是一个带有标签的二维数组，每个标签相当于每一列的列名。只要以列名作为字典的 Key 值，就可以实现单列数据的访问。也可以使用属性访问数据，但是并不建议使用属性的方法，原因是列名如果与 pandas 的方法同名，就会造成程序混乱。DataFrame 提供的方法 head 和 tail 也可以得到多行数据，但是用这两种方法得到的数据都是从开始或者末尾获取的连续数据。

【例 8-5】 查看 DataFrame 数据。

```
df1=pd.DataFrame({"姓名":["张三","李四","王五","赵六"],"数学":[99,88,77,66],"语文":
[91,81,71,61],"英语":[68,78,88,98]}) #根据字典创建 DataFrame 对象 df1
#访问单列数据
print('使用字典方式访问数据为: \n',df1['姓名'])   #使用字典方式输出姓名列
print('使用属性方式访问数据为: \n',df1.姓名)      #使用属性方式输出姓名列
#访问多列数据
print('输出多列全部数据: \n',df1[['姓名','数学']])   #使用字典方式输出多列全部记录
print('输出多列部分数据: \n',df1[['姓名','数学']][: 2])   #使用字典方式输出多列前 2 条记录
print('输出全部列部分数据: \n',df1[: ][1: 3])   #使用字典方式输出全部列的 1-2 号记录
#使用 DataFrame 的 head()和 tail()方法访问多行数据
print('使用 head()方法访问数据: \n',df1.head(2))   #使用 head()方法输出全部列的前 2 条记录
print('使用 tail()方法访问数据: \n',df1.tail(2))   #使用 tail()方法输出全部列的后 2 条记录
```

输出结果为：

```
使用字典方式访问数据为：
0     张三
1     李四
2     王五
3     赵六
Name: 姓名,dtype:object
使用属性方式访问数据为：
0     张三
1     李四
2     王五
3     赵六
Name: 姓名,dtype:object
输出多列全部数据：
   姓名  数学
0  张三  99
1  李四  88
2  王五  77
3  赵六  66
输出多列部分数据：
   姓名  数学
0  张三  99
1  李四  88
输出全部列部分数据：
   姓名  数学  语文   英语
1  李四  88   81    78
2  王五  77   71    88
使用 head 方法()访问数据：
   姓名  数学  语文  英语
0  张三  99    91   68
1  李四  88    81   78
使用 tail 方法()访问数据：
   姓名  数学  语文  英语
2  王五  77    71    88
3  赵六  66    61    98
```

（2）DataFrame 的 loc()、iloc()访问方式

DataFrame 支持对行和列进行切片，也支持访问特定的行、列对应的数据，或者访问符合特定条件的数据。loc()方法是针对 DataFrame 索引名称的切片方法，如果传入的不是索引名称，那么切片操作将无法执行。利用 loc()方法，能够实现所有单层索引切片操作。loc()方法的语法格式如下。

```
DataFrame.loc[行索引名称或条件,列索引名称]
```

iloc()和 loc()的区别是，iloc 接收的必须是行索引和列索引的位置。iloc()方法的语法格式如下。

```
DataFrame.iloc[行索引位置, 列索引位置]
```

【例 8-6】 使用 loc()、iloc()方法访问 DataFrame 数据。

```
print('获取第 0、2 行的姓名、数学字段数据为：\n',df1.loc[[0,2],['姓名','数学']])
print()
print('获取前 3 行的姓名、数学字段数据为：\n',df1.loc[0: 2,['姓名','数学']])   #左右均闭
print()
print('获取第 2 行数据为：\n',df1.iloc[2])
print()
print('获取第 0、2 行的第 1、2 列数据为：\n',df1.iloc[[0,2],[1,2]])
```

```
    print()
    print('获取前2行的第1、2列数据为: \n',df1.iloc[0: 2,[1,2]]) #左闭右开
    print()
    print('按loc条件输出的数据为: \n',df1.loc[df1['姓名']=='王五',['姓名','数学']])    #loc条件输出
    print()
    print('按iloc条件输出的数据为: \n',df1.iloc[(df1['姓名']=='王五').values,[0,1]])  #iloc
条件输出
```

输出结果为：

```
获取第0、2行的姓名、数学字段数据为:
    姓名  数学
0   张三   99
2   王五   77

获取前3行的姓名、数学字段数据为:
    姓名  数学
0   张三   99
1   李四   88
2   王五   77

获取第2行数据为:
姓名      王五
数学      77
语文      71
英语      88
Name: 2,dtype:object

获取第0、2行的第1、2列数据为:
   数学  语文
0   99    91
2   77    71

获取前2行的第1、2列数据为:
   数学  语文
0   99    91
1   88    81

按loc条件输出的数据为:
    姓名   数学
2   王五   77

按iloc条件输出的数据为:
    姓名   数学
2   王五   77
```

总体来说，loc更加灵活多变，代码的可读性更高；iloc的代码简洁，但可读性不高。

2. 更改DataFrame中的数据

更改DataFrame中的数据的原理是将这部分数据提取出来，重新赋值为新的数据。需要注意的是，数据更改是直接对DataFrame原数据更改，操作无法撤销。如果做出更改，则需要对更改条件进行确认或对数据进行备份。

【例8-7】 更改DataFrame中的数据。

```
    print('按loc条件输出的数据为: \n',df1.loc[df1['姓名']=='王五',['姓名','数学']])
    df1.loc[df1['姓名']= ='王五',['姓名']]='王六'   #更改姓名
```

```
print('更改后姓名为王五的数据为：\n',df1.loc[df1['姓名']=='王五',['姓名','数学']])
print('更改后姓名为王六的数据为：\n',df1.loc[df1['姓名']=='王六',['姓名','数学']])
```

输出结果为：

```
按 loc 条件输出的数据为：
   姓名  数学
2  王五   77
更改后姓名为王五的数据为：
Empty DataFrame
Columns:[姓名,数学]
Index:[]
更改后姓名为王六的数据为：
   姓名  数学
2  王六   77
```

3. 为 DataFrame 增添数据

（1）为 DataFrame 添加一列的方法非常简单，只需要新建一个列索引，并对该索引下的数据进行赋值操作即可。

【例 8-8】 为 DataFrame 增添一列不同的数值。

```
import pandas as pd
dataList1={"姓名":["张三","李四","王五","赵六"],"数学":[99,88,77,66],"语文":
[91,81,71,61],"英语":[68,78,88,98]}
dfScores=pd.DataFrame(dataList1)    #从字典中创建 DataFrame 对象
dfScores['物理']=[91,92,93,94]
dfScores
```

输出结果为：

```
   姓名  数学  语文  英语  物理
0  张三  99    91  68    91
1  李四  88    81  78    92
2  王五  77    71  88    93
3  赵六  66    61  98    94
```

（2）如果新增的一列值是相同的，则直接为其赋值一个常量即可。

【例 8-9】 为 DataFrame 增添一列相同的数值。

```
import pandas as pd
dataList1={"姓名":["张三","李四","王五","赵六"],"数学":[99,88,77,66],"语文":
[91,81,71,61],"英语":[68,78,88,98]}
dfScores=pd.DataFrame(dataList1)    #从字典中创建 DataFrame 对象
dfScores['化学']=60
dfScores
```

输出结果为：

```
   姓名  数学  语文  英语  化学
0  张三  99   91   68   60
1  李四  88   81   78   60
2  王五  77   71   88   60
3  赵六  66   61   98   60
```

（3）为 DataFrame 添加一行，要用到 append()方法。

【例 8-10】 用 append()方法为 DataFrame 增添一行。

```
import pandas as pd
dataList1={"姓名":["张三","李四","王五","赵六"],"数学":[99,88,77,66],"语文":
[91,81,71,61],"英语":[68,78,88,98]}
```

```
    dfScores=pd.DataFrame(dataList1)    #从字典中创建 DataFrame 对象
    dfScores=dfScores.append({"姓名":"周七","数学":91,"语文":86,"英语":76},ignore_
index=True) #在原数据框 dfScores 最后一行新增一行，用 append()方法
    print(dfScores)
```

输出结果为：

```
     姓名  数学  语文  英语
0   张三   99    91    68
1   李四   88    81    78
2   王五   77    71    88
3   赵六   66    61    98
4   周七   91    86    76
```

4. 删除某列或某行数据

删除某列或某行数据需要用到 pandas 提供的 drop()方法。drop()方法的语法格式如下。

```
DataFrame.drop(labels,axis=0,level=None,inplace=False,errors='raise')
```

drop()方法的重要参数及其说明如表 8-3 所示。

表 8-3　drop()方法的重要参数及其说明

参数名称	说明
labels	接收 string 或 array；代表删除的行或列的标签；无默认
axis	接收 0 或 1；代表操作的轴向；默认为 0
level	接收 int 或者索引名；代表标签所在级别；默认为 None
inplace	接收 boolean；代表操作是否对原数据有效；默认为 False

【例 8-11】 用 drop()方法删除 DataFrame 的某行或某列。

```
    import pandas as pd
    dataList1={"姓名":["张三","李四","王五","赵六"],"数学":[99,88,77,66],"语文":[91,81,
71,61],"英语":[68,78,88,98]}
    dfScores=pd.DataFrame(dataList1)    #从字典中创建 DataFrame 对象
    dfScores['物理']=[91,92,93,94]    #增加一列
    dfScores['化学']=60   #增加一列
    display(dfScores)   #按标准显示
    dfScores.drop(labels='化学',axis=1,inplace=True)   #删除一列
    print('删除化学列为：')
    display(dfScores)    #按标准显示
    dfScores.drop(labels=0,axis=0,inplace=True)   #删除一行
    print('删除第 0 行为：')
    display(dfScores)   #按标准显示
```

输出结果为：

```
     姓名  数学  语文  英语  物理  化学
0   张三   99    91    68    91    60
1   李四   88    81    78    92    60
2   王五   77    71    88    93    60
3   赵六   66    61    98    94    60
删除化学列为：
     姓名  数学  语文  英语  物理
0   张三   99    91    68    91
1   李四   88    81    78    92
2   王五   77    71    88    93
3   赵六   66    61    98    94
```

```
删除第 0 行为:
    姓名   数学   语文   英语   物理
1   李四   88     81     78     92
2   王五   77     71     88     93
3   赵六   66     61     98     94
```

8.3　读/写外部数据

读/写外部数据是 pandas 进行数据预处理、建模与分析的前提。不同的数据类型，需要使用不同的函数读取。常见的数据源有三种，分别是数据库数据、文本文件（包括一般文本文件和 csv 文件）和 Excel 文件。pandas 内置了十余种数据读取函数和对应的数据写入函数。

8.3.1　读/写数据库数据

绝大多数的数据都存储在数据库中。pandas 提供了读取与存储关系型数据库数据的函数与方法。除了 pandas 库外，还需要安装 sqlalchemy 库，然后使用 sqlalchemy 库建立对应的数据库连接。

1. 连接数据库

sqlalchemy 配合相应数据库的 Python 连接工具（不同的数据库，连接工具不一样。例如，MySQL 数据库需要安装 mysqlclient 或者 pymysql 库，Oracle 数据库需要安装 cx_oracel 库）。使用 create_engine()函数，可以建立一个数据库连接。pandas 支持 MySQL、PostgreSQL、Oracle、SQL Server 和 SQLite 等主流数据库。下面将以 MySQL 数据库为例，介绍 pandas 数据库的连接、读取与存储。

【例 8-12】 使用 create_engine()函数连接数据库。

```
import pandas as pd
from sqlalchemy import create_engine
engine=create_engine('mysql+pymysql://root:root@localhost:3306/zzl?charset=utf8')
#创建一个 MySQL 连接，用户名为 root，密码为 root，地址为 127.0.0.1 或 localhost，数据库名称为 zzl（在 MySQL 中运行本书配套资料中的“zzl.sql”文件，生成“zzl”数据库），编码为 utf-8，使用 pymysql 这个包来连接数据库
print(engine)
```

输出结果为：

```
Engine(mysql+pymysql://root:***@localhost:3306/zzl?charset=utf8)
```

在 create_engine 中输入的是一个连接字符串。在使用 Python 的 sqlalchemy 时，MySQL 和 Oracle 数据库连接字符串的格式如下：

```
数据库产品名+连接工具名://用户名:密码@数据库 IP 地址:数据库端口号/数据库名称?charset=数据库数据编码
```

2. 读取数据库数据

利用 pandas 实现数据库数据读取有三个函数，read_sql()、read_sql_table()和 read_sql_query()。read_sql_table()只能读取数据库中的某个表格，不能实现查询操作；read_sql_query()则只能实现查询操作，不能直接读取数据库中的某个表格；read_sql()是两者的综合，既能够读取数据库中的某个表格，也能够实现查询操作。三个函数的语法和常用参数如下：

```
pandas.read_sql_table(tabel_name,con,schema=None,index_col=None,coerce_float=True,
columns=None)
pandas.read_sql_query(sql,con,schema=None,index_col=None,coerce_float=True)
pandas.read_sql(sql,con,schema=None,index_col=None,coerce_float=True,columns=None)
```

pandas 的三个数据库读取函数的参数几乎完全一致，唯一的区别在于传入的是语句还是表名。三个函数的参数及其说明如表 8-4 所示。

表 8-4　read_sql()、read_sql_table()、read_sql_query()函数参数及其重要参数说明

参数名称	说　明
sql/table_name	接收 string；表示读取的数据库的表名或者 SQL 语句；无默认
con	接收数据库连接；表示数据库连接信息；无默认
index_col	接收 int、sequence 或者 False；表示以设定的列作为行名，如果是一个数列，则表示多重索引；默认为 None
coerce_float	接收 boolean；将数据库中的 decimal 类型的数据转换为 pandas 中的 float64 类型的数据；默认为 True
columns	接收 list；表示读取数据的列名；默认为 None

在创建数据库连接后，就能够通过三个 pandas 函数读取数据库中的数据了。

【例 8-13】 利用 read_sql_table()、read_sql_query()、read_sql()函数读取数据库中的数据。

```
import pandas as pd
from sqlalchemy import create_engine
engine=create_engine('mysql+pymysql://root:root@localhost:3306/zzl?charset=utf8')
#创建一个 MySQL 连接，用户名为 root，密码为 root，地址为 127.0.0.1 或 localhost，数据库名称为
zzl（在 MySQL 中运行本书配套资料中的“zzl.sql”文件，生成“zzl”数据库），编码为 utf-8，使用 pymysql
这个包来连接数据库
pd.set_option('display.unicode.ambiguous_as_wide',True)    #设置列对齐
pd.set_option('display.unicode.east_asian_width',True)    #设置列对齐
detail1=pd.read_sql_table('课程',con=engine)    #利用 pd.read_sql_table()读取 MySQL
数据库中的课程表
detail2=pd.read_sql_query('select*from 课程',con=engine) #利用 pd.read_sql_query()
读取 MySQL 数据库中的课程表
detail3=pd.read_sql('select*from 课程',con=engine)  #利用 pd.read_sql()读取 MySQL 数
据库中的课程表
detail4=pd.read_sql('课程',con=engine)   #利用 pd.read_sql()读取 MySQL 数据库中的课程表
print(detail1)
print(detail2)
print(detail3)
print(detail4)
```

输出结果为：

```
      课程号        课程名称     学分
0  15010001   高级办公自动化     5
1  15010002     电子商务概论     4
```

3. 数据库数据的存储

将 DataFrame 写入数据库中，同样也要依赖 sqlalchemy 库的 create_engine()函数创建数据库连接。数据库数据存储只有一个 to_sql()方法。to_sql()方法的语法及其常用参数如下：

```
DataFrame.to_sql(name,con,schema=None,if_exists='fail',index=True,index_label=
None,dtype=None)
```

to_sql()方法的常用参数及其说明如表 8-5 所示。

表 8-5　to_sql()方法的常用参数及其说明

参 数 名 称	说　　明
Name	接收 string；代表数据库表名；无默认
con	接收数据库连接；无默认
Schema	相应数据库的引擎；不设置则使用默认引擎
if_exists	接收 fail、replace、append。fail 表示如果表名存在，则不执行写入操作；replace 表示表名如果存在，则将原数据库表删除，再重新创建；append 则表示在原数据库表的基础上追加数据；默认为 fail
index	接收 boolean；表示是否将行索引作为数据传入数据库；默认为 True
index_label	接收 string 或者 sequence；代表是否引用索引名称，如果 index 参数为 True，此参数为 None，则使用默认名称；如果为多重索引，则必须使用 sequence 形式；默认为 None
dtype	接收 dict；代表写入的数据类型（列名为 key，数据格式为 values）；默认为 None

【例 8-14】　使用 to_sql()方法将数据存入数据库。

```
engine1=create_engine('mysql+pymysql://root:root@localhost:3306/zzl?charset=utf8')
#创建一个 MySQL 连接，用户名为 root,密码为 root 将两行合并为一行
#地址为 127.0.0.1 或 localhost,数据库名称为 zz1，编码为 utf-8
detail1=pd.read_sql('课程',con=engine1)  #读取 zz1 数据库中的“课程 1”表
print(detail1)
detail1.to_sql('课程 1',con=engine1,index=False,if_exists='replace')  #将数据写入 zz1
数据库中的课程 1 表
```

8.3.2　读/写文本文件

文本文件是一种由若干行字符构成的计算机文件，它是一种典型的顺序文件。csv 是一种用分隔符分隔的文件格式，csv 文件以纯文本形式存储表格数据（数字和文本），其分隔符不一定是逗号。

1. 文本文件的读取

pandas 提供了 read_table()函数来读取文本文件，提供了 read_csv()函数来读取 csv 文件。由于 csv 文件也是一种文本文件，所以也可以使用 read_table()函数对 csv 文件进行读取。

read_table()和 read_csv()函数的常用参数及语法如下：

```
pandas.read_table(filepath,sep='\t',header='infer',names=None,idex_col=None,dtype=
None,encoding=utf-8,engine=None,nrows=None)
pandas.read_csv(filepath,sep='\t',header='infer',names=None,idex_col=None,dtype=
None,encoding=utf-8,engine=None,nrows=None)
```

read_table()和 read_csv()的参数多数相同，常用参数及其说明如表 8-6 所示。

表 8-6　read_table()和 read_csv()函数常用参数及其说明

参 数 名 称	说　　明
filepath	接收 string；代表文件路径；无默认
sep	接收 string；代表分隔符；read_csv 默认为“,”；read_table 默认为制表符“Tab”
header	接收 int 或 sequence；表示将某行数据作为列名；默认为 infer，表示自动识别
names	接收 array；表示列名；默认为 None
index_col	接收 int、sequence 或 False；表示索引列的位置，取值为 sequence 则代表多重索引；默认为 None
dtype	接收 dict；代表写入的数据类型（列名为 key，数据格式为 values）；默认为 None
engine	接收 C（语言）或者 Python；代表数据解析引擎；默认为 C（语言）
nrows	接收 int；表示读取前 n 行；默认为 None

【例 8-15】 使用 read_csv()函数读取文本文件。

```
import pandas as pd
detail=pd.read_csv('课程.csv',sep='\t',encoding='utf8')  #读取本书配套资料中的"课程".csv 文件
print(detail)
```

输出结果为：

```
     15010001,高级办公自动化,5
0    15010002,电子商务概论,4
1    15010003,数据库原理与应用,5
2    15010004,统计学,3
3    15010005,会计学原理,4
4    15010006,初级财务,4
5    15010007,中级会计,5
```

read_table()和 read_csv()函数中的 sep 参数是指定文本的分隔符的，如果分隔符指定错误，在读取数据的时候，每一行数据将连成一片。header 参数是用来指定列名的，如果是 None，则会添加一个默认列名。encoding 代表文件的编码格式，常用的编码有 UTF-8、UTF-16、GBK、GB2312、GB18030 等。如果编码指定错误，则数据将无法读取，Python 解释器会报解析错误。

2. 文本文件的存储

文本文件的存储和读取类似，对于结构化数据，可以通过 pandas 中的 to_csv()函数实现以 csv 文件格式存储。to_csv()函数的语法和常用参数如下：

```
DataFrame.to_csv(path_or_buf=None,sep=',',na_rep='',columns=None,header=True,index=
True,index_label=None,mode='w',encoding=None)
```

to_csv()函数的常用参数及其说明如表 8-7 所示。

表 8-7 to_csv()函数的常用参数及其说明

参数名称	说明
path_or_buf	接收 string；代表文件路径；无默认
sep	接收 string；代表分隔符；默认为","
na_rep	接收 string；代表缺失值；默认为""
columns	接收 list；代表写出的列名；默认为 None
header	接收 boolean；代表是否将列名写出；默认为 True
index	接收 boolean；代表是否将行名写出；默认为 None
index_label	接收 sequence；表示索引名；默认为 None
mode	接收特定的 string；代表数据写入模式；默认为 w
encoding	接收特定的 string；代表存储文件的编码格式；默认为 None

将参数信息表写入 csv 文件，如例 8-16 所示。

【例 8-16】 使用 to_csv()函数存储文本文件（接例 8-15）。

```
detail.to_csv('课程 1.csv',sep=';',index=False,encoding='utf8')
```

8.3.3 读/写 Excel 文件

Excel 是微软公司的办公软件 Microsoft Office 的组件之一，它可以对数据进行处理、统计分析等操作，其文件保存依照程序版本的不同分为两种，扩展名分别是 xls 及 xlsx。

1. Excel 文件的读取

pandas 提供了 read_excel()函数来读取"xls""xlsx"两种 Excel 文件，其语法和常用参

数如下：

```
pandas.read_excel(io,sheet_name=0,header=0,index_col=None,names=None,dtype=None)
```

read_excel()函数和 read_table()函数的部分参数相同，其常用参数及其说明如表 8-8 所示。

表 8-8 read_excel()函数的常用参数及其说明

参数名称	说明
io	接收 string；表示文件路径；无默认
sheet_name	接收 string、int；代表 Excel 表格内数据的工作表位置；默认为 0
header	接收 int 或 sequence；表示将某行数据作为列名，取值为 int，代表将该列作为列名；取值为 sequence，则代表多重索引；默认为 infer，表示自动识别
index_col	接收 int、sequence 或者 False；表示索引列的位置，取值为 sequence 代表多重索引；默认为 None
names	接收 array；表示列名；默认为 None
dtype	接收 dict；代表写入的数据类型（列名为 key，数据格式为 values）；默认为 None

【例 8-17】 使用 read_excel()函数读取 Excel 文件。

```
kcdetail=pd.read_excel('课程.xlsx')   #读取本书配套资料中的“课程.xlsx”文件中的第 1 个工作表
kcdetail2=pd.read_excel('课程.xlsx',sheet_name='Sheet2')   #读取本书配套资料中的“课程.xlsx”文件中的 sheet2 表
```

2. Excel 文件的存储

将文件存储为 Excel 文件，可以使用 to_excel()函数。其语法和常用参数如下：

```
DataFrame.to_excel(excel_writer=None,sheet_name='None',na_rep='',header=True,index=True,index_label=None,mode='w',encoding=None)
```

to_excel()函数和 to_csv()函数的常用参数基本一致，区别之处在于，to_excel()函数指定存储文件的路径参数名称为 excel_write，并且没有 sep 参数；to_excel()函数增加了一个 sheet_name 参数，用来指定存储的 Excel 工作表的名称，默认为 Sheet1。

【例 8-18】 使用 to_excel()函数存储 Excel 文件。

```
kcdetail=pd.read_excel('课程.xlsx')   #读取本书配套资料中的“课程.xlsx”文件中的第 1 个工作表
print(kcdetail)
kcdetail.to_excel('课程 2.xlsx')   #将读入的本书配套资料中的“课程.xlsx”文件内容写入“课程 2.xlsx”文件
```

8.4 pandas 的数据预处理

进行数据分析的前提是要使用的数据必须规范，要提高数据质量，就必须对数据进行预处理。数据预处理主要包括数据清洗、数据集成、数据排序等操作。

8.4.1 数据清洗

数据清洗主要是删除原始数据集中的无关数据、重复数据，处理缺失值、异常值等。重复数据会导致样本数据的方差变小，数据分布发生较大变化；缺失值会导致样本信息减少，不仅会增加数据分析的难度，还会导致数据分析的结果产生偏差；异常值则会产生“伪回归”。

因此需要对数据进行检测，查询是否有重复数据、缺失值和异常值，并且要对这些数据做适当的处理。

1. 重复数据的检测与处理

处理重复数据是数据分析经常面对的问题之一。对重复数据进行处理前，需要分析重复数据产生的原因以及去除这部分数据后可能造成的不良影响。

pandas 提供了一个名为 drop_duplicates 的去重方法。该方法只对 DataFrame 或者 Series 类型有效。这种方法不会改变数据的原始顺序，并且兼具代码简洁和运行稳定的特点。drop_duplicates()方法的基本语法如下：

```
pandas.DataFrame(Series).drop_duplicates(subset=None,keep='first',inplace=False)
```

使用 drop_dupilicates()方法去重时，当且仅当 subset 参数中的特征重复的时候才会执行去重操作，去重时可以选择保留哪一个，甚至可以不保留。该方法的常用参数及其说明如表 8-9 所示。

表 8-9 drop_duplicates()方法的常用参数及其说明

参数名称	说明
subset	接收 string 或 sequence；表示进行去重的列；默认为 None，表示全部列
keep	接收特定的 string。表示重复时保留第几个数据：first，保留第一个；last，保留最后一个；False，只要有重复都不保留；默认为 first
inplace	接收 boolean；表示是否在原表上进行操作；默认为 False

【例 8-19】 使用 drop_dupilicates()方法去重。

```
from copy import deepcopy
import pandas as pd
import numpy as np
pd.set_option('display.unicode.ambiguous_as_wide',True)      #设置列对齐
pd.set_option('display.unicode.east_asian_width',True)       #设置列对齐
detail=pd.read_excel('商品.xlsx')      #读取本书配套资料中的“商品.xlsx”文件中的第 1 个工作表
print('原始商品表：')
print(detail)
sp_bh = detail.drop_duplicates()     #记录去重
print('记录去重之后的商品表：')
print(sp_bh)
sp_bh1 = detail['商品编号'].drop_duplicates()     #只输出去重后的商品编号字段值
print('商品编号去重之后的商品编号表：')
print(sp_bh1)
sp_bh2 = detail.drop_duplicates(subset=['商品编号','商品名称'])      #根据一个或多个特征值去重：根据商品编号、商品名称字段值去重
print('商品编号、商品名称去重之后的商品表：')
print(sp_bh2)
```

输出结果为：

```
原始商品表：
        商品编号       商品名称  单位  数量    单价    金额  产地
0  111100000003     防滑轮外圈    只    10    30.0     300  成都
1  111100000003  防滑轮外圈带油    只    40  5500.0  220000  重庆
2  111100000003     防滑轮外圈    只    10    30.0     300  成都
3  111100000004        防滑轮   NaN     5     NaN       0  绵阳
记录去重之后的商品表：
```

```
          商品编号          商品名称   单位  数量    单价     金额  产地
0  111100000003        防滑轮外圈    只    10    30.0     300  成都
1  111100000003      防滑轮外圈带油    只    40  5500.0  220000  重庆
3  111100000004            防滑轮  NaN     5     NaN       0  绵阳
商品编号去重之后的商品编号表:
0    111100000003
3    111100000004
Name: 商品编号, dtype: int64
商品编号、商品名称去重之后的商品表:
          商品编号          商品名称   单位  数量    单价     金额  产地
0  111100000003        防滑轮外圈    只    10    30.0     300  成都
1  111100000003      防滑轮外圈带油    只    40  5500.0  220000  重庆
3  111100000004            防滑轮  NaN     5     NaN       0  绵阳
```

2. 缺失值的处理

数据中的某个或某些特征的值是不完整的，这些值称为缺失值。在数据分析时应检查有没有缺失的数据，如果有则将其删除或替换为特定的值，以减小对最终数据分析结果的影响。pandas 提供了识别缺失值的方法 isnull 以及识别非缺失值的方法 notnull，这两种方法在使用时返回的都是布尔值，即 True 或 False。DataFrame 支持使用 dropna()方法丢弃带有缺失值的数据行，或者使用 fillna()方法对缺失值进行批量替换，也可以使用 loc()、iloc()方法直接对符合条件的数据进行替换。

（1）删除法

删除法是指将含有缺失值的特征值或者记录删除，这是一种最简单的缺失值处理方法。pandas 提供了简便的删除缺失值的方法 dropna()，通过参数控制，该方法既可以删除观测记录，也可以删除特征值，该方法的基本语法如下：

```
pandas.DataFrame.dropna(axis=0,how='any',thresh=None,subset=None,inplace=False)
```

dropna()方法的主要参数及其说明如表 8-10 所示。

表 8-10　dropna()方法的主要参数及其说明

参数名称	说　明
axis	接收 0 或 1；表示轴向，0 为删除观测记录（行），1 为删除特征值（列）；默认为 0
how	接收特定的 string；表示删除的形式；any 表示只要有缺失值存在就执行删除操作；all 表示当且仅当全部为缺失值时才执行删除操作；默认为 any
thresh	表示有效数据量的最小要求
subset	接收 array；表示进行去重的列/行；默认为 None，表示所有列/行
inplace	接收 boolean；表示是否在原表上进行操作；默认为 False

【例 8-20】 缺失值的显示与删除。

```
from copy import deepcopy
import pandas as pd
import numpy as np
pd.set_option('display.unicode.ambiguous_as_wide',True)     #设置列对齐
pd.set_option('display.unicode.east_asian_width',True)      #设置列对齐
detail=pd.read_excel('商品.xlsx')  #读取本书配套资料中的“商品.xlsx”文件中的第 1 个工作表
print('原始商品表：')
print(detail)
print('数据总行数：',len(detail))    #显示记录总数
```

```
print('包含缺失值的行：')
print(detail[detail['单位'].isnull()])    #显示单位字段缺失值行
spbh=detail.dropna()    #删除缺失值记录
print('删除缺失值商品表：')
print(spbh)
```

输出结果为：

```
原始商品表：
         商品编号          商品名称  单位  数量      单价     金额  产地
0  111100000001       防滑轮外圈   只   10    30.0     300  成都
1  111100000002    防滑轮外圈带油   只   40  5500.0  220000  重庆
2  111100000003       防滑轮外圈   只   10    30.0     300  成都
3  111100000004          防滑轮  NaN    5     NaN       0  绵阳
数据总行数： 4
包含缺失值的行：
         商品编号   商品名称  单位  数量  单价  金额  产地
3  111100000004   防滑轮  NaN    5   NaN    0  绵阳
删除缺失值商品表：
         商品编号          商品名称  单位  数量      单价     金额  产地
0  111100000001       防滑轮外圈   只   10    30.0     300  成都
1  111100000002    防滑轮外圈带油   只   40  5500.0  220000  重庆
2  111100000003       防滑轮外圈   只   10    30.0     300  成都
```

（2）替换法

替换法是指用一个特定的值替换缺失值。缺失值的特征可分为数值型和类别型，两者的处理方法也是不同的。缺失值的特征为数值型时，通常利用均值、中位数和众数等描述其集中趋势的统计量来代替缺失值；缺失值的特征为类别型时，则选择使用众数来替换缺失值。pandas 库提供了替换缺失值的函数 fillna()，其基本语法如下。

```
pandas.DataFrame.fillna(value=None,method=None,axis=None,inplace=False,limit=None)
```

fillna()函数的主要参数及其说明如表 8-11 所示。

表 8-11　fillna()函数的主要参数及其说明

参数名称	说　明
value	接收 scalar、dict、Series 或 DataFrame；表示用来替换缺失值的值；无默认
method	接收特定的 string；backfill 或 bfill 表示使用下一个非缺失值来填补缺失值；pad 或 fill 表示使用上一个非缺失值来填补缺失值；默认为 None
axis	接收 0 或 1；表示轴向；默认为 1
inplace	接收 boolean；表示是否在原表上进行操作；默认为 False
limit	接收 int；表示填补缺失值个数上限，超过则不进行填补；默认为 None

【例 8-21】 使用 fillna()函数替换缺失值。

```
detail1=deepcopy(detail) #复制数据
print('原始商品表：')
print(detail1)
detail1.loc[detail1.单位.isnull(),'单位']="只" #使用固定值替换缺失值
detail1.fillna({'单价':round(detail1['单价'].mean()*0.5)},inplace=True)  #使用整体均值的 50%填充缺失值
print('填充缺失值并重新计算后的商品表：')
detail1.eval('金额 = 数量*单价',inplace=True)  #根据填充的单价，重新计算金额
print(detail1)
detail=Pd.read_excel('商品.xlsx')  #读取本书配套资料中的"商品.xlsx"文件中的第 1 个工作表
```

输出结果为：

```
原始商品表：
        商品编号        商品名称  单位   数量    单价     金额   产地
0  111100000001        防滑轮外圈   只    10    30.0      300   成都
1  111100000002    防滑轮外圈带油   只    40  5500.0   220000   重庆
2  111100000003        防滑轮外圈   只    10    30.0      300   成都
3  111100000004           防滑轮  NaN     5     NaN        0   绵阳
填充缺失值并重新计算后的商品表：
        商品编号        商品名称  单位   数量    单价       金额   产地
0  111100000001        防滑轮外圈   只    10    30.0      300.0   成都
1  111100000002    防滑轮外圈带油   只    40  5500.0   220000.0   重庆
2  111100000003        防滑轮外圈   只    10    30.0      300.0   成都
3  111100000004           防滑轮   只     5   927.0     4635.0   绵阳
```

3. 异常值的检测与处理

异常值是指明显偏离正常范围的数值，有时也称为离群点，检测异常值就是检验数据中是否有输入错误以及是否含有不合理的数据。在进行数据分析时，需要把这些数据删除或替换为特定的值（例如人为设定的正常范围边界值），以减小对最终数据分析结果的影响。异常值处理的关键是根据实际情况准确定义正常范围边界值，超出正常范围的数值即为异常值。

在数据预处理时，异常值是否剔除，需视具体情况而定，因为有些异常值可能蕴含着有用的信息。异常值处理的常用方法见表 8-12。

表 8-12　异常值处理的常用方法

异常值处理方法	方 法 描 述
删除含有异常值的记录	直接将含有异常值的记录删除
视为缺失值	将异常值视为缺失值，利用处理缺失值的方法进行处理
平均值修正	可用前后两个观测值的平均值修正该异常值
不处理	直接在具有异常值的数据集上进行挖掘建模

【例 8-22】　异常值的检测与处理。

```
import pandas as pd
pd.set_option('display.unicode.ambiguous_as_wide',True)     #设置列对齐
pd.set_option('display.unicode.east_asian_width',True)      #设置列对齐
detail=pd.read_excel('商品.xlsx')  #读取本书配套资料中的“商品.xlsx”文件中的第 1 个工作表
print('原始商品表：')
print(detail)
print('显示单价异常的记录：')
print(detail[detail.单价>5000])  #显示单价>5000 的记录
detail.loc[detail.单价>5000,'单价']=45
detail.loc[detail.单价==45,'金额']=round(detail.数量*detail.单价,4)   #根据修改的单价，重新计算金额
print('显示单价修改后的记录：')
print(detail[detail.单价==45])  #显示单价=45 的记录
```

输出结果为：

```
原始商品表：
        商品编号        商品名称  单位   数量    单价     金额   产地
0  111100000001        防滑轮外圈   只    10    30.0      300   成都
1  111100000002    防滑轮外圈带油   只    40  5500.0   220000   重庆
2  111100000003        防滑轮外圈   只    10    30.0      300   成都
```

```
3  111100000004         防滑轮   NaN     5      NaN      0   绵阳
显示单价异常的记录:
      商品编号         商品名称  单位    数量     单价      金额   产地
1  111100000002  防滑轮外圈带油    只     40   5500.0   220000   重庆
显示单价修改后的记录:
      商品编号         商品名称  单位    数量     单价      金额   产地
1  111100000002  防滑轮外圈带油    只     40     45.0   1800.0   重庆
```

8.4.2 数据集成

数据集成就是将不同来源的数据组合成有价值、有意义的信息的过程。pandas 通过堆叠合并和主键合并等多种合并，可以将关联的数据信息合并在一张表中。

1. 堆叠合并

堆叠合并就是简单地把两个数据表拼在一起，也被称作轴向连接、绑定或连接。依照连接轴的方向，数据堆叠可分为横向堆叠合并和纵向堆叠合并。

（1）横向堆叠合并

横向堆叠合并，即将两个数据表在 x 轴向拼接在一起，可以使用 concat()函数完成。concat()函数的基本语法如下：

```
pandas.concat(objs,axis=0,join='outer',join_axes=None,ignore_index=False,keys=None,levels=None,names=None,verify_integrity=False,copy=True)
```

concat()函数的常用参数及其说明如表 8-13 所示。

表 8-13　concat()函数的常用参数及其说明

参数名称	说　明
objs	接收多个 Series.DataFrame.Panel 的组合；表示参与连接的 pandas 对象的列表的组合；无默认
axis	接收 0 或 1；表示连接的轴向，默认为 0
join	表示其他轴向上的索引是按交集（inner）还是按并集（outer）进行合并；默认为 outer
join_axes	接收 Index 对象；表示用于其他 n−1 条轴的索引，不执行并集/交集运算
ignore_index	接收 boolean；表示是否保留连接轴上的索引，产生一组新索引 range(total_length)；默认为 False
keys	接收 sequence；表示与连接对象有关的值，用于形成连接轴向上的层次化索引；默认为 None
levels	接收包含多个 sequence 的 list；表示在指定 keys 参数后，指定用作层次化索引各级别上的索引；默认为 None
names	接收 list；表示在设置了 keys 和 levels 参数后，用于创建分层级别的名称；默认为 None
verify_integrity	接收 boolean；检查新连接的轴是否包含重复项；如果发现重复项，则引发异常；默认为 False

当两张表完全一样时，不论 join 参数的取值是 inner 还是 outer，结果都是将两个表完全按照 x 轴拼接起来。

【例 8-23】 使用 join()函数横向堆叠合并两个表。

```
import pandas as pd
pd.set_option('display.unicode.ambiguous_as_wide',True)     #设置列对齐
pd.set_option('display.unicode.east_asian_width',True)      #设置列对齐
detail1=pd.read_excel('商品.xlsx',usecols=['商品编号',"商品名称"])  #读取商品编号、商品名称
detail2=pd.read_excel('商品.xlsx',usecols=["单位",'数量','单价']) #读取单位、数量、单价
print("商品表 1: \n",detail1)
print("商品表 2: \n",detail2)
detail3=pd.concat([detail1,detail2],axis=1)   #横向合并
print('合并后的商品表: \n',detail3)
```

输出结果为：

```
商品表1:
          商品编号          商品名称
0  111100000001        防滑轮外圈
1  111100000002      防滑轮外圈带油
2  111100000003        防滑轮外圈
3  111100000004           防滑轮
商品表2:
   单位  数量      单价
0   只    10    30.0
1   只    40  5500.0
2   只    10    30.0
3  NaN    5     NaN
合并后的商品表:
          商品编号          商品名称  单位  数量      单价
0  111100000001        防滑轮外圈   只    10    30.0
1  111100000002      防滑轮外圈带油   只    40  5500.0
2  111100000003        防滑轮外圈   只    10    30.0
3  111100000004           防滑轮  NaN    5     NaN
```

（2）纵向堆叠合并

纵向堆叠合并是将两个数据表在 y 轴向拼接在一起。concat()函数和 append()方法都可以实现纵向堆叠合并。

① 使用 concat()函数。在默认情况下，即 axis=0 时，concat 做列对齐，将不同行索引的两个或多个表纵向合并。在两个表的列名并不完全相同的情况下，可以使用 join 参数：取值为 inner 时，返回的只是列名的交集所代表的列；取值为 outer 时，返回的是两者列名的并集所代表的列。不论 join 参数的取值是 inner 还是 outer，结果都是将两个表完全按照 y 轴拼接起来。

② 使用 append()方法。使用 append()方法实现纵向堆叠合并有一个前提条件，那就是两个表的列名需要完全一致。append()方法的基本语法如下：

```
pandas.DataFrame.append(self,other,ignore_index=False,verify_integrity=False)
```

append()方法的参数及其说明如表 8-14 所示。

表 8-14　append()方法的参数及其说明

参数名称	说　明
other	接收 DataFrame 或 Series；表示要添加的新数据；无默认
ignore_index	接收 boolean；如果输入 True，就会对新生成的 DataFrame 使用新的索引（自动产生）而忽略原来数据的索引；默认为 False
verify_integrity	接收 boolean；如果输入 True，那么当 ignore_index 为 False 时，会检查添加的数据索引是否冲突，如果冲突，则会添加失败；默认为 False

【例 8-24】　使用 concat()函数、append()方法实现表的纵向堆叠合并。

```
import pandas as pd
pd.set_option('display.unicode.ambiguous_as_wide',True)    #设置列对齐
pd.set_option('display.unicode.east_asian_width',True)    #设置列对齐
detail1=pd.read_excel('商品.xlsx',usecols=['商品编号',"商品名称",'单位'])  #读取本书配套资料中的“商品.xlsx”文件中的第1个工作表
detail2=pd.read_excel('商品.xlsx',sheet_name='Sheet2',usecols=['商品编号','商品名称','单位'])  #读取本书配套资料中的“商品.xlsx”文件中的“sheet2”工作表中的“商品编号、商品名称、单位”列内容
```

```
print("商品表 1: \n",detail1)
print("商品表 2: \n",detail2)
detail3=pd.concat([detail1,detail2],axis=0)  #纵向合并
print('纵向合并后的数据: \n',detail3)
print('append 纵向合并后的数据:\n',detail1.append(detail2))  #append 将 detail2 中的数据合并到 detail1
```

输出结果为：

```
商品表 1:
          商品编号         商品名称  单位
0  111100000001       防滑轮外圈    只
1  111100000002    防滑轮外圈带油    只
2  111100000003       防滑轮外圈    只
3  111100000004          防滑轮  NaN
商品表 2:
          商品编号          商品名称  单位
0  111100120036  防滑轮(工农-12)    台
1  111100120037  防滑轮(工农-12)    台
2  111100120038  防滑轮(工农-12)    对
纵向合并后的数据:
          商品编号          商品名称  单位
0  111100000001        防滑轮外圈    只
1  111100000002     防滑轮外圈带油    只
2  111100000003        防滑轮外圈    只
3  111100000004           防滑轮  NaN
0  111100120036  防滑轮(工农-12)    台
1  111100120037  防滑轮(工农-12)    台
2  111100120038  防滑轮(工农-12)    对
append 纵向合并后的数据:(略，与上面的输出结果一致)
```

2. 主键合并

主键合并，即通过一个或多个键将两个数据表的行拼接起来，类似于数据表连接中的join。针对两个包含不同字段的表，将其根据某几个字段一一对应拼接起来，结果集的列数为两个原数据表的列数之和减去连接键的数量。

pandas 库中的 merge()函数和 join()方法都可以实现主键合并，但两者的实现方式并不相同。

（1）merge()函数的语法如下：

```
pandas.merge(left,right,how='inner',on=None,left_on=None,right_on=None,left_index=False,right_index=False,sort=False,suffixes=('_x','_y'),copy=True,indicator=False)
```

和数据库的 join 一样，merge()函数也有左连接（left）、右连接（right）、内连接（inner）和外连接（outer）。但比起数据库 SQL 语言中的 join，merge()函数还有其自身的独到之处，例如可以在合并过程中对数据集中的数据进行排序等。根据 merge()函数中的参数说明（见表 8-15），并按照需求修改相关参数，即可以多种方法实现主键合并。

表 8-15　merge()函数的参数及其说明

参数名称	说　明
left	接收 DataFrame 或 Series；表示要添加的新数据 1；无默认
right	接收 DataFrame 或 Series；表示要添加的新数据 2；无默认
how	接收 inner、outer、left、right；表示数据的连接方式；默认为 inner
on	接收 string 或 sequence；表示两个数据合并的主键（必须一致）；默认为 None

续表

参数名称	说明
left_on	接收 string 或 sequence；表示 left 参数接收数据用于合并的主键；默认为 None
right_on	接收 string 或 sequence；表示 right 参数接收数据用于合并的主键；默认为 None
left_index	接收 boolean；表示是否将 left 参数接收数据的 index 作为连接主键；默认为 False
right_index	接收 boolean；表示是否将 right 参数接收数据的 index 作为连接主键；默认为 False
sort	接收 boolean；表示是否根据连接键对合并后的数据进行排序；默认为 False
suffixes	接收 tuple；表示用于追加到 left 和 right 参数接收数据列名相同时的后缀；默认为('_x','_y')
copy	接收 boolean；表示是否允许复制数据，默认为 True
indicator	接收 boolean；表示是否添加列组合名称，默认为 False

（2）join()方法也可以实现部分主键合并的功能。但是使用 join()方法时，两个主键的名称必须相同，其语法格式如下：

```
pandas.DataFrame.join(self,other,on=None,how='left',lsuffix='',rsuffix='',sort=False)
```

join()方法的参数及其说明如表 8-16 所示。

表 8-16 join()方法的参数及其说明

参数名称	说明
other	接收 DataFrame、Series 或者包含了多个 DataFrame 的 list；表示参与连接的其他 DataFrame；无默认
on	接收列名或者包含列名的 list 或 tuple；表示用于连接的列名；默认为 None
how	接收特定的 string；inner 代表内连接；outer 代表外连接；left 和 right 分别代表左连接和右连接；默认为 inner
lsuffix	接收 sring；表示用于追加到左侧重叠列名的尾缀；无默认
rsuffix	接收 string；表示用于追加到右侧重叠列名的尾缀；无默认
sort	接收 boolean；根据连接键对合并后的数据进行排序，默认为 False

【例 8-25】 使用 merge()函数、join()方法实现按主键合并数据。

```
import pandas as pd
pd.set_option('display.unicode.ambiguous_as_wide',True)    #设置列对齐
pd.set_option('display.unicode.east_asian_width',True)     #设置列对齐
detail1=pd.read_excel('商品.xlsx',sheet_name='Sheet2',usecols=['商品编号',"商品名称"])
#读取本书配套资料中的“商品.xslx”文件中的 sheet2 工作表
detail2=pd.read_excel('商品.xlsx',sheet_name='Sheet2',usecols=['商品编号',"单位"])
#读取本书配套资料中的“商品.xslx”文件中的 sheet2 工作表
print("商品表 1: \n",detail1)
print("商品表 2: \n",detail2)
detail3=pd.merge(detail1,detail2,on='商品编号')   #merge()合并数据，左右两表的主键名称一致
print('merge 合并后的数据: \n',detail3)
detail4=detail1.join(detail2,rsuffix='1')      #join()合并数据，左右两表的主键名称一致
print('join 合并后的数据: \n',detail4)
```

输出结果为：

```
商品表 1:
          商品编号         商品名称
0   111100120036   防滑轮(工农-12)
1   111100120037   防滑轮(工农-12)
2   111100120038   防滑轮(工农-12)
```

```
商品表 2:
        商品编号  单位
0  111100120036   台
1  111100120037   台
2  111100120038   对
merge 合并后的数据:
        商品编号          商品名称  单位
0  111100120036  防滑轮(工农-12)    台
1  111100120037  防滑轮(工农-12)    台
2  111100120038  防滑轮(工农-12)    对
join 合并后的数据:
        商品编号          商品名称       商品编号 1  单位
0  111100120036  防滑轮(工农-12)  111100120036    台
1  111100120037  防滑轮(工农-12)  111100120037    台
2  111100120038  防滑轮(工农-12)  111100120038    对
```

8.4.3 数据排序

DataFrame 的 sort_values()、sort_index()函数支持沿某个方向按值或标签进行排序并返回一个新的 DataFrame 对象，使用参数见表 8-17，sort_values()的语法格式如下：

```
DataFrame.sort_values(by,axis=0,ascending=True,inplace=False,kind='quicksort',
na_position='last')
```

表 8-17 sort_values()、sort_index()函数的参数及其说明

参数名称	说明
by	接收字符或字符列表；如果 axis=0，那么 by="列名"；如果 axis=1，那么 by="行名"
axis	默认为 0，默认按照列排序，即纵向排序；如果为 1，则是横向排序
ascending	布尔型，True 则升序，如果 by=['列名 1','列名 2']，则该参数可以是[True,False]，即第一字段升序，第二字段降序
inplace	布尔型，表示是否用排序后的数据框替换现有的数据框
kind	表示排序方法，接收“quicksort”，“mergesort”，“heapsort”，默认为“quicksort”
na_position	接收“first”，“last”，默认为“last”，缺失值排在最后面
level	默认为 None，否则按照给定的 level 顺序排列

sort_index()函数默认根据行标签对所有行排序，或根据列标签对所有列排序，或根据指定的某列或某几列对行排序，其语法格式如下：

```
sort_index(axis=0,level=None,ascending=True,inplace=False,kind='quicksort',
na_position='last',sort_remaining=True,by=None)
```

【例 8-26】 使用 sort_values()、sort_index()方法进行排序。

```
import numpy as np
import pandas as pd
pd.set_option('display.unicode.ambiguous_as_wide',True)      #设置列对齐
pd.set_option('display.unicode.east_asian_width',True)       #设置列对齐
xs=pd.read_excel('销售.xlsx')      #读取本书配套资料中的“销售.xlsx”文件中的第 1 个工作表
print('sort_values 显示按销售金额、销售部门排序的销售表前 3 行记录：')
print(xs.sort_values(by=['销售金额','销售部门'],ascending=False)[:3])
print('sort_index 显示按列排序的销售表前 3 行记录：')
print(xs.sort_index(axis=1,ascending=False)[:3])
```

输出结果为：

```
sort_values 显示按销售金额、销售部门排序的销售表前 3 行记录：
     销售部门    商品名称        时间      单价    销售数量   销售金额
7    第 2 经销处   华硕-A42   2019.01.02   4069      120      488280
4    第 1 经销处  索尼-EB35   2019.01.05   4750      100      475000
14   第 3 经销处  索尼-EA35   2019.01.03   4599      100      459900
sort_index 显示按列排序的销售表前 3 行记录：
     销售金额    销售部门   销售数量       时间        商品名称    单价
0    459900    第 1 经销处      100   2019.01.01   索尼-EA35   4599
1    305175    第 1 经销处       75   2019.01.02    华硕-A42   4069
2    415038    第 1 经销处      102   2019.01.03    华硕-A42   4069
```

8.5 统 计 分 析

8.5.1 描述性统计

描述性统计是用来概括、描述事物整体状况，以及事物之间关联、类属关系的统计方法。通过几个统计值可简洁地表示一组数据的集中趋势和离散程度。

1. 数值型特征的描述性统计

数值型特征的描述性统计值主要包括最小值、均值、中位数、最大值、四分位数、极差、标准差、方差、协方差和变异系数等。pandas 提供了一个叫作 describe 的方法，能够一次性得出数据框中所有数值型特征的非空值数目、均值、四分位数和标准差。pandas 提供了与统计相关的主要方法，如表 8-18 所示，这些方法能够完成绝大多数数据分析所需要的数值型特征的描述性统计工作。

表 8-18 pandas 提供的描述性统计方法

方法名称	说明	方法名称	说明
min	最小值	max	最大值
mean	均值	ptp	极差
median	中位数	std	标准差
var	方差	cov	协方差
sem	标准误差	mode	众数
skew	样本偏度	kurt	样本峰度
quantile	四分位数	count	非空值数目
describe	描述性统计	mad	平均绝对离差

【例 8-27】 pandas 的描述性统计示例。

```
import numpy as np
import pandas as pd
kcdetail=pd.read_excel('课程.xlsx')  #读取本书配套资料中“课程.xlsx”文件中的第 1 个工作表
print(kcdetail)
print(''.ljust(40,'='))
print('利用 numpy 函数求学分均值：',np.mean(kcdetail['学分'])) #numpy 中的统计函数
print('利用 pandas 中的描述性统计方法求学分均值:',kcdetail['学分'].mean())  #pandas 中的统计方法
print(''.ljust(40,'='))
print('利用 pandas 描述性统计方法求学分的统计值：\n',kcdetail['学分'].describe()) #pandas 中的描述性统计方法
```

输出结果为：

```
        课程号          课程名称   学分
0  15010001     高级办公自动化     5
1  15010002        电子商务概论    4
2  15010003   数据库原理与应用     5
3  15010004            统计学     3
4  15010005         会计学原理     4
5  15010006          初级财务     4
6  15010007          中级会计     5
=============================================
利用numpy函数求学分均值：4.285714285714286
利用pandas中的描述性统计方法求学分均值：4.285714285714286
=============================================
利用pandas描述性统计方法求学分的统计值：
count    7.000000
mean     4.285714
std      0.755929
min      3.000000
25%      4.000000
50%      4.000000
75%      5.000000
max      5.000000
Name:学分,dtype:float64
```

2. 类别型特征的描述性统计

可以使用频数统计表描述类别型特征的分布状况。pandas库中实现频数统计的方法为value_counts()。

此外，pandas还提供了category类，可以使用astype()方法将目标特征的数据类型转换为category类型，describe()方法除了支持传统数值型数据以外，还支持对category类型的数据进行描述性统计，四个统计量分别为count、unique、top、freq，表示列非空元素的数目、类别的数目、数目最多的类别和数目最多类别的数目。

【例8-28】 pandas的类别型特征描述性统计示例。

```
import numpy as np
import pandas as pd
kcdetail=pd.read_excel('课程.xlsx')   #读取本书配套资料中“课程.xlsx”文件中的第1个工作表
kcdetail['学分']=kcdetail['学分'].astype('category')   #更改学分数据类型
print('修改学分数据类型结果为：',kcdetail['学分'].dtypes)
print(''.ljust(45,'='))
print('学分数据类型修改后pandas的学分描述性统计函数：\n',kcdetail['学分'].describe())
print(''.ljust(45,'='))
print('基于学分值的频数统计：\n',kcdetail['学分'].value_counts())
```

输出结果为：

```
修改学分数据类型结果为：category
=============================================
学分数据类型修改后pandas的学分描述性统计函数：
count      7
unique     3
top        5
freq       3
Name:学分,dtype:int64
```

```
==============================================
基于学分值的频数统计:
5    3
4    3
3    1
Name:学分,dtype:int64
```

8.5.2 分组聚合统计

pandas 提供了一个灵活高效的 groupby()函数，配合 agg()函数，能够实现分组聚合统计的操作。

1. 使用 groupby()函数进行数据分组

groupby()函数能够根据索引或者字段对数据进行分组，得到一个 groupby 对象，该对象支持大量的描述性统计方法。其常用参数与语法格式如下：

```
DataFrame.groupby(by=None,axis=0,level=None,as_index=True,sort=True,group_keys=True,squeeze=Flase,**kwargs)
```

groupby()函数的参数及其说明如表 8-19 所示。

表 8-19 groupby()函数的参数及其说明

参数名称	说明
by	接收 list、string、mapping 或 generator；用于确定进行分组的依据；如果传入的是一个函数，则对索引进行计算并分组；如果传入的是一个 dict 或 Series，则 dict 或 Series 的值用来作为分组依据；如果传入的是一个 numpy 数组，则以数组的元素作为分组依据；如果传入的是字符串或者字符串列表，则使用这些字符串所代表的字段作为分组依据；无默认
axis	接收 int；表示操作的轴向，默认对列进行操作；默认为 0
level	接收 int 或者索引名；代表标签所在级别；默认为 None
as_index	接收 boolean；表示聚合后的聚合标签是否以 DataFrame 索引形式输出；默认为 True
sort	接收 boolean；表示是否对分组依据、分组标签进行排序；默认为 True
group_keys	接收 boolean；表示是否显示分组标签的名称；默认为 True
squeeze	接收 boolean；表示是否在允许的情况下对返回数据进行降维；默认为 False

需要注意的是，分组后的结果并不能直接查看，而是被存在内存中，输出的是内存地址。实际上，分组后的数据对象 groupby 类似于 Serise 与 DataFrame，是 pandas 提供的一种对象。groupby 对象常用的描述性统计方法及说明如表 8-20 所示。

表 8-20 groupby 常用的描述性统计方法及其说明

方法名称	说明
count	计算分组的数目，包括缺失值
head	返回每组的前 n 个值
max	返回每组的最大值
min	返回每组的最小值
mean	返回每组的均值
median	返回每组的中位数
size	返回每组的大小
std	返回每组的标准差
sum	返回每组的和

【例 8-29】 使用 groupby()函数进行数据分组。

```
import pandas as pd
cj=pd.read_excel('成绩.xlsx')     #读取本书配套资料中“成绩.xlsx”文件中的第 1 个工作表
```

```
print(cj)
cjgroup=cj[['学号','成绩']].groupby(by='学号')   #按学号进行分组成绩汇总
print(cjgroup)    #输出汇总对象，显示内存地址
print('按学号分组后，前5组每组的成绩均值为：\n',cjgroup.mean().head())
print('按学号分组后，前5组每组的成绩标准差为：\n',cjgroup.std().head())
print('按学号分组后，前5组每组的大小(记录数)为：\n',cjgroup.size().head())
```

输出结果为：

```
          学号       课程号      成绩
0   2018001001  15010001    68
1   2018001001  15010002    55
2   2018001001  15010003    95
3   2018001001  15010004    88
4   2018001002  15010001    78
(…省略后面的记录)
<pandas.core.groupby.generic.dataframegroupby object at 0x000000000BF8E4E0>
按学号分组后，前5组每组的成绩均值为：
学号                成绩
2018001001  76.500000
2018001002  78.333333
2018001003  72.333333
2018001004  74.333333
2018002001  87.000000
按学号分组后，前5组每组的成绩标准差为：
学号                成绩
2018001001  18.339393
2018001002   7.505553
2018001003  15.143756
2018001004  15.307950
2018002001   4.966555
按学号分组后，前5组每组的大小(记录数)为：
学号
2018001001    4
2018001002    3
2018001003    3
2018001004    3
2018002001    4
```

2. 利用agg()、aggregate()函数聚合数据

agg()函数和aggregate()函数对DataFrame对象操作时的功能几乎完全相同，因此只需要掌握其中一个函数的使用方法即可。agg()、aggregate()函数都支持对每个分组应用聚合函数，包括Python内置函数和自定义函数。DataFrame的agg()与aggregate()的语法格式分别如下：

```
DataFrame.agg(func,axis=0,*args,**kwargs)
DataFrame.aggregate(func,axis=0,*args,**kwargs)
```

agg()和aggregate()函数的参数及其说明如表8-21所示。

表8-21　agg()和aggregate()函数的参数及其说明

参数名称	说明
func	接收list、dict、function；表示应用于每行或每列的函数；无默认
axis	接收0或1；代表操作的轴向；默认为0
*args	表示位置参数传递
**kwargs	表示关键字参数传递

【例 8-30】 使用 agg()函数聚合数据。

```
#使用 agg()函数
import numpy as np
import pandas as pd
cj=pd.read_excel('成绩.xlsx')    #读取本书配套资料中“成绩.xlsx”文件中的第 1 个工作表
cjgroup=cj[['学号','成绩']].groupby(by='学号')   #按学号进行分组成绩汇总
print('所有学生的成绩之和与均值为：\n',cj['成绩'].agg([np.sum,np.mean]))
print('所有学生的成绩之均值为：\n',cj.agg({'成绩':np.mean}))
print('按学号分组后，前 3 组每组的均值为：\n',cjgroup.agg(np.mean).head(3))
print('按学号分组后，前 3 组每组的标准差为：\n',cjgroup.agg(np.std).head(3))
```

输出结果为：

```
所有学生的成绩之和与均值为：
 sum      3899.00
mean        77.98
Name:成绩,dtype:float64
所有学生的成绩之均值为：
 成绩     77.98
dtype:float64
按学号分组后，前 3 组每组的均值为：
学号                  成绩
2018001001   76.500000
2018001002   78.333333
2018001003   72.333333
按学号分组后，前 3 组每组的标准差为：
学号                  成绩
2018001001   18.339393
2018001002    7.505553
2018001003   15.143756
```

8.6 时间类型及时间序列数据

时间序列是指将同一统计指标的数值按其发生的时间先后顺序排列而成的数列。因此进行数据分析时，分析对象不仅有最常用的数值型数据，同时还有时间类型数据。但时间类型数据在读入 Python 后常常以字符串的形式出现，无法实现大部分与时间相关的分析，因此，需要对字符串时间进行转换。pandas 库继承了 numpy 库的 datatime64 以及 timedelta64 模块，能够快速实现字符串时间的转换、信息提取和时间运算。

8.6.1 转换字符串时间为标准时间

在多数情况下，对时间类型数据进行分析的前提就是将原来字符串时间转换为标准时间。pandas 中的 Timestamp 是时间类型中最基础的，也是最常用的类，to_datetime()函数能够将与时间相关的字符串转换为 Timestamp 时间类型。

【例 8-31】 利用 to_datetime()函数转换字符串时间为标准时间。

```
import pandas as pd
xs=pd.read_excel('销售.xlsx')    #读取本书配套资料中“销售.xlsx”文件中的第 1 个工作表
```

```
print('销售表各字段的数据类型为：\n',xs.dtypes)
xs['时间']=pd.to_datetime(xs['时间'])  #将字符串时间改为标准时间
print('修改后销售表中时间类型字段的数据类型为：',xs['时间'].dtypes)
```

输出结果为：

```
销售表各字段的数据类型为：
销售部门      object
商品名称      object
时间         object
单价          int64
销售数量      int64
销售金额      int64
dtype:object
修改后销售表中时间类型字段的数据类型为：datetime64[ns]
```

8.6.2 提取时间数据信息

提取日期中的年份、月份等数据可以使用 Timestamp 类的属性及函数，其常用属性、函数及说明如表 8-22 所示。

表 8-22 Timestamp 类的常用属性、函数及其说明

属性名称	说　明	函数名称	说　明
year	返回年份	min	最小日期及时间
month	返回月份	max	最大日期及时间
day	返回日	day_name()	一周中的星期几
hour	返回小时	date()	获取日期
minute	返回分钟	time()	获取时间
second	返回秒	weekday()	一周中的第几天
quarter	返回季度	now()	当前日期和时间
week	一年中的第几周	today()	当前日期和时间
weekofyear	一年中的第几周	month_name()	月份名称
dayofyear	一年中的第几天	timestamp()	浮点型时间序列
dayofweek	一周中的第几天	ctime()	字符串样式时间
is_leap_year	是否闰年		

【例 8-32】 提取时间数据中的年、月、日等信息。

```
import pandas as pd
print("利用 Timestamp 的 min 属性获取其最小日期和时间为：",pd.Timestamp.min)
print("利用 Timestamp 的 max 属性获取其最大日期和时间为：",pd.Timestamp.max)
dd=pd.Timestamp.now()   #既可以利用 Timestamp 的 now() 函数获取当前日期和时间，也可以利用
today()函数获取当前日期和时间
print("利用 Timestamp 的 now()函数获取当前日期和时间为：",dd)
print("利用 Timestamp 的属性获取当前日期和时间结果为：年({})、月({})、日({})、时({})、分
({})、秒({})".format(dd.year,dd.month,dd.day,dd.hour,dd.minute,dd.second))
print("利用 Timestamp 的 date()和 time()函数获取当前日期和时间结果为：日期({})、时间({})".
format(dd.date(),dd.time()))
```

输出结果为：

```
利用 Timestamp 的 min 属性获取其最小日期和时间为：  1677-09-21 00:12:43.145225
利用 Timestamp 的 max 属性获取其最大日期和时间为：  2262-04-11 23:47:16.854775807
```

```
利用 Timestamp 的 now()函数获取当前日期和时间为： 2021-06-14 17:34:22.778014
利用 Timestamp 的属性获取当前日期和时间结果为：年（2021）、月（6）、日（14）、时（17）、分（34）、秒（22）
利用 Timestamp 的 date()获 time()函数获取当前日期和时间结果为：日期（2021-06-14）、时间（17:34:
22.778014）
```

8.6.3 加减时间数据

使用 Timedelta 类并配合常规的时间相关类能够轻松实现时间的算术运算。pandas 的 Timedelta 类不仅能够使用正数，还能够使用负数表示单位时间。Timedelta 类的时间周期中没有年和月，其所有周期名称、对应单位及其说明如表 8-23 所示。

表 8-23　Timedelta 类的周期名称、对应单位及其说明

周期名称	单位	说明	周期名称	单位	说明
weeks	w	星期	seconds	s	秒
days	D	天	milliseconds	ms	毫秒
hours	h	小时	microseconds	us	微秒
minutes	min	分	nanoseconds	ns	纳秒

【例 8-33】 时间数据加减运算（接上例代码）。

```
year1=dd.year+1 #年份+数值
month1=dd.month+2 #月份+数值
day1=dd.day+3 #日期+数值
day2=dd+pd.Timedelta(days=4) #时间+Timedelta 类
day3=dd+pd.Timedelta(days=5) #时间+Timedelta 类
print("年份加 1 结果为（{}）、月份+2 结果为（{}）、日期+3 结果为（{}）、时间加 4 天的结果为（{}）".
format(year1,month1,day1,day2))
print("两个时间相减的结果为：",day3-day2)
```

输出结果为：

```
Timedelta('1w1D2min3us42ns')的输出结果为：8days 00:02:00.000003042
年份加 1 结果为（2022）、月份+2 结果为（8）、日期+3 结果为（17）、时间加 4 天的结果为
（2021-06-18 18:29:26.421453）
两个时间相减的结果为： 1 days 00:00:00
```

对两个时间序列相减，得到一个 Timedelta 类型。

8.6.4 生成时间序列数据

时间序列对象一般使用 pandas 的 date_range()函数生成，可以指定日期的起始值和结束值、时间间隔等参数，说明见表 8-24。其语法格式如下。

```
pandas.date_range(start=None,end=None,periods=None,freq='D',tz=None,normalize=
False,name=None,closed=None,**kwargs)
```

表 8-24　date_range()函数的主要参数及其说明

主要参数	说明
start	string 或 datetime-like，默认值是 None，表示日期的起点
end	string 或 datetime-like，默认值是 None，表示日期的终点
periods	integer 或 None，默认值是 None，表示要从这个函数产生多少个日期索引值；如果是 None 的话，那么 start 和 end 必须不能为 None

续表

主要参数	说　明
freq	string 或 DateOffset，默认值是“D”，表示以自然日为单位，这个参数用来指定计时频率，比如“5H”表示每隔 5 个小时计算一次
tz	string 或 None，表示时区
normalize	boolean，默认值为 False，如果为 True 的话，那么在产生时间索引值之前会先把 start 和 end 都转化为当日的午夜 0 点
name	string，默认值为 None，给返回的时间索引指定一个名称
closed	string 或者 None，默认值为 None，表示 start 和 end 这两个区间端点是否包含在区间内，可以有三个值，left 表示左闭右开区间，right 表示左开右闭区间，None 表示闭区间

【例 8-34】 按时间间隔生成时间序列数据。

```
print('间隔 1 周'.ljust(66,'='))
print(pd.date_range(start='20200606',end='20200630',freq='W'))
print('间隔 5 天，5 个数据'.ljust(61,'='))
print(pd.date_range(start='20200606',periods=5,freq='5D'))
```

输出结果为：

```
间隔 1 周==================================================================
DatetimeIndex(['2020-06-07','2020-06-14','2020-06-21','2020-06-28'],dtype=
'datetime64[ns]',freq='W-SUN')
间隔 5 天，5 个数据=============================================================
DatetimeIndex(['2020-06-06','2020-06-11','2020-06-16','2020-06-21',
               '2020-06-26'],dtype='datetime64[ns]',freq='5D')
```

8.7 创建透视表与交叉表

数据透视表是数据分析中常见的工具之一，它通过聚合一个或多个键，把数据分散到对应的行和列上，将数据划分到不同区域。

8.7.1 使用 pivot()及 pivot_table()函数创建透视表

DataFrame 提供了 pivot()函数和 pivot_table()函数来创建透视表，返回新的 DataFrame。

1. pivot()函数的常用参数见表 8-25，其语法格式如下：

```
pandas.pivot(index=None,columns=None,values=None)
```

表 8-25　pivot()及 pivot_table()函数的常用参数及其说明

参数名称	说　明
values	接收 string；用于指定要聚合的数据字段名，默认使用全部数据；默认为 None
index	接收 string 或 list；表示行分组键；默认为 None
columns	接收 string 或 list；表示列分组键；默认为 None
aggfunc	接收 functions；表示聚合函数；默认为 mean
margins	接收 boolean；表示汇总（Total）功能的开关，设置为 True 后，结果集中会出现名为“ALL”的行和列；默认为 True
dropna	接收 boolean；表示是否删除值全为 NaN 的列；默认为 False
fill_value	接收 scalar；表示是否用给定的值代替缺失值；默认为 None

2. pivot_table()函数的功能更加强大，其常用参数见表 8-25，其语法格式如下：

```
pandas.pivot_table(values=None,index=None,columns=None,aggfunc='mean',fill_value=None,margins=False,dropna=True,margins_name='All')
```

【例 8-35】 使用 pivot()及 pivot_table()函数创建透视表。

```
import numpy as np
import pandas as pd
pd.set_option('display.unicode.ambiguous_as_wide',True)     #设置列对齐
pd.set_option('display.unicode.east_asian_width',True)      #设置列对齐
xs=pd.read_excel('销售.xlsx')     #读取本书配套资料中“销售.xlsx”文件中的第 1 个工作表
xs1=xs[xs['时间']<='2019.01.05'] #按时间筛选销售表
print('显示销售表前 2 行记录：'.ljust(60,'='))
print(xs1[:2])
print()
print('利用 pivot()函数显示销售部门按时间汇总的销售情况（均值）：'.ljust(54,'='))
print(xs1.pivot(index='销售部门',columns='时间',values='销售金额'))
print('利用 pivot_table()函数显示销售部门按时间汇总的销售情况（均值）：\n',xs1.pivot_table(index='销售部门',columns='时间',values='销售金额'))
print()
print('利用数据对象的 pivot_table()函数显示销售部门按商品汇总的销售情况(均值)：'.ljust(54,'='))
print(xs.pivot_table(index='销售部门',columns='商品名称',values='销售金额'))
print()
print('利用 pandas 的 pivot_table()函数显示销售部门按商品汇总的销售情况(均值)：'.ljust(54,'='))
print(pd.pivot_table(xs[['销售部门','商品名称','销售金额']],index='销售部门',columns='商品名称',values='销售金额'))
print()
print('显示销售部门按商品汇总的销售情况（求和）及 0 填充：'.ljust(54,'='))
#设定聚合函数为求和:aggfunc=np.sum,空值填充为 0:fill_value=0,行列显示 ALL:margins=True,
print(xs.pivot_table(index='销售部门',columns='商品名称',values='销售金额',aggfunc=np.sum,fill_value=0,margins=True))
print()
print('显示销售部门+商品名称（两个关键字段）汇总的销售情况（求和）及 0 填充：'.ljust(54,'='))
print(xs.pivot_table(index=['销售部门','商品名称'],values='销售金额',aggfunc=np.sum,fill_value=0,margins=True))
```

输出结果为：

```
显示销售表前 2 行记录：============================================================
     销售部门     商品名称          时间    单价    销售数量    销售金额
0   第 1 经销处   索尼-EA35   2019.01.01   4599       100    459900
1   第 1 经销处    华硕-A42   2019.01.02   4069        75    305175

利用 pivot()函数显示销售部门按时间汇总的销售情况（均值）：======================
时间         2019.01.01  2019.01.02  2019.01.03  2019.01.04  2019.01.05
销售部门
第 1 经销处    459900.0    305175.0    415038.0    380000.0    475000.0
第 2 经销处    400131.0    488280.0    459900.0    436900.0    305830.0
第 3 经销处    289950.0    400131.0    459900.0    415038.0         NaN
利用 pivot_table()函数显示销售部门按时间汇总的销售情况（均值）：
 时间         2019.01.01  2019.01.02  2019.01.03  2019.01.04  2019.01.05
销售部门
第 1 经销处     459900.0    305175.0    415038.0    380000.0    475000.0
第 2 经销处     400131.0    488280.0    459900.0    436900.0    305830.0
第 3 经销处     289950.0    400131.0    459900.0    415038.0         NaN
```

```
利用数据对象的 pivot_table()函数显示销售部门按商品汇总的销售情况（均值）：======
商品名称          华硕-A42   惠普-CQ42   索尼-EA35   索尼-EB35   联想-Y460
销售部门
第 1 经销处   351290.333333        NaN    459900.0   427500.0         NaN
第 2 经销处   488280.000000  371365.0    459900.0        NaN    400131.0
第 3 经销处   380451.500000        NaN    459900.0        NaN    345040.5

利用 pandas 的 pivot_table()函数显示销售部门按商品汇总的销售情况（均值）：======
商品名称          华硕-A42   惠普-CQ42   索尼-EA35   索尼-EB35   联想-Y460
销售部门
第 1 经销处   351290.333333        NaN    459900.0   427500.0        NaN
第 2 经销处   488280.000000  371365.0    459900.0        NaN   400131.0
第 3 经销处   380451.500000        NaN    459900.0        NaN   345040.5

显示销售部门按商品汇总的销售情况（求和）及 0 填充：==========================
商品名称     华硕-A42   惠普-CQ42   索尼-EA35   索尼-EB35   联想-Y460       All
销售部门
第 1 经销处   1053871          0      459900     855000          0   2368771
第 2 经销处    488280     742730      459900          0     400131   2091041
第 3 经销处    760903          0      459900          0     690081   1910884
All          2303054     742730     1379700     855000    1090212   6370696

显示销售部门+商品名称（两个关键字段）汇总的销售情况（求和）及 0 填充：======
                          销售金额
销售部门    商品名称
第 1 经销处  华硕-A42       1053871
            索尼-EA35       459900
            索尼-EB35       855000
第 2 经销处  华硕-A42        488280
            惠普-CQ42       742730
            索尼-EA35       459900
            联想-Y460       400131
第 3 经销处  华硕-A42        760903
            索尼-EA35       459900
            联想-Y460       690081
All                        6370696
```

8.7.2 使用 crosstab()函数创建交叉表

交叉表是一种特殊的透视表，主要用来统计频次，也可以使用参数 aggfunc 指定聚合函数从而实现其他功能。pandas 提供的 crosstab()函数可以根据一个 DataFrame 对象生成交叉表，之后返回新的 DataFrame 对象。crosstab()函数的常用参数见表 8-26，其语法格式如下：

```
pandas.crosstab(index,columns,values=None,rownames=None,colnames=None,aggfunc=
None,margins=False,dropna=True,normalize=False)
```

表 8-26 crosstab()函数的常用参数及其说明

参数名称	说　明
index	接收 string 或 list；表示行索引键；无默认
columns	接收 string 或 list；表示列索引键；无默认

续表

参数名称	说　明
values	接收 array；表示聚合数据；默认为 None
rownames	表示行分组键名；无默认
colnames	表示列分组键名；无默认
aggfunc	接收 function；表示聚合函数；默认为 None
margins	接收 boolean；默认为 True；表示汇总（Total）功能的开关，设置为 True 后，结果集中会出现名为“ALL”的行和列
dropna	接收 boolean；表示是否删掉值全为 NaN 的列；默认为 False
normalize	接收 boolean；表示是否对值进行标准化；默认为 False

crosstab()函数和 pivot_table()函数的参数基本相同。不同之处在于，对于 crosstab()函数中的 index、columns、values，输入的都是从 DataFrame 中取出的某一列。

【例 8-36】 使用 crosstab()函数创建交叉表。

```
import numpy as np
import pandas as pd
#pd.set_option('display.unicode.ambiguous_as_wide',True)     #设置列对齐
#pd.set_option('display.unicode.east_asian_width',True)     #设置列对齐
xs=pd.read_excel('销售.xlsx')   #读取本书配套资料中“销售.xlsx”文件中的第 1 个工作表
print('显示销售表前 2 行记录：'.ljust(60,'='))
print(xs[:2])
print()
print('以商品名称为关键字统计各销售部门的销售频次：'.ljust(48,'='))
xscross=pd.crosstab(index=xs.商品名称,columns=xs.销售部门,margins=True).iloc[:6,:5]
#生成交叉表，显示前 6 行 5 列数据
print(xscross)
print()
print('以销售部门为关键字统计各商品名称的销售频次：'.ljust(48,'='))
xscross1=pd.crosstab(index=xs['销售部门'],columns=xs['商品名称'],margins=True) #生成交叉表，显示全部数据
print(xscross1)
```

输出结果为：

```
显示销售表前 2 行记录：==================================================
    销售部门    商品名称        时间       单价  销售数量  销售金额
0  第 1 经销处  索尼-EA35  2019.01.01  4599     100   459900
1  第 1 经销处  华硕-A42   2019.01.02  4069      75   305175

以商品名称为关键字统计各销售部门的销售频次：==========================
销售部门   第 1 经销处  第 2 经销处  第 3 经销处  All
商品名称
华硕-A42          3          1          2    6
惠普-CQ42         0          2          0    2
索尼-EA35         1          1          1    3
索尼-EB35         2          0          0    2
联想-Y460         0          1          2    3
All               6          5          5   16

以销售部门为关键字统计各商品名称的销售频次：==========================
商品名称   华硕-A42  惠普-CQ42  索尼-EA35  索尼-EB35  联想-Y460  All
销售部门
```

```
第 1 经销处        3        0        1        2        0    6
第 2 经销处        1        2        1        0        1    5
第 3 经销处        2        0        1        0        2    5
All               6        2        3        2        3   16
```

归纳与提高

本章介绍了如何利用 pandas 库进行统计分析的基本方法。首先是 pandas 的数据结构，阐述了 DataFrame 的常用属性、方法。接着介绍了 pandas 读/写外部数据的方法，包括数据库数据、csv 数据和 Excel 数据等三种常用的数据读取与写入方式。然后介绍了对读入的数据进行预处理的方法，包括数据清洗、数据集成、数据排序。在此基础上，介绍了如何对处理后的数据进行描述性统计、分组聚合统计。然后介绍了时间类型的数据及其转换，时间信息提取与算术运算。最后介绍了透视表与交叉表的创建方法。通过本章的学习，读者应能对 pandas 库有一个整体了解，并能够利用 pandas 库进行基础的统计。

知识巩固与训练

一、单选题

1. 以下对 Python 常用扩展库的描述，错误的是（　　）。

   A. pandas 的 Series 可以被看作一个定长的有序字典

   B. dtype 是一种特殊的对象，其含有将 ndarray 解释为特定数据类型所需的信息，int64 表示有符号的 64 位整型

   C. pandas 的 DataFrame 是一个表格型数据结构，含有一组无序的列，每列可以是不同的类型值（数值、字符串、布尔值等）

   D. numpy 的 ndarray 是一种多维数组对象，可以由序列型对象生成

2. 对于代码 sa=Series(['a','b','c',’d’],index=[0,1,2])，sa[1]*3 的输出结果是（　　）。

   A. aaa　　B. bbb　　C. ccc　　D. ddd

3. 代码 sa=Series(['a','b','c',’d’],index=[0,1,2])，sc=Series(['a','c','b'])，sa[1]*3+sc[1]*2 运行后的输出结果是（　　）。

   A. aaaaa　　B. bbbcc　　C. ccccc　　D. dddbb

4. 对于代码 IDE=Series(['Intellij','Notepad','IPython','R studio','VS'])，下面代码中返回值为 True 的是（　　）。

   A. 'VS' in IDE　　B. 'VS' in IDE.values

   C. 'vs' in IDE　　D. 'vs' in IDE.values

5. 代码 frame=DataFrame({'language':['Java','PHP','Python'],'year':[1995,1995,1991]})产生的表格列标题是（　　）。

   A. language,Java　　B. language,Java,PHP

   C. language,Java,PHP,Python　　D. language,year

6. 对于代码 frame=DataFrame({'language':['Java','PHP','Python'],'year':[1995,1995,1991]}),frame['IDE']=Series(['Intellij','Notepad','IPython']),其中后一句代码的作用是（　　）。

A. 增加一条记录：IDE,Intellij,Notepad,IPython

B. 增加一列 IDE

C. 更改当前记录为：IDE,Intellij,Notepad,IPython

D. 更改当前列为 IDE

7. 如果想要快速观察一个 DataFrame 对象的简要统计信息，可使用的方法是（　　）。

A. data　　B. index　　C. columns　　D. describe

8. 若已从一个 DataFrame 对象 df 中将数据分成了两部分并分别存入 df1 和 df2 中，代码行如下：import pandas as pd，pd.___________([df1,df2])。请从如下选项中选出可以正确合并这两部分数据的函数（或方法），补充完整代码。

A. append　　B. concat　　C. join　　D. merge

9. 下列关于 groupby()函数说法正确的是（　　）。

A. groupby()函数能够实现分组聚合

B. groupby()函数的结果能够直接查看

C. groupby()函数是 pandas 提供的一个用来分组的函数

D. groupby()函数是 pandas 提供的一个用来聚合的函数

10. 使用 pivot_table()函数创建透视表时，可以使用（　　）参数设置行分组键。

A. index　　B. raw　　C. values　　D. data

二、实训题

1. 读取并查看学生成绩表的基本信息

训练要点：

（1）掌握 csv 数据的读取方法；

（2）掌握 DataFrame 的常用属性与方法；

（3）掌握 pandas 描述性统计方法；

（4）掌握 pandas 读写外部文件的方法。

需求说明：

学生成绩表以 score.csv 的形式存储，其数据信息如下：

```
Name,语文,数学,英语
张三,88,87,85;
李四,93,88,90;
王五,82,99,96;
周六,77,94,84;
徐七,80,94,76
```

（1）通过探索数据的基本信息，洞察数据的整体分布、数据的隶属关系，从而发现数据间的关联性。

（2）读取文件 score.csv 中的成绩数据，计算平均分并统计其中语文成绩大于等于 80 分，英语成绩大于等于 85 分的学生的每门课程的成绩（结果按平均分从大到小排序），将结果输出至文件 result.csv 中并绘制满足条件的学生平均成绩的柱状图。

实现思路及步骤：

（1）读取文件，编写代码按条件进行数据筛选，使用DataFrame的ndim、shape、memory_usage属性分别查看维度、大小、占用内存信息。

（2）使用describe()方法进行描述性统计，并剔除值相同或全为空的列。

（3）写入文件并绘制柱形图。

2. 使用分组聚合方法分析学生成绩表

训练要点：

（1）掌握分组聚合的原理与操作步骤；

（2）掌握利用agg()函数、aggregate()函数聚合数据的方法。

需求说明：

分析学生成绩表，可以根据学生学号、课程编号等进行分组聚合，然后进行组内分析。通过组内分析可以得出学生所有课程的平均成绩、最高成绩、最低成绩等，以及所有学生某门课程的平均成绩、最高成绩、最低成绩等信息。

实现思路及步骤：

（1）利用groupby()函数按学号或课程编号对学生或课程进行分组。

（2）利用agg()函数、aggregate()函数聚合数据的方法求分组后的平均成绩、最高成绩、最低成绩等。

3. 根据销售情况表创建透视表、交叉表

训练要点：

（1）掌握透视表的创建方法；

（2）掌握交叉表的创建方法。

需求说明：

销售情况表的构成包括销售部门、商品名称、时间、单价、销售数量、销售金额，需要生成销售部门按时间汇总的销售情况及销售频次、销售部门按商品汇总的销售情况及销售频次。

实现思路及步骤：

（1）利用pivot_table()函数生成透视表，进行销售情况汇总；

（2）利用crosstab()函数生成交叉表，进行销售频次汇总。

第9章　数据可视化与应用

【知识目标】

了解常用的绘图工具包以及每个工具包的特点；掌握绘制常见的2D图形所需的步骤，并掌握线形图和散点图的绘制方法；掌握统计图形中常见的柱形图、条形图、饼图和气泡图的绘制方法；掌握使用matplotlib绘图时中文及负号的设置方法；掌握标题和轴标签的设置方法；了解子图的绘制方法；了解3D图形的绘制方法。

【本章导读】

在数据科学项目中，数据可视化非常重要，通过数据可视化能够进一步揭示数据的特点和数据之间的联系。Python语言在数据可视化方面具有很强的优势，能够绘制大量的图形并能对图形的细节进行控制。

9.1　matplotlib简介

在进行数据分析的时候，常常会将数据用图形的方式来显示，以便能够将数据进行可视化处理。图形相对于文字和数字来说更加直观。

Python在进行数据可视化的时候，能够用到的工具包很多，例如以下几个。

1. Seaborn

Seaborn是一个基于matplotlib的高级可视化效果库，偏向于统计作图。相比matplotlib，它的语法相对简单些，绘制出来的图不需要花很多工夫去修饰，但是它的绘图方式比较受局限，不够灵活。

2. Plotly

Plotly也是一个做可视化交互的库。它不仅支持Python，还支持R语言。Plotly的优点是能提供Web在线交互。

3. Turtle

Turtle容易操作，对初学者十分友好。对于初学者来说，可以用它生成许多有趣的可视化的东西，也可以用它画出很多奇妙的图案。

4. matplotlib

matplotlib 是 Python 中最流行的绘图库，它模仿 MATLAB 中的绘图风格，提供了一整套与 MATLAB 相似的绘图 API，通过这些 API，我们可以轻松地绘制出高质量的图形。

matplotlib 是一个绘制 2D 和 3D 科学图像的库，它具有以下几个优点：①容易学习和掌握；②兼容 LaTeX 格式的标题和文档；③可以控制图像中的每个元素，包括图像的大小和精度，对于很多格式都可以高质量地输出图像，包括 PNG、PDF、SVG、EPS 和 PGF。

下面请看一个 matplotlib 的绘图，以便了解 matplotlib 图形中基本元素的构成，如图 9-1 所示。

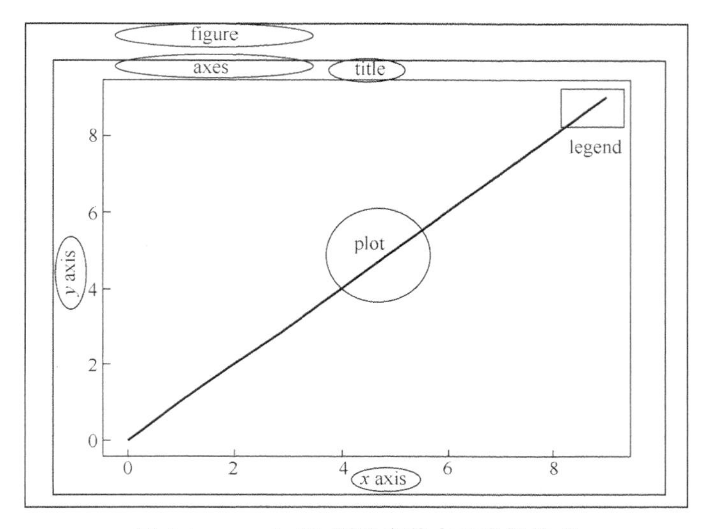

图 9-1　matplotlib 图形中基本元素的构成

一张典型的 matplotlib 图形主要包括以下元素。

（1）figure。通过调用 figure()函数可以创建一张画布，图形就是绘制在画布之上的。可以设置画布的大小，也可以将画布划分成不同的区域，每一个区域都可单独绘制一个图形。

（2）axes。axes 表示一个图表。当然，一个画布上可以有多个图表。当一张画布上只有一个图表的时候，那么元素 figure 和 axes 可以省略。也就是说 matplotlib 默认情况下含有一张画布和一个图表。

（3）title。用于设置图形的标题。

（4）axis。坐标轴，可以设置 x 轴和 y 轴。

（5）plot。自己编写的函数所生成的图形。

（6）legend。给不同的图形编写标签，比如可以对图形进行解释，指明图形的颜色。

小贴士

matplotlib 项目组提供了大量的图形设置示例，并提供了源代码，它们是学习 matplotlib 的重要资料，建议感兴趣的同学可以作进一步的了解。此外，访问 matplotlib 主站还能看到更多的图形及其代码，这里仅简单列举几类：线条、条形图和标记，如图 9-2 所示。

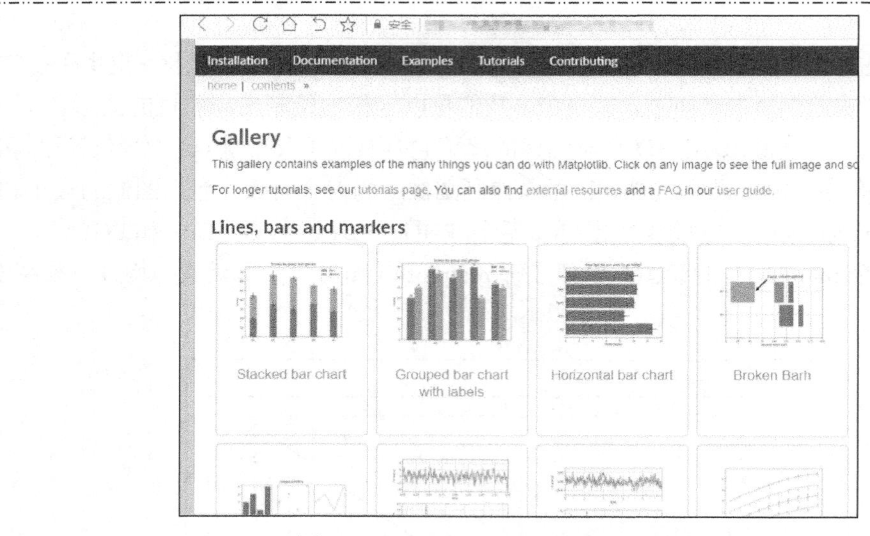

图 9-2　matplotlib 网站中的可视化图形库

9.2　基本图形绘制

首先，我们来了解一下如何利用 matplotlib 绘制一个基本图形（2D 图形）。matplotlib 使用 pyplot 模块来进行 2D 图形的绘制，这也是最常用的绘图方式。通常，基本图形包括线形图和散点图两种。

9.2.1　绘制一个基本图形

绘制一个 2D 图形需要有以下四个步骤。

（1）引入 numpy 和 pyplot 包。一般情况下，我们需要引入 numpy 包和 matplotlib 中的 pyplot 包。如果编译环境是 jupyter，那么还需要在代码中加上“%matplotlib inline”语句。

（2）设定 x 的范围，以及 $y=f(x)$的函数表达式。

（3）调用 pyplot 包中的 plot()函数，将 x 和 y 传入 pyplot。

（4）调用 show()方法进行显示。

下面，我们通过一个入门示例进行演示，以便大家尽快掌握 pyplot。

【例 9-1】　绘制 $y=x^2$ 的图形。

```
import numpy as np  #将 numpy 简写为 np
#注意：2D 图形是引入的 matplotlib 中的 pyplot 包
from matplotlib import pyplot as plt
%matplotlib inline
x=np.arange(-10,10,0.001)
y=x**2
plt.plot(x,y)
plt.show()
```

下面，我们分别按照 2D 绘图的四步来进行解释。

（1）引入各类包。

import numpy as np：引入 numpy 包，并取名为 np。numpy 包和 matplotlib 包几乎是标配，

两者经常同时出现。我们在后续代码中常能看到 np 的使用。

from matplotlib import pyplot as plt：引入 pyplot 包，并取名为 plt。注意，2D 图形引入的是 matplotlib 中的 pyplot 包。

%matplotlib inline：前面讲过，如果用的编译环境是 jupyter，那么必须加上这一语句。

（2）设定 x 的范围，以及 $y=f(x)$的函数表达式。

一般情况下的 2D 图形几乎都可以表示为 $y=f(x)$，因此，需要通过设定 x 的取值范围，然后再计算每一个 x 对应的 y 值。

x=np.arange(−10,10,0.001)表示 x 的取值范围是从−10 到 10，精度为 0.001（精度越小，图形越平滑，但花费的时间越长）。

y=x**2 表示 $y=x^2$。

（3）plt.plot(x，y)表示调用 pyplot 包中的 plot()函数，将 x 和 y 传入 pyplot。

（4）plt.show()表示调用 show()方法进行显示。

显示效果如图 9-3 所示。

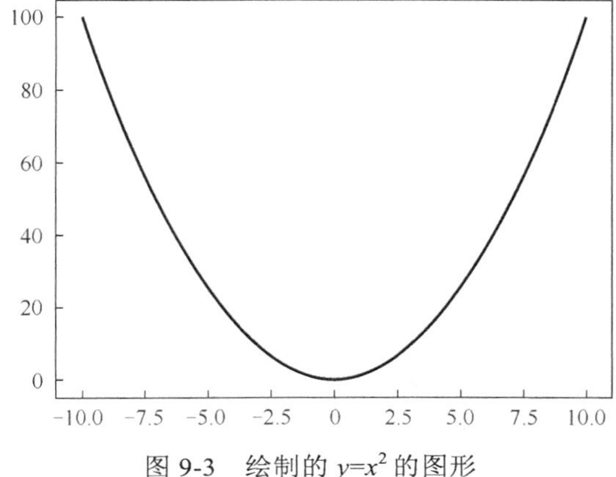

图 9-3　绘制的 $y=x^2$ 的图形

9.2.2　绘制线形图

线形图也称为折线图，通常用以表现某种指标的变化趋势。比如某种商品在不同时期的销售量。线形图使用的是 pyplot 库中的 plot 方法，通过例 9-1，我们基本了解了 matplotlib 的绘图，下面我们再来看一个绘制 $y=\sin(x)$图形的实例。

【例 9-2】　绘制 $y=\sin(x)$的图形。

```
import numpy as np
from matplotlib import pyplot as plt
%matplotlib inline
x=np.arange(-10,10,0.001)
y=np.sin(x)
plt.plot(x,y)
plt.show()
```

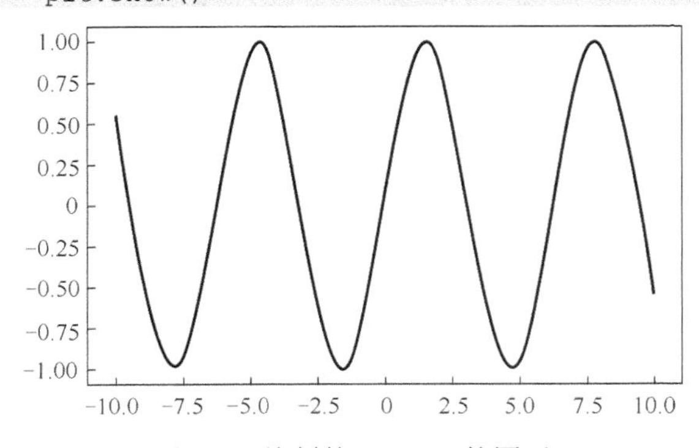

图 9-4　绘制的 $y=\sin(x)$的图形

绘制 $y=\sin(x)$的图形，同样用到了 2D 绘图方法里的四个步骤。请大家自行对代码进行分析。图形的显示效果如图 9-4 所示。

在 Python 绘图中，有一种很有意思的现象，就是能够同时绘制两个图形。比如，我们可以将例 9-2 中的代码稍微修改一下，让它同时绘制 $y_1=\sin(x)$和 $y_2=\cos(x)$。

【例 9-3】　同时绘制 $y_1=\sin(x)$和 $y_2=\cos(x)$。

```
import numpy as np
from matplotlib import pyplot as plt
```

```
%matplotlib inline
x=np.arange(-10,10,0.001)
y1=np.sin(x)
y2=np.cos(x)
plt.plot(x,y1)
plt.plot(x,y2)
plt.show()
```

图 9-5 显示了同时绘制两个图形的效果。请思考，如果要同时绘制三个图形又该怎么做呢？

某公司 1—4 季度的销售业绩分别为 762 万元、1421 万元、986 万元和 1143 万元。为了查看该公司每个季度销售额的变化情况，我们可以绘制销售业绩的线形图。同样，只需要将例 9-1 中的代码稍作修改，就能绘制该图形。

【例 9-4】 绘制销售额的线形图。

```
import numpy as np
from matplotlib import pyplot as plt
#%matplotlib inline
x=np.array([1,2,3,4])
y=np.array([762,1421,986,1143])
plt.plot(x,y)
plt.show()
```

显示效果如图 9-6 所示。

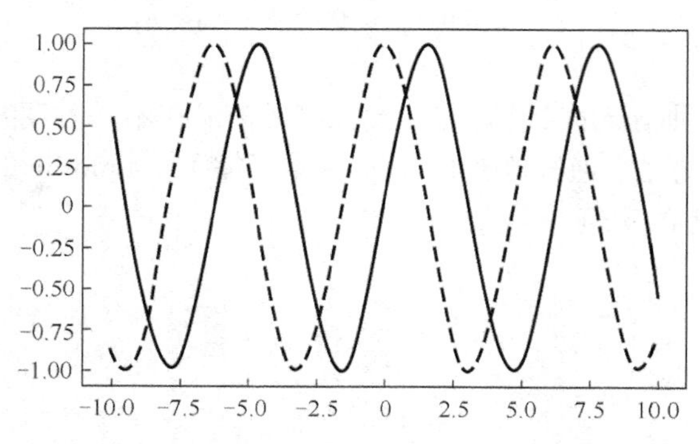

图 9-5 同时绘制 $y_1=\sin(x)$和 $y_2=\cos(x)$的显示效果

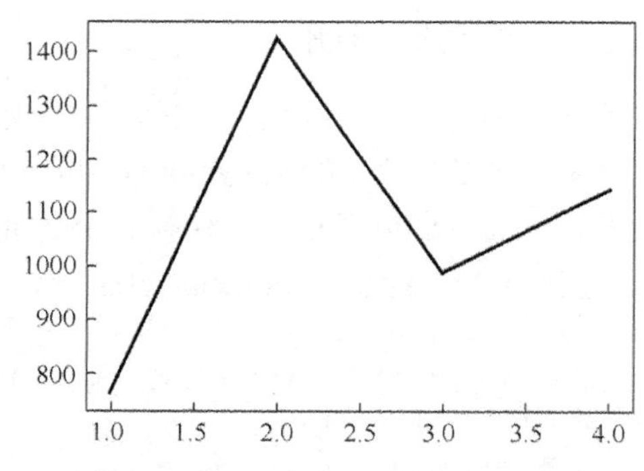

图 9-6 某公司 1—4 季度的销售额

【小练习】

请绘制函数 $y=x^3+2x^2-5$ 的图形，效果如图 9-7 所示。

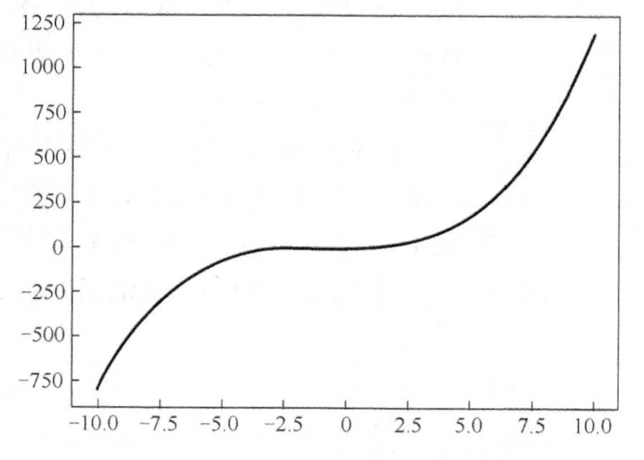

图 9-7 绘制的函数 $y=x^3+2x^2-5$ 的图形

参考代码

绘制 $y=x^3+2x^2-5$ 的图形的代码

9.2.3 绘制散点图

要绘制散点图，可使用函数 scatter()，并向它传递一对坐标（x，y）。scatter()函数的基本语法如下：

```
scatter(x,y,s=20,c,marker,cmap...)
```

其中 x，y 分别代表 *x* 和 *y* 坐标，s=20 表示默认点的大小为 20，c 指定颜色，marker 指定点的形状，cmap 指定采用某种样式和颜色（渐变色）。

下面用例 9-5 来说明绘制散点图的方法。

【例 9-5】 绘制服从正态分布的散点图。

```
import numpy as np
from matplotlib import pyplot as plt
#%matplotlib inline
x=np.random.randn(50)
y1=np.random.randn(50)
y2=2*np.random.randn(50)+5
plt.scatter(x,y1,s=10,c='b',marker='.')
plt.scatter(x,y2,s=10,c='r',marker='d')
plt.show()
```

运行以上代码，可以绘制两个散点图。

x=np.random.randn(50)代表生成 50 个服从标准正态分布的点。y1 和 y2 同样也是由 np.random.randn(50)生成 50 个服从标准分布的点，y2 的值稍微移动了一下，以免和 y1 重合。plt.scatter(x,y1,s=10,c='b',marker='.')代表将 x 和 y1 填入坐标轴，s=10 代表指定点的大小为 10，c='b'代表指定点为蓝色，marker='.'代表用'.'显示图形。类似的，plt.scatter(x,y2,s=10,c='r',marker='d') 代表将 x 和 y2 填入坐标轴，s=10 代表指定点的大小为 10，c='r'代表指定点为红色，marker='d'代表用小钻石显示图形。

最终的显示效果如图 9-8 所示。

某饮料公司经过长期的观察发现：某种饮料的销售量与气温之间存在着一定的关系，即气温越高，人们对该饮料的需求量越大，从而使得饮料的销售量越大。为此该公司记录了 1—12 月的平均气温与饮料销售量，如表 9-1 所示。

表 9-1 不同月份的平均气温及饮料销售量

月份	1	2	3	4	5	6	7	8	9	10	11	12
平均气温（℃）	3	5	10	13	20	21	23	24	25	20	13	8
销售量（杯）	90	103	137	186	236	342	387	416	420	308	190	109

【例 9-6】 绘制不同月份平均气温与饮料销量的散点图。

根据表 9-1 中的数据可以绘制不同月份的平均气温与饮料销量之间关系的散点图，代码如下：

```
import numpy as np
from matplotlib import pyplot as plt
#%matplotlib inline
x=np.array([3,5,10,13,20,21,23,24,25,20,13,8])
y=np.array([90,103,137,186,236,342,387,416,420,308,190,109])
plt.scatter(x,y)
plt.show()
```

显示的效果如图 9-9 所示。

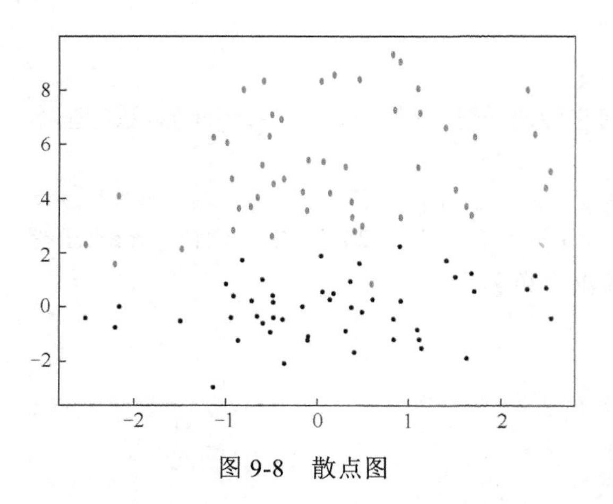

图 9-8　散点图

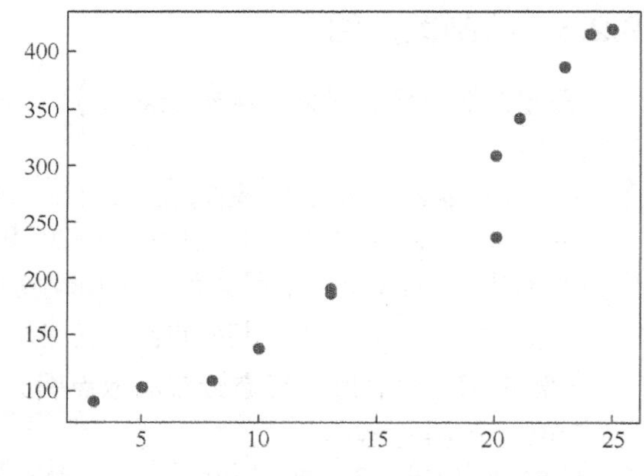

图 9-9　各月平均气温与饮料销量之间的关系图

9.3　统计图形绘制

在上一节中，我们介绍了基本的线形图和散点图的绘制方法。接下来会讲解一些大家比较熟悉的统计图形，如柱形图、条形图、饼图和气泡图。

9.3.1　绘制柱形图

1. 绘制基本的柱形图

绘制柱形图使用的函数是 plt.bar( )，其基本语法如下：

```
plt.bar(x,y,width,align,tick_label)
```

参数说明：

x：代表 x 轴的坐标类别（可以通过 np.arange 指定坐标类别个数）；

y：代表特定类别的具体数据；

width：设置柱形的宽度，默认为 1；

align：对齐方式，可以指定为 left、right、center；

tick_label：为各类别的柱形设置名称。

如果想绘制用以表示一部分学生成绩的柱形图，可以参考例 9-7 的代码。

【例 9-7】　绘制用以表示一部分学生成绩的柱形图。

```
import matplotlib.pyplot as plt
#%matplotlib inline
x=[1,2,3,4,5,6]   #如果替换为 x=np.arrange(6)，那么需要注意引入 numpy
y=[81,90,78,76,80,68]
plt.bar(x,y,align="center",tick_label=["stu1","stu2","stu3","stu4","stu5","stu6"])
plt.show()
```

其中，x=[1,2,3,4,5,6]，指定有六个序列。y=[81,90,78,76,80,68]，分别指定每个学生的成绩。plt.bar(x,y,align="center",tick_label=["stu1","stu2","stu3","stu4","stu5","stu6"])，分别指定 x 轴和 y 轴中的数据，对齐方式为居中对齐（align="center"），每个柱形图的标签名称分别为 stu1，stu2，…，stu6。

最终的显示效果如图 9-10 所示。

2. 绘制多组数据的柱形图

如果想绘制多组数据的对比图，比如学生在不同时间的两组成绩对比，可以参考例 9-8 的代码。

【例 9-8】 绘制多组数据的柱形图。

```
import numpy as np
import matplotlib.pyplot as plt
#%matplotlib inline
x=np.arange(6)
y1=[81,90,78,76,80,68] #第一组数据
y2=[78,89,76,88,97,84] #第二组数据
width=0.3 #设置柱形图的宽度
plt.bar(x,y1,width=0.3,align="center",tick_label=["stu1","stu2","stu3","stu4",
"stu5","stu6"])
plt.bar(x+width,y2,width=0.3,align="center",tick_label=["stu1","stu2","stu3",
"stu4","stu5","stu6"])  #请注意 x+width，否则两个图形会重合到一起。
plt.show()
```

代码中 y1 和 y2 分别代表两组数据，width=0.3 用以设定图形的宽度为 0.3。请注意第二个 plt.bar 中的 x+width，也就是第二个图形在 x 轴方向向右移动了一定的宽度，这样可以避免两个图形重合到一起。

最终的显示效果如图 9-11 所示。

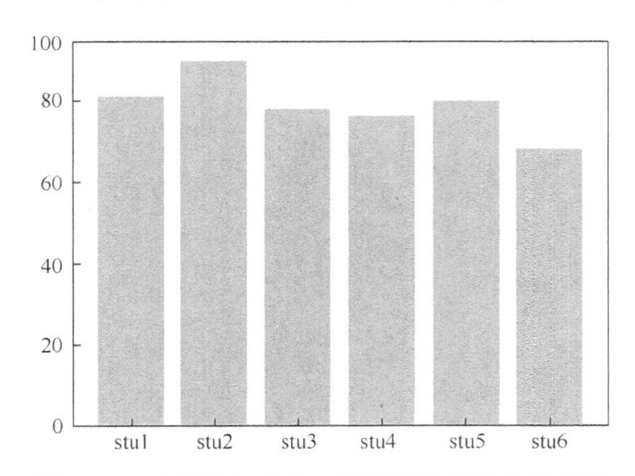

图 9-10 绘制用以表示一部分学生成绩的柱形图

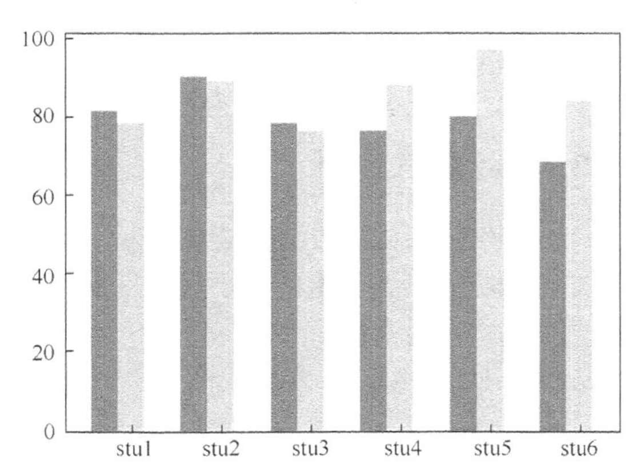

图 9-11 绘制学生的两组成绩对比图

9.3.2 绘制条形图

绘制条形图使用的函数是 plt.barh()，其基本语法为：

```
plt.barh(x,y,width,align,tick_label)
```

绘制条形图所使用的函数与绘制柱形图使用的函数基本相同，可以参考例 9-7 的代码修改为例 9-9。

【例 9-9】 绘制学生成绩的条形图。

```
import numpy as np
import matplotlib.pyplot as plt
#%matplotlib inline
x=np.arange(6)
```

```
y=[81,90,78,76,80,68]
plt.barh(x,y,align="center",tick_label=["stu1","stu2","stu3","stu4","stu5","stu6"])
plt.show()
```

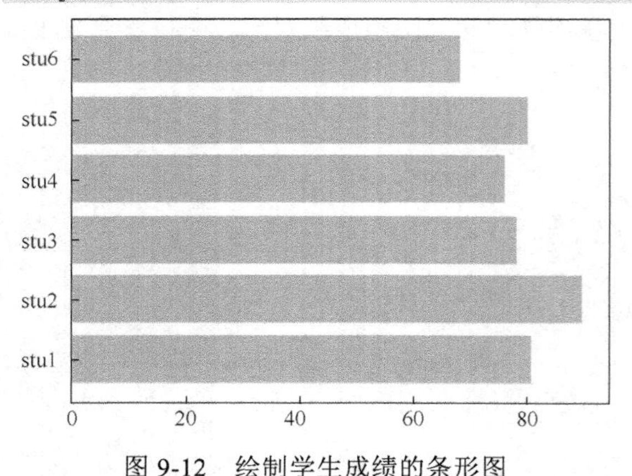

图 9-12　绘制学生成绩的条形图

最终的显示效果如图 9-12 所示。

9.3.3　绘制饼图

绘制饼图使用的函数是 plt.pie()，其基本语法为：

```
plt.pie(x,labels,autopct,colors)
```

参数说明：

x：代表不同类别的百分比；

labels：不同类别的标签；

autopct：设置百分比显示的模式；

colors：设置类别的颜色，可以为列表。

假设生产某产品的公司主要有 A、B、C、D 四家，它们在 2019 年的国内市场份额分别为 32%、22%、17%、6%，其他公司为 23%。绘制各公司所占市场份额的饼图代码如例 9-10 所示。

【例 9-10】　绘制各公司国内市场份额的饼图。

```
import matplotlib.pyplot as plt
labels=['A','B','C','D','else']
sold=[0.32,0.22,0.17,0.06,0.23]
plt.pie(sold,labels=labels,autopct='%3.1f%%',colors=['c','r','b','g','y'])
plt.show()
```

最终显示的效果如图 9-13 所示。

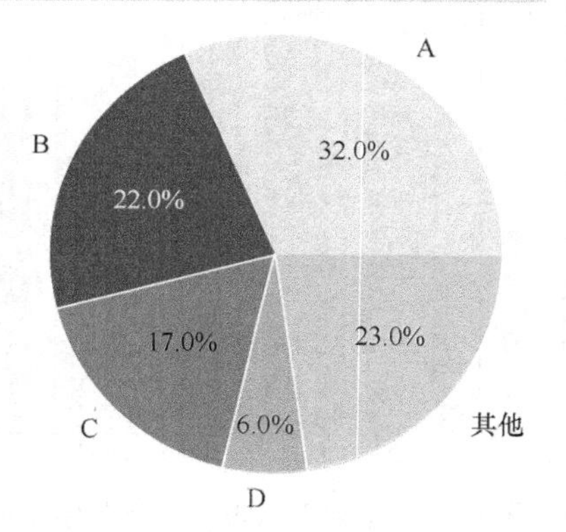

图 9-13　各公司国内市场份额饼图

9.3.4　绘制气泡图

绘制气泡图使用的函数是 plt.scatter()。该函数可以利用二维数据并结合气泡的大小展示三维数据。plt.scatter() 函数的基本语法为：

```
plt.scatter(x,y,s,c,cmap)
```

参数说明：

x：x 轴上的数值；

y：y 轴上的数值；

s：散点标记的大小；

c：散点标记的颜色；

cmap：将浮点数映射成颜色映射率，以设置热力图的不同颜色。

下面，通过随机函数 plt.scatter()在一个气泡图上生成 20 个气泡，其代码如例 9-11 所示。

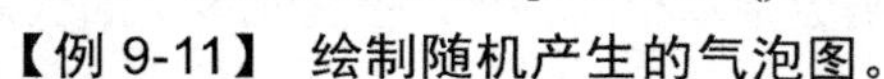

【例 9-11】　绘制随机产生的气泡图。

```
import matplotlib.pyplot as plt
import matplotlib as mpl
import numpy as np
x=np.random.randn(20)
y=np.random.randn(20)
z=np.power(10*x+15*y,2)
```

```
plt.scatter(x,y,z,c=np.random.rand(20),cmap=mpl.cm.RdYlBu)
plt.show()
```

最终显示的效果如图 9-14 所示。

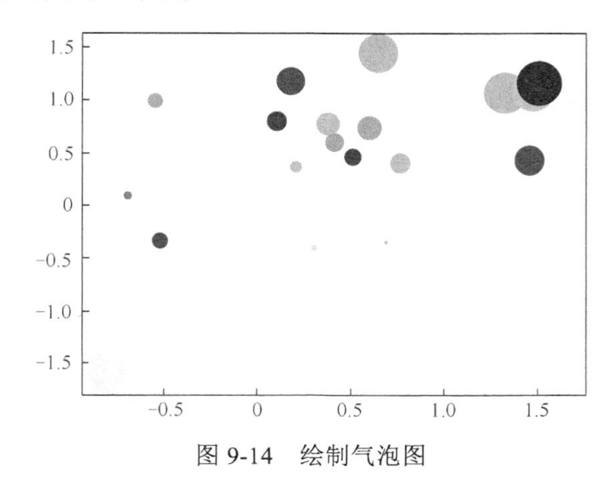

图 9-14　绘制气泡图

9.4 设置样式

matplotlib 中，有很多参数是用来控制图形的大小和颜色等属性的，通过对这些属性的设置，能够实现定制化和个性化的需求。matplotlib 图形中基本元素的构成可以参考图 9-1。

9.4.1 中文及负号设置

读者会注意到，在前面所绘的图形中没有使用中文。因为按前面的代码，如果输入中文的话，会显示乱码。这是因为要在所绘的图形中显示中文，需要在代码中添加如下内容，以解决中文的编码问题。

```
plt.rcParams['font.sans-serif']=['SimHei'] # 用来正常显示中文标签
plt.rcParams['axes.unicode_minus']=False    # 用来正常显示负号
```

以上这两行语句可以解决在 matplotlib 中不能正常显示中文和负号的问题。如果在绘图中不能正常显示中文和负号，需要将这两行语句添加到绘图语句之前。

9.4.2 标题及坐标轴标签

标题和坐标轴标签是对绘图区域的标题和 x、y 坐标轴进行注释的内容。设置标题和坐标轴的注释可以让读者更加清晰地了解所绘图形中每个部分的具体含义。设置标题及坐标轴的代码如下。

```
# 整个画布的标题
plt.suptitle('我的画板')
#画板的标题
plt.title('画板标题')
#x 和 y 轴显示的文字
plt.xlabel('X 轴')
plt.ylabel('Y 轴')
```

例 9-12 展示的是如何设置 plt 中的属性以改变图形的显示效果。请读者自行分析各属性和显示效果之间的对应关系。

【例 9-12】 修改标题及坐标轴标签。

```
import numpy as np
from matplotlib import pyplot as plt
plt.rcParams['font.sans-serif']=['SimHei'] # 用来正常显示中文标签
plt.rcParams['axes.unicode_minus']=False # 用来正常显示负号
#%matplotlib inline
plt.suptitle('我的画板')
#画板的标题
plt.title('正弦函数的图像')
#x 和 y 轴显示的文字
plt.xlabel('X 轴从-10 到 10')
plt.ylabel('Y 轴从-1 到 1')
x=np.arange(-10,10,0.001)
y=np.sin(x)
plt.plot(x,y)
plt.show()
```

代码运行效果如图 9-15 所示。

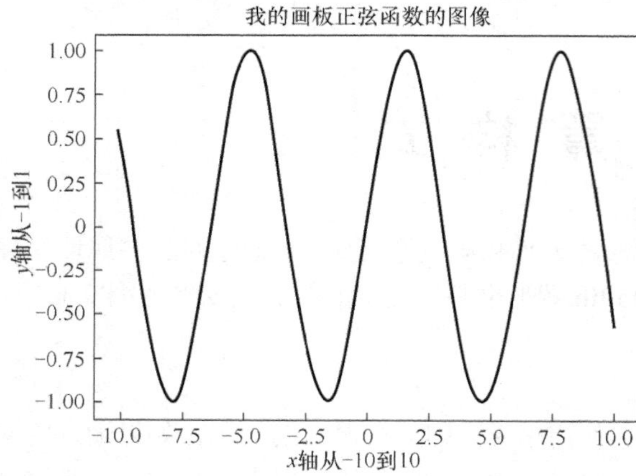

图 9-15 添加标题及坐标轴标签后的图形

9.4.3 plot 样式

通过设置 plot 中的参数，可以修改图形的样式。plot 中的参数可以接收字符串数组，但是为了能让大家获得更直观的感受，我们将 plot 中常用的参数写成如下形式：

```
plt.plot(x,y,format_string,**kwargs)
```

plot 中常用的参数分为两组：一组为 x,y,format_string；另一组为**kwargs。下面分别对这两组参数进行说明。

1. 第一组参数（x,y,format_string）

x：*x* 轴数据；

y：*y* 轴数据；

format_string：控制曲线的格式字符串，可选，由颜色字符、风格字符和标记字符组成。常用的颜色字符如表 9-2 所示。

plot 参数中常用的风格字符及其说明，如表 9-3 所示。

表 9-2 plot 参数中常用的颜色字符及其说明

颜色字符	说明	颜色字符	说明
b	蓝色	m	洋红色
g	绿色	y	黄色
r	红色	k	黑色
c	青绿色	w	白色
#008000	RGB 某颜色	0.8	灰度值字符串

表 9-3 plot 参数中常用的风格字符及其说明

风格字符	说明
-	实线
_	破折线
-.	点划线
:	虚线
‘ ’	无线条

plot 参数中常用的标记字符及其说明，如表 9-4 所示。

表 9-4　plot 参数中常用的标记字符及其说明

标 记 字 符	说　明
.	点标记
,	像素标记（极小点）
o	实心圈标记
v	倒三角标记
^	上三角标记
+	十字标记
x	x 标记
s	实心方形标记
p	实心五角标记
*	星形标记
d	瘦菱形标记
|	垂直线标记
D	菱形标记

2. 第二组参数（**kwargs）

kwargs 是一个不定长的参数，它以字典形式存储了多个可选的参数。kwargs 中常见的可选参数有如下几个：

label：指定图形的标签；

color：控制颜色，color=‘ ’；

linestyle：线条风格，linestyle=‘ ’；

marker：标记风格，marker=‘ ’；

下面我们尝试将例 9-3 修改为例 9-13。

【例 9-13】 为图形添加样式。

```
import numpy as np
from matplotlib import pyplot as plt
#%matplotlib inline
x=np.arange(-10,10,0.001)
y1=np.sin(x)
y2=np.cos(x)
#指定 sin(x)的绘图为蓝色，实线，并设置一个标签 sin(x)"
plt.plot(x,y1,'b-',label='sin(x)')
#指定 cos(x)的绘图为红色，虚线，并设置一个标签 cos(x)"
plt.plot(x,y2,'r: ',label='cos(x)')
#在左上角显示标签
plt.legend()
plt.show()
```

代码运行后的显示效果如图 9-16 所示。

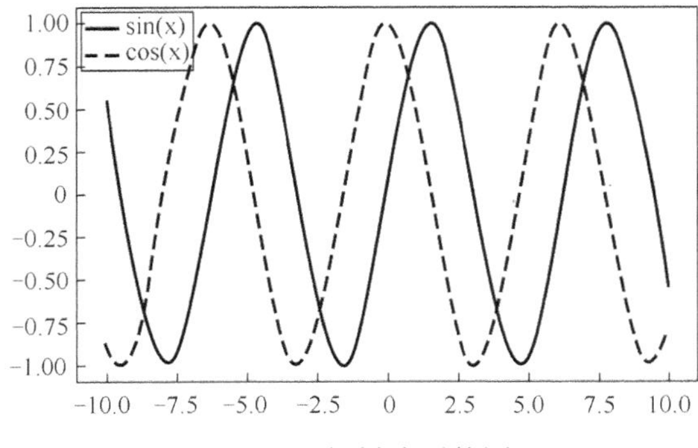

图 9-16　添加样式后的图形

9.4.4　子图

在 matplotlib 中，首先需要一个画布对象。在画布对象中可以包含一个或者多个 axes 绘图对象，每个 axes 绘图对象都是一个拥有自己坐标系统的绘图区域。通过指定 subplots 来生成多个 axes 图形，形如 subplots(221)（221 中间可以用逗号分隔，例如：2,2,1），表示该画布中有 2×2=4 个图形，当前指向第一个图形。

我们可以尝试将例 9-13 的显示效果改为两个图形，如例 9-14 所示。

【例 9-14】 生成含有两个子图的图形。

```
import numpy as np
from matplotlib import pyplot as plt
#%matplotlib inline
x=np.arange(-10,10,0.001)
```

```
y1=np.sin(x)
y2=np.cos(x)
plt.subplot(2,1,1)  #该画布有两行一列，这是第一个图形
plt.title('sin(x)')
plt.plot(x,y1,'b-',label='sin(x)')
plt.subplot(2,1,2)  #该画布有两行一列，这是第二个图形
plt.title('cos(x)')
plt.plot(x,y2,'r: ',label='cos(x)')
plt.show()
```

代码运行后的显示效果如图 9-17 所示。

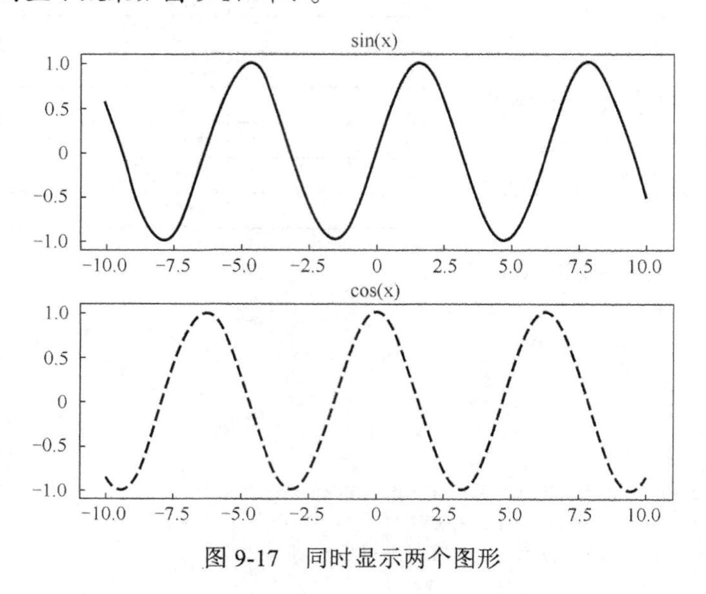

图 9-17　同时显示两个图形

9.5　3D 图形的绘制

三维（3D）图形是在二维图形的基础上增加了一个维度，与二维图形相比，三维图形看起来更直观、生动、立体感强。Python 的 matplotlib 库就包含了丰富的三维绘图工具。可通过以下语句从 toolkits 模块中引入专业的 3D 绘图包 mplot3d：

```
from mpl_toolkits import mplot3d  #导入 3D 绘图包
```

绘制 3D 图形的基本流程如下。

（1）导入 matplotlib、numpy 和 mplot3d 包。

（2）通过 ax=plt.axes(projection='3d')启动三维坐标轴。

（3）通过 x,y=np.meshgrid()函数将 x 和 y 从一维变成二维。因为 Python 要求 z=f(x,y)中，参数 x 和 y 必须是二维的。

（4）描述 x、y、z 的函数关系。

（5）调用 ax.plot_surface()构建一个 3D 曲面。

（6）调用 plt.show()绘制图形。

axplot_surface()函数的语法如下：

```
plot_surface(x,y,z,*args,**kwargs)
```

部分参数说明如下：

第一组参数：x,y,z。分别用来指定 x,y,z 三个维度。

第二组参数：*args。*args 是由一系列的参数构成的数组，其中最重要的两个参数分别是 rstride（指定行的跨度）和 cstride（指定列的跨度）。这两个参数的取值可以从 1 到无穷大。值越小，图形越平滑；值越大，图形越不平滑。一般都指定为 1。

第三组参数：**kwargs。**kwargs 也是由一系列的参数构成的数组，其中最重要的参数是 cmap，用于设定颜色的渐变。比较受欢迎的是 rainbow（彩虹色）、coolwarm（蓝到红）、YlOrRd（红橙黄）。cmap 能够设置的颜色还有很多，这里就不一一列举了。

下面尝试绘制 $z=x^2+y^2$ 的 3D 图形。代码如例 9-15 所示。

【例 9-15】 绘制 $z=x^2+y^2$ 的 3D 图形。

```
import numpy as np
from matplotlib import pyplot as plt
from mpl_toolkits import mplot3d
#%matplotlib inline
ax=plt.axes(projection='3d')
x=np.arange(-5,5,0.1)
y=np.arange(-5,5,0.1)
x,y=np.meshgrid(x,y)
z=x**2+y**2
ax.plot_surface(x,y,z,rstride=1,cstride=1,cmap='rainbow')
plt.show()
```

下面按 3D 图形的基本流程对例 9-13 中的代码进行说明。

（1）导入 matplotlib、numpy 和 mplot3d 包，代码如下：

```
import numpy as np
from matplotlib import pyplot as plt
from mpl_toolkits import mplot3d
```

（2）启动三维坐标轴，代码如下：

```
ax=plt.axes(projection='3d')
```

（3）通过 x,y=np.meshgrid()函数将 x 和 y 映射为网格，代码如下：

```
x=np.arange(-5,5,0.1)
y=np.arange(-5,5,0.1)
x,y=np.meshgrid(x,y)
```

（4）描述 x、y、z 的函数关系，代码如下：

```
z=x**2+y**2
```

（5）调用 ax.plot_surface 构建一个 3D 曲面，代码如下：

```
ax.plot_surface(x,y,z,rstride=1,cstride=1,cmap='rainbow')
```

指定 x，y，z 三个维度，并将行和列的跨度设定为 1，颜色设定为 rainbow。

（6）调用 plt.show()绘制图形，代码如下：

```
plt.show()
```

绘制的 3D 图形如图 9-18 所示。

【小练习】

matplotlib 提供了一个经典的 3D 图形：$z=\sin(\mathrm{sqrt}(x^2+y^2))$，如图 9-19 所示，其显示效果非常漂亮。请写出绘制该图形的代码。

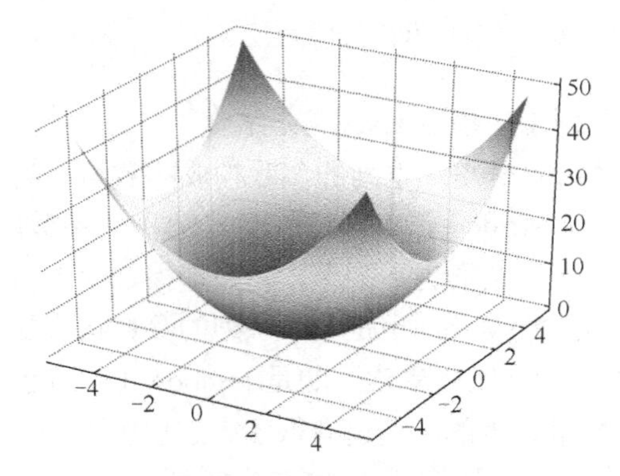

图 9-18　函数 $z=x^2+y^2$ 的 3D 图形

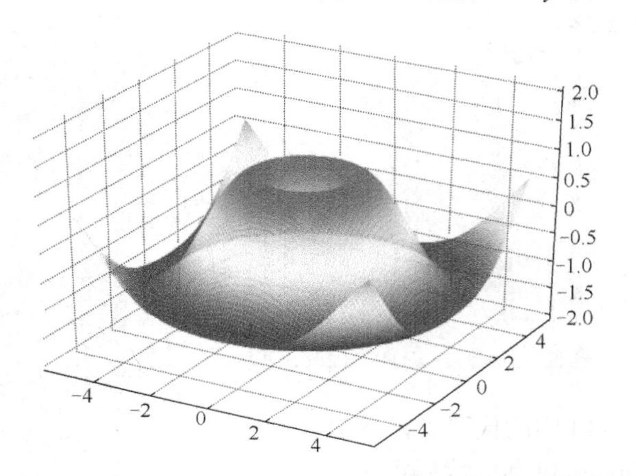

图 9-19　函数 $z=\sin(\mathrm{sqrt}(x^2+y^2))$的 3D 图形

归纳与提高

本章介绍了 Python 绘图最常用的工具包 matplotlib，讲述了基本的线形图和散点图的绘制方法以及柱形图、条形图、饼图和气泡图这四种常用的统计图形的绘制方法。Python 同时还提供了控制图形格式的方法，可以对文字、标题等进行设置。最后还介绍了 3D 图形的绘制方法。

知识巩固与训练

一、单选题

1．下面哪个工具包是 Python 最常见的绘图工具包，能同时绘制 2D 和 3D 图形？（　　）

A．Seaborn　　B．Plotly　　C．Turtle　　D．matplotlib

2．在 matplotlib 中，（　　）是用来绘制 2D 图形的。

A．numpy　　B．axis　　C．pyplot　　D．figure

3. 下列说法错误的是（　　）。

A. 一个 Python 画布可以绘制多个图形　　B. 一个 Python 画布可以绘制多个子图

C. 绘制柱形图使用的函数是 plt.bar()　　D. pyplot 工具可以用来绘制 3D 图形

4. 下列哪条语句是用以设置显示中文的？（　　）

A. plt.rcParams['font.sans-serif']=['SimHei']

B. plt.rcParams['axes.unicode_minus']=False

C. plt.suptitle('　')

D. plt.title('　')

5. 下列哪个参数是用以指定图形的标签的？（　　）

A. label　　B. color　　C. linestyle　　D. marker

二、填空题

1. Python 语言在进行绘图的时候，所使用的工具包是________。

2. 如果你用的编译环境是 jupyter，那么还需要在代码中加上________语句。

3. 基本的统计图形包括________、________、________、________。

4. 绘制气泡图所使用的函数是________。

5. 在设置样式的时候，通过 pyplot 模块中的________属性修改标题；通过 pyplot 模块中的________和________属性修改 x 和 y 轴的文字。

三、思考题

1. 一张典型的 matplotlib 图形主要包括哪些元素？

2. 绘制一张 2D 的图形需要那几步？

3. 如果不做任何设置，是否能够正常显示中文和负号？若要正常显示中文和负号，需要在程序中添加哪些语句？

4. 绘制 2D 图形和 3D 图形的步骤有什么区别？

四、实训题

实训题目：组合图形绘制

组合图形是指同一个绘图中含有多种图形，比较常见的是含有多个线形图，以及线形图和柱形图的组合。

实训目的：

1. 掌握基本图形的绘制方法。

2. 掌握组合图形的绘制方法。

实验内容：

1. 请根据表 9-5 中的数据，绘制某公司 2020 年销售业绩报表的组合图形。

表 9-5　某公司 2020 年的销售业绩报表

月份	目标预期	实际业绩	差距
1 月	5000	4139	−861
2 月	7000	8671	1671
3 月	7000	8027	1027
4 月	6000	7743	1743
5 月	6000	6219	219
6 月	12000	16520	4520
7 月	4000	5120	1120
8 月	5000	6039	1039
9 月	5000	5521	521
10 月	4000	4021	21
11 月	14000	18370	4370
12 月	5000	6000	1000

其中，目标预期和实际业绩，请用柱形图表示，差距请用线形图表示。

2. 请根据图 9-20 设置组合图形的标题、x 轴、y 轴等样式。

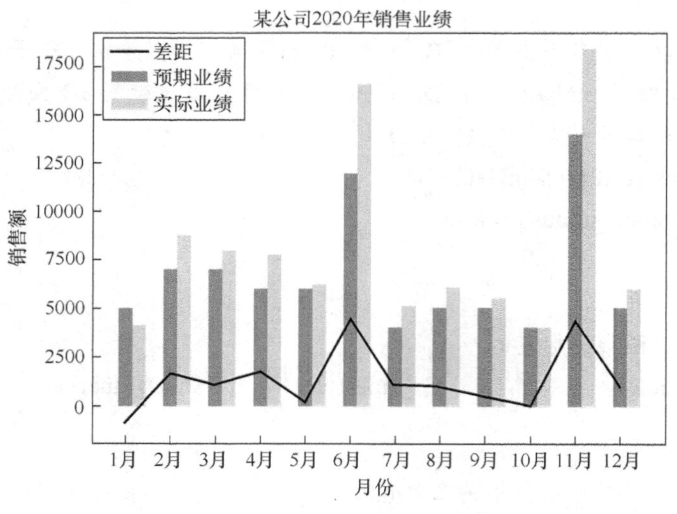

图 9-20　组合图形绘制

参考代码

图 9-20 组合图形绘制的代码

第 10 章　网店商品数据分析

【知识目标】

了解本次数据分析的目的及流程；掌握数据预处理的方法，包括对文字和商品价格进行预处理；掌握初步的数据分析方法，能够对热销商品进行分析，能够对商品的价格及销量进行分析；理解聚类分析的原理，了解 KMeans 聚类分析算法；掌握聚类分析的主要参数及过程；能够根据数据分析的目的、过程和结果撰写出一份数据分析报告。

【本章导读】

网店商品销售数据分析是一种常见的数据分析项目。对商品的销售数据，包括商品基本属性、单价、销售数量等方面进行分析，可以更好地分析商品的热销情况和商品的结构，以便能做出针对性的改变，发现顾客的实际需求，并进一步提升商品的销售额。

10.1　某网店的背景及数据分析的目的

某网店的商品种类非常多，消费者面对如此多的商品种类，很容易产生视觉疲劳。对于该网店来讲，如果将消费者最喜欢购买的商品进行推荐就可以提升消费者的购物体验。因此，对该网店的销售数据进行分析就显得非常有必要。

10.1.1　某网店的背景介绍

某网店主要为消费者提供代表健康生活方式的坚果商品，凭借对消费者需求的准确把握以及优质的商品和服务，其迅速成为互联网坚果零售领域的代表性品牌之一。该网店基于自身在坚果领域的品牌影响力和运营经验，不断完善其他品类，巩固在休闲食品电商领域的领先优势。

该网店坚持推行 IP 化和人格化的品牌策略，并通过全方位的品牌塑造措施丰富品牌内涵，提高品牌知名度。该网店以动漫人物作为品牌形象，在外观设计方面具有很高的品牌辨识度，给消费者留下了积极、健康、快乐的直观印象，迅速获得了消费者的青睐。在品牌宣传方面，该网店通过动画、绘本等多元化形式不断丰富品牌内涵，并通过广告投放、社交媒体宣传、商品包装、影视剧广告植入、跨界合作、线上线下结合等方式与消费者进行高频次的互动，拉近和消费者之间的距离，使得消费者建立起对品牌的立体印象。

此外，该网店还创新性地通过开设线下体验店等方式进行品牌宣传，包括为消费者营造与品牌形象高度相关的休闲娱乐氛围，进行品牌文化的展现，构建更加精致的购物场景，提升消费者对品牌的感知度和忠诚度。该网店拥有完善的商品品类布局，以充分抓住行业增长机遇，同时减少因为对单个商品门类依赖所带来的波动风险，形成了覆盖坚果、果干、花茶及零食等门类的商品组合，力争为消费者打造一站式的购物平台，成为消费者购买休闲食品的首要去处之一。此外，通过全面的品类布局，能够实现对单个消费者最大化的价值挖掘，实现不同商品间的协同效应，提升网店的销售规模和市场影响力。

网店为了进一步发展，希望通过互联网平台和海量的数据优势，对自家的商品销售数据进行分析，以便通过对消费者和商品进行细分管理来提升销售额。因此，了解什么样的商品销量更好、消费者喜欢什么类型的商品、采用什么样的促销策略对网店来说尤其重要。通过对商品的销售数据进行分析，洞悉消费者的购买特征，并发现消费者的真实需求，对于确定商品的销售种类和定价策略具有重要意义。

10.1.2 数据分析目的及流程

本次数据分析的目的主要有以下四个。

（1）对网络爬虫得到的数据进行预处理，包括对文字进行预处理以及对商品的价格和销量进行预处理。

（2）对商品的基本特征进行统计分析，找到销量前 10 的热销商品，并对商品的结构进行分析。

（3）利用聚类分析对商品进行聚类，然后分析各类商品的特征。

（4）撰写数据分析报告。

本次数据分析的流程如图 10-1 所示。

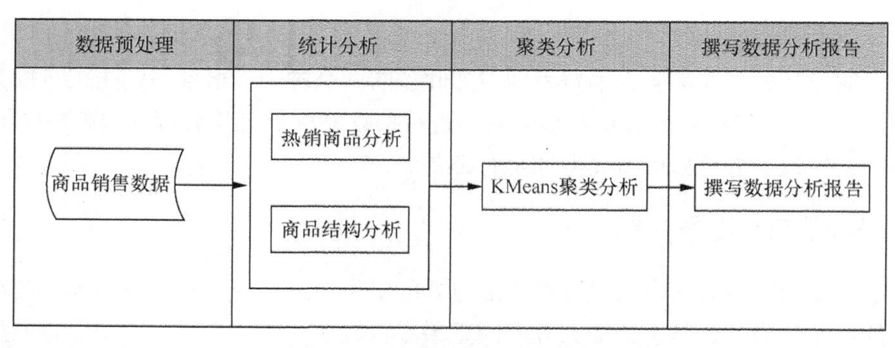

图 10-1 网店数据分析流程图

10.2 数据预处理

原始数据存在着不完整性、不一致性、有异常值等很多问题。如果不对其进行处理，将影响数据分析的过程，甚至有可能造成数据分析结果的偏差。所以，对所获得的原始数据，首先需要进行预处理。

10.2.1 数据特征分析

我们利用爬虫从某网店爬取到了 137 条原始销售数据，其主要属性包括商品编号（id）、标题（title）、重量（weight）、价格（price）、月销量（month_num）、评论数量（pinglun_num）、收藏数量（shouchang_num）（数据请详见 goods.csv 文件，编码方式为 UTF-8）。为了观察方便，利用 Excel 打开 csv 文件，部分销售数据如图 10-2 所示。

id	title	weight	price	month_num	pinglun_num	shouchang_num
1	预售【巨型萌宠大礼包/1804g】休闲零食	1804	138	42802	831591	563166
2	满减【夏威夷果160g】干货零食坚果干果	160	45-90	55719	676830	363020
3	【巨型零食大礼包/30袋装】休闲零食网红	2764	188	51386	388037	805650
4	【坚果大礼包1463g/8件】零食端午礼盒	1463	98	69195	1019082	2490660
5	【乳酸菌小伴侣520g/整箱】营养早餐蛋	520	29.9	46429	864396	640866
6	【轻格华夫饼750g/整箱】早餐食品面包	750	29.9	48425	162214	122890
7	【麻辣零食大礼包】网红肉味鸭脖小零食	390	39.8	267903	1062649	656568
8	【开心果185gx2】零食坚果干货干果仁	370	64.9	18524	436274	291230
9	【每日坚果750g/30包】零食吃货大礼包	750	138	298445	1037960	1533564
10	【碧根果160gx2】零食坚果干果仁山核桃	320	36.9-46.9	44677	800424	732564
11	【氧气吐司面包800g/整箱】营养早餐代	800	29.9	75827	1059984	682582
12	【水果干大礼包】休闲零食蜜饯混合装芒	468	39.9	67287	217819	187060
13	【芒果干116gx3】零食小吃蜜饯水果干网	348	29.9	101583	1020113	1043230
14	【夏威夷果265gx2】干果零食干货坚果特	530	49.9	45150	904210	823156
15	满减【碧根果160g】零食坚果干果山核桃	160	36.3-75.6	85501	673792	338568
16	【鱼皮脆咸蛋黄48g】网红食品海味零食	48	19.9	13153	14641	8504
17	满减【猪肉脯100g】麻辣零食熟食风干靖	100	29-45.9	143241	803331	298054
18	【三养_火鸡面700g/5袋装】韩国进口零食	700	28.9	80388	112254	181208
19	【开口松子185gx2袋】零食坚果干果东北	370	69.9	17411	504942	378900

图 10-2 部分销售数据

对图 10-2 中的数据进行观察，可以看到数据中没有缺失值，不存在不一致性和异常数据。但是，该部分数据还是存在以下三个问题。

（1）标题名称太长。实际上我们更关心商品名称。商品名称存在于文字的“【 】”中，需要将其提取出来，并存入新建的列，取名为“goods”（商品名称）。

（2）部分商品价格有问题。例如：商品 ID 为 2 的商品，其价格为“45-90”，是一个区间，而不是具体的值。与此类似的是商品 ID 为 10、15、17 的商品，其价格也是一个区间。对于这些商品的价格，需要进行处理。

（3）缺少商品的销售额。为了对商品的销售额进行排序，有必要先提前计算月销售额（月销售额=价格 × 月销售量）。

10.2.2 文字预处理

进行文字预处理的目的是将标题中的商品名称提取出来，并存入新的名为“goods”（商品名称）的列中。对文字进行预处理，需要用到 pandas 模块，基本思路是：首先通过 pandas 读取 csv 文件；其次在“title 列”后边插入一个新列，并取名为“goods”；然后将标题“【 】”中的内容提取出来；最后，将新的数据存入 csv 文件。代码请参考例 10-1。

【例 10-1】 对文字进行预处理。

```
import pandas as pd
data=pd.read_csv('goods.csv',encoding='utf-8') #有中文，需要指定编码方式
```

```
data.insert(2,'goods','') #在 title 列后增加新的一列，并取名为"goods"（商品名称）
def get_goods(title):
    left=title.index('【')
    right=title.index('】')
    return title[left+1:right]
data['goods']=data['title'].apply(get_goods)          #从标题中提取商品名称
data.to_csv('goods.csv',index=None,encoding='utf-8') #将新的数据保存在原文件中
```

首先我们引入了 pandas 模块，简写为 pd，通过 pd 中的 read_csv()函数将 goods.csv 读取到 data 中。其次，在 title 后边插入新的一列。在 pandas 中，列是从 0 开始计算的。因此，title 是第 1 列，在“title”后面插入的就是第 2 列。然后，我们定义了一个 get_goods()函数，并通过 data['goods']=data['title'].apply(get_goods)从标题中提取商品名称。最后，将新的数据保存到原文件中（其中 index=None 代表不编序号，请自行尝试如果没有这条语句，goods.csv 会有什么区别）。

通过记事本打开 goods.csv，将看到图 10-3 所示的结果。

```
id,title,goods,weight,price,month_num,pinglun_num,shouchang_num
1,预售【巨型萌宠大礼包/1804g】休闲零食网红食品吃货,巨型萌宠大礼包/1804g,1804,138,42802,831591,56316
2,满减【夏威夷果160g】干货零食坚果干果散装袋装奶油味,夏威夷果160g,160,45-90,55719,676830,363020
3,【巨型零食大礼包/30袋装】休闲零食网红食品吃货送女友,巨型零食大礼包/30袋装,2764,188,51386,388037,80
4,【坚果大礼包1463g/8件】零食端午礼盒每日坚果混合送礼,坚果大礼包1463g/8件,1463,98,69195,1019082,249
5,【乳酸菌小伴侣520g/整箱】营养早餐蛋糕面包代餐点心,乳酸菌小伴侣520g/整箱,520,29.9,46429,864396,6408
6,【轻格华夫饼750g/整箱】早餐食品面包蛋糕零食营养糕点,轻格华夫饼750g/整箱,750,29.9,48425,162214,1228
7,【麻辣零食大礼包】网红卤味鸭脖小零食充饥夜宵整箱,麻辣零食大礼包,390,39.8,267903,1062649,656568
8,【开心果185gx2】零食坚果干货干果仁孕妇炒货休闲散装,开心果185gx2,370,64.9,18524,436274,291230
9,【每日坚果750g/30包】零食吃货大礼包干果混合孕妇礼盒,每日坚果750g/30包,750,138,298445,1037960,153
10,【碧根果160gx2】零食坚果干果仁山核桃奶油味散装袋装,碧根果160gx2,320,36.9-46.9,44677,800424,73256
11,【氧气吐司面包800g/整箱】营养早餐代餐糕点切片蛋糕,氧气吐司面包800g/整箱,800,29.9,75827,1059984,68
12,【水果干大礼包】休闲零食蜜饯混合装芒果干草莓干网红,水果干大礼包,468,39.9,67287,217819,187060
13,【芒果干116gx3】零食小吃蜜饯水果干网红休闲食品果脯,芒果干116gx3,348,29.9,101583,1020113,1043230
14,【夏威夷果265gx2】干果零食干货坚果特产奶油散装袋装,夏威夷果265gx2,530,49.9,45150,904210,823156
15,满减【碧根果160g】零食坚果干果山核桃奶油味散装袋装,碧根果160g,160,36.3-75.6,85501,673792,338568
16,【鱼皮脆咸蛋黄48g】网红食品海味零食即食港式风味小吃,鱼皮脆咸蛋黄48g,48,19.9,13153,14641,8504
17,满减【猪肉脯100g】麻辣零食熟食风干靖江特产小吃肉干,猪肉脯100g,100,29-45.9,143241,803331,298054
```

图 10-3　使用记事本查看 goods.csv 文件

小贴士

读者如果不是使用记事本，而是使用 Excel 打开 goods.csv，将会看到乱码。这是什么原因呢？不是说 Excel 也能打开 csv 文件吗？而且为了避免中文的编码问题，也将编码方式改为了 UTF-8 了啊！简单来说，这是因为 Excel 采用了一种与标准的 UTF-8 不同的编码方式，被称为 UTF-8-sig，其中 sig 的全拼为 signature，也就是“带有签名的 UTF-8”。

好的，既然了解到了问题产生的原因，那么要解决 Excel 打开 csv 文件出现乱码的问题，可以有以下三种方法。

（1）在 data.to_csv('goods.csv',index=None,encoding='utf-8')这条语句中，将 utf-8 改为 utf-8-sig。推荐使用这种方式。请读者自行尝试，运行程序完毕之后，再检查 Excel 能否正确打开 csv 文件。

（2）新建一个空白的 Excel 文件，切换到“数据”选项卡，选择“自文本”，并选取 goods.csv 文件，在出现的文本导入向导第 1 步中，选择文件原始格式为“65001:Unicode(utf-8)”；在文

本导入向导第 2 步中，将“分隔符号”设置为“逗号（C）”，完成设置后，即可导入并正常显示数据。

（3）不使用 Excel，而是用记事本等其他工具打开 csv 文件。不过，使用记事本会遇到如图 10-3 所示的对齐问题。

10.2.3 数字预处理

1. 求商品价格平均数

商品 id 为 2 的商品，其价格为“45-90”，是一个区间，而不是具体的值。为了能获得具体的值，可以取区间的最小值和最大值的平均数作为商品的平均价格。

首先通过 pandas 读取 csv 文件；其次在“price”后边插入新的一列，并取名为“average”；然后计算最大值和最小值的平均数；最后，将新的数据存入 csv 文件。代码请参考例 10-2。

【例 10-2】 计算商品价格的平均数。

```
import pandas as pd
data=pd.read_csv('goods.csv',encoding='utf-8-sig') #有中文，需要指定编码方式
data.insert(5,'average','') #增加新的一列，并取名为 average
def get_average(price):
    if price.find('—')!=-1:
        mid=price.index('—')
        left=float(price[:mid])
        right=float(price[mid+1:])
        return (left+right)/2
    else:
        return price
data['average']=data['price'].apply(get_average) #利用 price 计算商品的平均价格
data.to_csv('goods.csv',index=None,encoding='utf-8-sig')
```

首先我们引入了 pandas 模块，简写为 pd，通过 pd 中的 read_csv()函数将 goods.csv 读取到 data 中。其次，在“price”列后面插入一个新的列“average”。然后，我们定义了一个 get_average 的函数，并查找“price”中是否有“-”，如果有，则以‘-’为中心，分别将左右两边的值取出来，并将其转换为浮点型，返回两个值相加的平均值；如果没有，则返回 price。然后，将计算出的平均值保存在 data['average']中。最后，将新的数据存入 csv 文件。

2. 计算商品的月销售额

为了对商品的月销售额进行排序，有必要先提前计算月销售额（月销售额=价格 × 月销量）。与前面的例 10-2 类似，可以参考得到商品销售额的计算代码，如例 10-3 所示。

【例 10-3】 计算商品的销售额。

```
import pandas as pd
data=pd.read_csv('goods.csv',encoding='utf-8-sig') #有中文，需要指定编码方式
data.insert(7,'sales','')
def get_sales(average,month_num):
    return float(average)*float(month_num)
data['sales']=data.apply(lambda row:get_sales(row['average'],row['month_num']),axis=1)
data.to_csv('goods.csv',index=None,encoding='utf-8-sig')
```

运行以上代码即可完成对商品月销售额的计算。至此，数字预处理完毕。最终的 goods.csv 中的数据如图 10-4 所示。

id	title	goods	weight	price	average	month_nu	sales	pinglun_n	shouchan
1	预售【巨型萌宠大礼包/1804g】休闲	巨型萌宠大礼包/1	1804	138	138	42802	5906676	831591	563166
2	满减【夏威夷果160g】干货零食坚果	夏威夷果160g	160	45-90	67.5	55719	3761033	676830	363020
3	【巨型零食大礼包/30袋装】休闲零	巨型零食大礼包/3	2764	188	188	51386	9660568	388037	805650
4	【坚果大礼包1463g/8件】零食端午	坚果大礼包1463g/	1463	98	98	69195	6781110	1019082	2490660
5	【乳酸菌小伴侣520g/整箱】营养早	乳酸菌小伴侣520g	520	29.9	29.9	46429	1388227	864396	640866
6	【轻格华夫饼750g/整箱】早餐食品	轻格华夫饼750g/	750	29.9	29.9	48425	1447908	162214	122890
7	【麻辣零食大礼包】网红卤味鸭脖小	麻辣零食大礼包	390	39.8	39.8	267903	10662539	1062649	656568
8	【开心果185gx2】零食坚果干货干果	开心果185gx2	370	64.9	64.9	18524	1202208	436274	291230
9	【每日坚果750g/30包】零食吃货大	每日坚果750g/30	750	138	138	298445	41185410	1037960	1533564
10	【碧根果160gx2】零食坚果干果仁山	碧根果160gx2	320	36.9-46.9	41.9	44677	1871966	800424	732564
11	【氧气吐司面包800g/整箱】营养早	氧气吐司面包800g	800	29.9	29.9	75827	2267227	1059984	682582
12	【水果干大礼包】休闲零食蜜饯混合	水果干大礼包	468	39.9	39.9	67287	2684751	217819	187060
13	【芒果干116gx3】零食小吃蜜饯水果	芒果干116gx3	348	29.9	29.9	101583	3037332	1020113	1043230
14	【夏威夷果265gx2】干果零食干货坚	夏威夷果265gx2	530	49.9	49.9	45150	2252985	904210	823156
15	满减【碧根果160g】零食坚果干果山	碧根果160g	160	36.3-75.6	55.95	85501	4783781	673792	338568
16	【鱼皮脆咸蛋黄48g】网红食品海味	鱼皮脆咸蛋黄48g	48	19.9	19.9	13153	261744.7	14641	8504
17	满减【猪肉脯100g】麻辣零食熟食风	猪肉脯100g	100	29-45.9	37.45	143241	5364375	803331	298054
18	【三养_火鸡面700g/5袋装】韩国进	三养_火鸡面700g/	700	28.9	28.9	80388	2323213	112254	181208
19	【开口松子185gx2袋】零食坚果干果	开口松子185gx2袋	370	69.9	69.9	17411	1217029	504942	378900
20	满减【每日坚果750g/30天装】混合	每日坚果750g/30	175	79.5-280	179.75	38822	6978255	57461	76328
21	满减【蜀香牛肉】休闲麻辣零食小吃	蜀香牛肉	100	38.9	38.9	115698	4500652	522270	200836
22	【面包2箱量贩组合】网红零食手撕	面包2箱量贩组合	2000	48.9	48.9	21469	1049834	118865	98530
23	满减【麻辣零食大礼包】网红休闲卤	麻辣零食大礼包	390	64.5	64.5	54139	3491966	115389	53022
24	【猪肉脯160g】麻辣休闲零食风干	猪肉脯160g	160	19.9	19.9	59903	1192070	1018849	1180492
25	满减【开口松子160g】干果零食坚果	开口松子160g	160	56.3-119	87.65	54180	4748877	403300	179312
26	推荐_【岩烧乳酪吐司520g/整箱】面	岩烧乳酪吐司520g	520	29.9	29.9	189138	5655226	251573	263496
27	推荐_【蜀香牛肉100gx2袋】麻辣零	蜀香牛肉100gx2袋	200	29.9	29.9	80622	2410598	162123	94418

图 10-4　经过数字预处理之后的 goods.csv 文件

10.3　数据分析初步

利用经过预处理之后的数据，可以进行初步的数据分析。比如可以分析热销商品的销售情况或者热销商品的基本结构。

10.3.1　热销商品分析

读者一定很好奇，该网店的月销售额是多少？我们可以通过以下的简短代码得到：

```
import pandas as pd
data=pd.read_csv('goods.csv',encoding='utf-8')
print(data['sales'].sum(axis=0)) #axis=0 代表按列简单相加
```

最终结果如下：

```
241032805.05
```

从结果可以看出：该网店月销售额超过 2.4 亿元，确实是坚果类的龙头电商企业。那么在该网店的销售商品中，哪些商品是热销商品呢？

一个网店中的热销商品是其利润的主要来源。分析热销商品可以给网店提供参考，以便对热销商品采取促销等手段以进一步提高销量。利用 Python 提供的 pandas 和 matplotlib 模块能够很方便地对热销商品进行分析，并通过绘制图形进行展示。对应的代码可以参考例 10-4 所示。

【例 10-4】 分析热销商品。

```
import pandas as pd
import matplotlib.pyplot as plt
#%matplotlib inline
data=pd.read_csv('goods.csv',encoding='utf-8')
#利用 sort_values()函数对数据进行排序
sorted=data.sort_values('sales',ascending=False) #ascending=False 指定为降序
```

```
print('销售额前10位的商品分别是：\n',sorted[:10])
#通过条形图进行展示
x=sorted[:10]['goods']
y=sorted[:10]['sales']
plt.barh(x,y)
plt.rcParams['font.sans-serif']=['SimHei'] #正常显示中文
plt.title('销售额前10名热销商品')
plt.xlabel('销售额')
plt.ylabel('商品名称')
plt.show()
```

最终显示效果如图10-5所示。

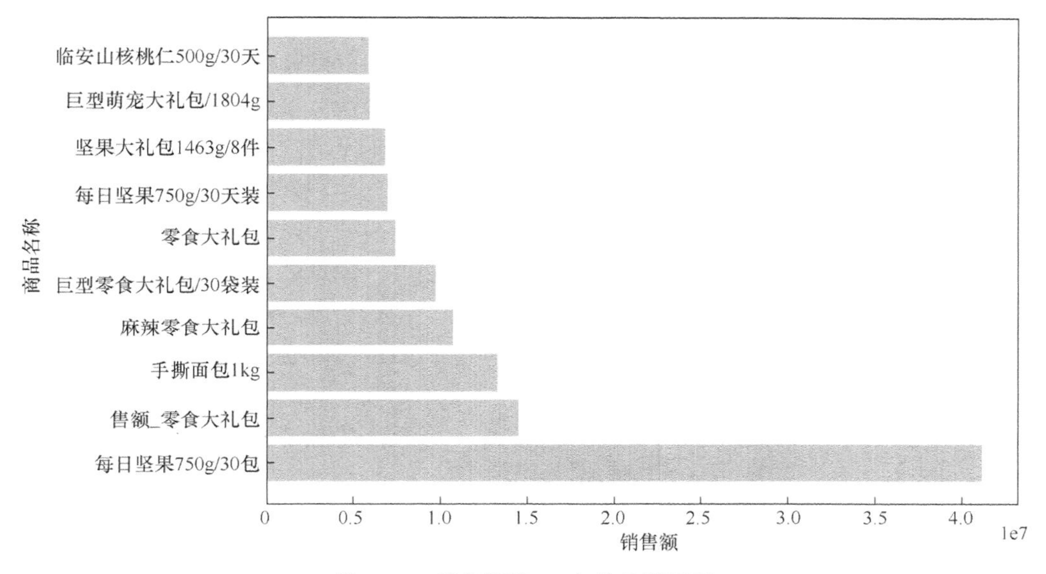

图10-5　销售额前10名的热销商品

通过对热销商品的分析可以知道，该网店的热销商品确实是以坚果为主，其排名前10的热销商品中，坚果类商品占了4位。其中，销量最高的商品是“每日坚果750g/30包”，月销售额达到了4000万元以上，占总销量的17%，对网店的营业额贡献很大。此外，通过进一步观察，发现热销商品以大礼包为主，并且重量普遍超过了网店商品的平均重量400g，说明消费者对商品组合促销和重量比较敏感，推测消费者可能以年轻人或者工薪阶层为主。

请读者根据数据和图形，对该网店的商品做进一步的分析。

10.3.2　商品价格与销量分析

对每一种商品的价格和销量之间的关系进行分析，有利于网店掌握热销商品的类型和价格的关系，能够使网店合理地对商品进行定价，从而达到用价格吸引消费者并提升商品销售额的目的。

我们对数据表中的平均价格和月销量进行分析，这里先绘制两个维度的散点图，观察分布情况并与后续的数据分析结果进行对比。要绘制散点图，可使用函数 scatter()，并向它传递一对坐标（x，y）。相应的代码可以参考例10-5。

【例10-5】　分析商品价格与销量的关系。

```
import pandas as pd
import matplotlib.pyplot as plt
```

```
#%matplotlib inline
data=pd.read_csv('goods.csv',encoding='utf-8')
plt.scatter(data['month_num'],data['average'],c='b',marker='.')
plt.rcParams['font.sans-serif']=['SimHei'] #正常显示中文
plt.xlabel('月销量')
plt.ylabel('平均价格')
plt.show()
```

在例 10-5 中，以商品的月销量作为 x 轴数据，以商品的平均价格作为 y 轴数据。最终显示效果如图 10-6 所示。

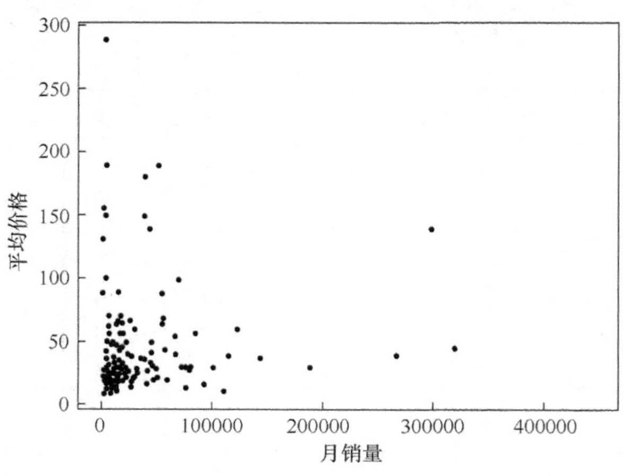

图 10-6 商品数据的散点图

从图 10-6 中可以看到各种商品的价格和销量的关系。通过观察可以发现，大多数商品的价格集中在 1～100 元的区间，并且销量不高。这说明网店试图利用这部分商品进行低价促销的营销策略并没有成功。进一步观察又可以发现，该网店中的热销商品要么是价格低、销量高，要么是价格高、销量低，几乎不存在价格和销量都适中的情况。这说明消费者对商品的价格比较敏感，喜欢购买价格低的商品，而非价格高的商品。

网店的热销商品相对而言偏少，而且集中在低价范围内，这不利于网店品牌的进一步提升。

【小练习】

图 10-6 中，只考虑了月销量、平均价格这两个维度，并分别以其作为 x 轴和 y 轴。如果我们在进行数据分析的时候需要将商品的重量也纳入考虑范围，那么就需要将重量数据作为实参传递到 scatter()函数的第三个形参中。绘制的气泡图如图 10-7 所示。

请读者自行分析增加商品重量维度以后的图形说明了哪些问题。

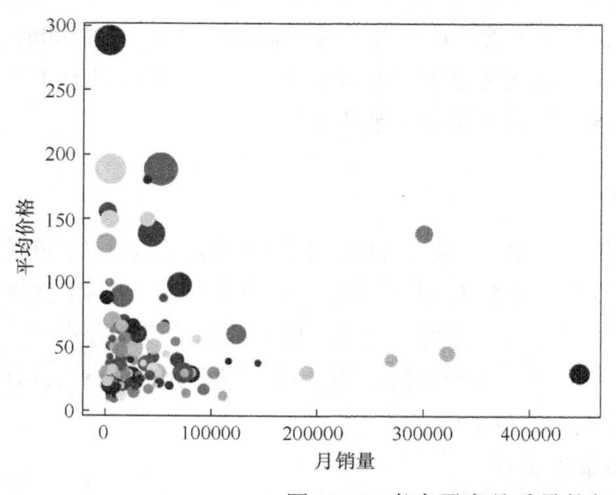

图 10-7 考虑了商品重量的气泡图

10.4 聚类分析

聚类分析作为一种数据分析方法，在商业领域有着广泛的应用，它可以被用来发现不同的客户群，并且通过购买模式刻画不同客户群的特征。

10.4.1 聚类分析简介

聚类分析指将物理或抽象对象的集合分组为由类似的对象组成的多个类的分析过程，它是一种重要的人类行为。我们在社会生活中可以根据某种事物的特征来聚类，比如：犬类和猫类是如何区分的？犬类中的哈士奇和雪纳瑞又是如何区分的？

聚类分析的目的就是在相似的基础上收集数据来分类。聚类数据来源于很多领域，包括数学、计算机科学、统计学、生物学和经济学等领域。在不同的应用领域，很多聚类技术方法都得到了发展，这些技术方法被用于描述数据、衡量不同数据源间的相似性，以及把数据源分类到不同的簇中。

聚类就是按照某个特定标准（如距离准则）把一个数据集分割成不同的类或簇，使得同一个类或簇中的数据对象的相似性尽可能大，同时使得不在同一个类或簇中的数据对象的差异性也尽可能大，即聚类后同一类的数据尽可能聚集到一起，不同类的数据尽量分离。

聚类分析是一种探索性的分析，在分类的过程中，人们不必事先给出一个分类标准。聚类分析能够从样本数据出发，自动进行分类。聚类分析常会因所使用方法的不同，而得到不同的结论。

10.4.2 KMeans 聚类

聚类分析的方法有很多种，其中最常用的一种是基于划分的聚类，代表性的聚类算法是 KMeans 聚类，其基本思想如前文所述：使得同一个类或簇中的数据对象的相似性尽可能大，同时使得不在同一个类或簇中的数据对象的差异性也尽可能大。KMeans 聚类的主要步骤：首先要确定一堆散点最后聚成几类，然后挑选几个点作为初始中心点，再给数据点做迭代重置（iterative relocation），直到最后达到“类内的点都足够近，类间的点都足够远”的目的。

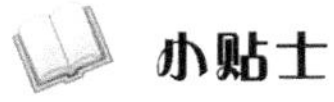

小贴士

KMeans 聚类的算法描述：

（1）选择 K 个初始质心，所谓质心就是一个类中的所有观测的平均向量（这里称为向量，是因为每一个观测都包含很多变量，所以我们把一个观测视为一个多维向量，维数由变量数决定），初始质心随机选择即可，每一个质心为一个类。

（2）把每个观测指派到离它最近的质心，与质心形成新的类。

（3）重新计算每个类的质心。

（4）重复步骤（2）和步骤（3），直到质心不再发生变化时或者到达最大迭代次数时为止。

要特别注意，*K* 具体值的不同，会导致聚类结果的不同。例如：假设有三个人，甲的月收入为 3000 元，乙的月收入为 2 万元，丙的月收入为 30 万元。使用 KMeans 聚类算法，以收入作为划分依据，那么有可能划分为两类人，一类是甲乙（中低收入者），另一类是丙（高收入者）。但是，若同样以收入作为划分依据，那么有可能划分为三类人，一类是甲（低收入者），一类是乙（中收入者），另一类是丙（高收入者）。在划分为三类人的时候，乙从低收入者变成了中收入者。因此，在实际使用的时候，需要多次尝试 *K* 值，并根据实际的需求确定 *K* 的值。

在 Python 中，KMeans 聚类是通过 sklearn.cluster 来引入的（注意：安装模块的名称为 scikit-learn）。scikit-learn 是 Python 的一个开源机器学习模块，它建立在 numpy、SciPy 和 matplotlib 模块之上，能够为用户提供各种机器学习算法接口，可以让用户简单、高效地进行数据挖掘和数据分析。

小贴士

scikit-learn（简记为 sklearn），是用 Python 实现的机器学习算法库，基于 numpy、SciPy、matplotlib。scikit-learn 的基本功能主要分为六大部分：分类（classification），回归（regression），聚类（clustering），数据降维（dimensionality reduction），模型选择（model selection）和数据预处理（preprocessing）。

引入 KMeans 模块的方法如下：

```
from sklearn.cluster import KMeans
```

KMeans 主要的输入参数如下。

（1）n_clusters：参数 n_clusters 用于设置 KMeans 中 K 的具体值，表示需要分为几类，一般需要多试一些值以获得较好的聚类效果，默认情况下，K 的值为 8。

（2）max_iter：最大的迭代次数，默认为 300。

（3）n_init：用不同的初始化质心进行运算的次数，默认为 10。也就是说会重复聚类 10 次，返回质心最好的一次结果。如果你的 K 值较大，则可以适当增大这个值。

（4）init：即初始值选择的方式，有三个可选值：KMeans++，random，或者传递一个 ndarray 向量。默认值为“KMeans++”。

KMeans 主要的输出参数如下。

（1）label_：每个样本对应的簇类别标签。

（2）cluster_centers_：聚类质心。

（3）inertia_：表示样本距离最近的聚类质心的总和。该值越小越好，值越小证明样本在类间的分布越集中，即类内的距离越小。

（4）n_iter_：迭代运行的次数。

KMeans 主要的函数如下。

（1）fit(x)：利用 x 中的数据进行 KMeans 聚类分析，其中 x 是一个矩阵。

（2）fit_predict(x)：当一组新的数据加入的时候，可以预测新的数据属于哪一个聚类。

10.4.3 聚类过程及可视化

本次聚类分析的主要目标是从价格、销量、重量三个维度探索商品之间的聚类情况，以便进一步分析各个维度之间的关系。

1. KMeans 聚类过程

（1）将数据通过 pandas 读入内存，并提取三个维度的数据，组成一个矩阵。

（2）利用 KMeans 模块进行聚类分析。

（3）观察聚类结果。

（4）保存聚类结果。

代码如例 10-6 所示。

【例 10-6】 KMeans 聚类的代码。

```
import pandas as pd
from sklearn.cluster import KMeans
import numpy as np
#（1）将数据通过 pandas 读入内存，并提取三个维度的数据，组成一个矩阵。
data=pd.read_csv('goods.csv',encoding='utf-8-sig')
part=np.array(data[['average','month_num','weight']])
#（2）利用 KMeans 模块进行聚类分析。
cluster=KMeans(n_clusters=3).fit(part) #设置 k=3，并进行聚类
#（3）观察聚类结果。
data['label']=cluster.labels_   #在数据的最后一列，添加聚类的标签
center=cluster.cluster_centers_ #获取聚类的质心
print(center) #输出聚类质心
#（4）保存聚类结果。
data.to_csv('KMeans.csv',index=None,encoding='utf-8-sig')
```

最终输出结果有两部分，一部分是编译器输出的聚类质心：

```
[[4.29298165e+01 1.63709174e+04 3.69596330e+02]
 [6.31500000e+01 3.32833000e+05 6.80250000e+02]
 [4.70187500e+01 8.35287500e+04 4.92625000e+02]]
```

对结果进行简化，得到的三个聚类质心分别是[42.92,16370.91,369.59]、[63.15,332833,680.25]、[47.01,83528.75,492.62]。

另一部分是保存为 KMeans 的 csv 文件，将其打开，可以看到图 10-8 所示的结果。

id	title	goods	weight	price	average	month_nu	sales	pinglun_n	shoucan	label
1	预售【巨	巨型萌宠	1804	138	138	42802	5906676	831591	563166	0
2	满减【夏	夏威夷果	160	45-90	67.5	55719	3761033	676830	363020	2
3	【巨型零	巨型零食	2764	188	188	51386	9660568	388037	805650	2
4	【坚果大	坚果大礼	1463	98	98	69195	6781110	1019082	2490660	2
5	【乳酸菌	乳酸菌小	520	29.9	29.9	46429	1388227	864396	640866	0
6	【轻格华	轻格华夫	750	29.9	29.9	48425	1447908	162214	122890	0
7	【麻辣零	麻辣零食	390	39.8	39.8	267903	10662539	1062649	656568	1
8	【开心果	开心果18	370	64.9	64.9	18524	1202208	436274	291230	0
9	【每日坚	每日坚果	750	138	138	298445	41185410	1037960	1533564	1
10	【碧根果	碧根果16	320	36.9-46.9	41.9	44677	1871966	800424	732564	0
11	【氧气吐	氧气吐司	800	29.9	29.9	75827	2267227	1059984	682582	2
12	【水果干	水果干大	468	39.9	39.9	67287	2684751	217819	187060	2
13	【芒果干	芒果干11	348	29.9	29.9	101583	3037332	1020113	1043230	2
14	【夏威夷	夏威夷果	530	49.9	49.9	45150	2252985	904210	823156	0
15	满减【碧	碧根果16	160	36.3-75.6	55.95	85501	4783781	673792	338568	2
16	【鱼皮脆	鱼皮脆咸	48	19.9	19.9	13153	261744.7	14641	8504	0
17	满减【猪	猪肉脯10	100	29-45.9	37.45	143241	5364375	803331	298054	2
18	【三养_火	三养_火鸡	700	28.9	28.9	80388	2323213	112254	181208	2
19	【开口松	开口松子	370	69.9	69.9	17411	1217029	504942	378900	0

图 10-8　KMeans 的 csv 文件

在图 10-8 中，可以看到表格增加了最后一列，代表聚类的结果。label=0,1,2 分别代表第 1，2，3 类。

2. 聚类结果可视化

参考例 10-5 中的代码，可以将不同的聚类结果设置为不同的颜色，以便能进行区分。

【例 10-7】 聚类结果的可视化。

```
data=pd.read_csv('KMeans.csv',encoding='utf-8')
#输入聚类质心点坐标，并转化为矩阵
center=[[4.29298165e+01,1.63709174e+04,3.69596330e+02],
 [6.31500000e+01,3.32833000e+05,6.80250000e+02],
 [4.70187500e+01,8.35287500e+04,4.92625000e+02]]
center=np.array(center)
#提取不同聚类的数据
data0=data.loc[data["label"]==0]
data1=data.loc[data["label"]==1]
data2=data.loc[data["label"]==2]
#绘制散点图
plt.scatter(data0['month_num'],data0['average'],color='b',alpha=0.3,label='第 1 类')
plt.scatter(data1['month_num'],data1['average'],color='g',alpha=0.3,label='第 2 类')
plt.scatter(data2['month_num'],data2['average'],color='r',alpha=0.3,label='第 3 类')
plt.scatter(center[:,1],center[:,0],s=200,color='k',marker='x')
plt.show()
```

最终显示结果如图 10-9 所示。

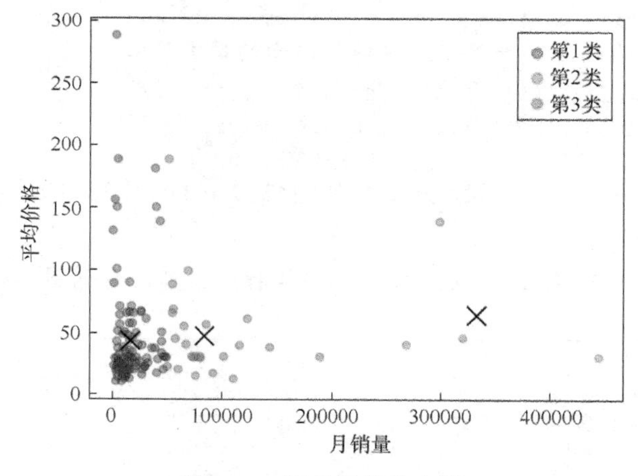

图 10-9 聚类结果散点图

【小练习】

前面提到过，在 KMeans 聚类算法中，K 的取值不同会对结果产生影响。当前，只用了 K=3 来进行聚类。

请读者根据例 10-6 和例 10-7 的代码，分别编写代码绘制 K=2、K=4、K=5 的散点图。

3. 结果分析

基于聚类结果进行分析，将商品定义为三个商品类别：低价值商品、重要商品、高价值商品，每种商品类别的特征如下。

（1）低价值商品。其聚类质心是[42.92,16370.91,369.59]，代表平均价格为 42.92 元，月销量平均为 16370.91 件，平均重量为 369.59g。这类商品以鸭脖、华夫饼、酸奶果粒块为代表，主打低价、轻食，可以看到这部分商品对消费者来说不具备太大的吸引力，对网店也没有产生太大的价值。

（2）高价值商品。其聚类质心是[63.15,332833,680.25]，代表平均价格为 63.15 元，月销量平均为 332833 件，平均重量为 680.25g。这类商品包含四种，分别是手撕面包 1kg、零食大礼包、每日坚果 750g、麻辣零食大礼包，以礼包为主，主打亲民、实惠，这四种商品为网店创造了 32.7%的销售额。这类商品对网店的贡献最大，应该尽可能地给予价格上的优惠以吸引消费者，或者挖掘更多的爆款单品。

（3）重要商品。其聚类质心是[47.01,83528.75,492.62]，代表平均价格为 47.01,元，月销量为 83528.75 件，平均重量为 492.62g。这类商品的数量较多，以岩烧乳酪吐司、猪肉脯、蜀香牛肉、为代表，这部分商品为网店创造了 35.2%的销售额。这类商品是潜在的爆款商品的主要来源，需要进一步对其价格和重量等进行分析，促使其转化为第 2 类商品。

此外，在数据分析的过程中，也能发现以下一些特点。

（1）商品的销售额不符合“二八定律”（即 80%的利润通常来自 20%的商品）。从绘制的散点图可以看到，该网店缺少价格适中、销量适中的商品。第 1 类商品的数量过多，低销售额的商品超过一半，需要减少第 1 类商品中销售额低的商品种类，或者将销售额低的商品进行组合营销。

（2）消费者对商品的重量比较敏感。从数据中可以看出，销量好的商品，其重量普遍较大，特别是第 2 类高价值商品，其平均重量达到了 680.25g。据此推测购买此类商品的消费者可能有两种类型，一类是长期食用坚果以增强体质的消费者，另一类是对价格和重量都比较敏感的“吃货”。可以针对这两类人进行专门的营销。

（3）网店的形象还没有为商品销售创造价值。该网店的形象并没有给消费者留下深刻的印象，所以不能有效促进商品销量的提升。建议进一步加强网店形象的宣传，增强消费者对品牌的好感，并进一步扩展新的消费群体。

10.5 撰写数据分析报告

做完数据分析以后，还需要通过数据分析报告的方式，将分析的目的、分析的过程和结果提交给报告的使用者，以便使用者能够做出针对性的改进。

数据分析报告一般包括如下内容。

```
一、绪论部分
1.1 研究背景
1.2 研究目的
二、数据来源及预处理
2.1 数据来源
2.2 数据预处理
2.3 数据分析初步
三、数据分析的方法及过程
3.1 数据分析方法简介
```

```
3.2 数据分析的过程
3.3 数据可视化
四、结果分析
五、结论和建议
```

要求读者根据以上格式，撰写一份数据分析报告。

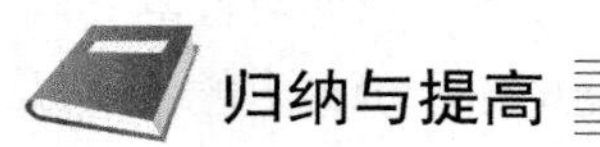

归纳与提高

本章利用某网店的数据，使用聚类算法探索网店所售商品的类型，从价格、销量、重量三个维度对其进行分析，得到了三种类型的商品。并对结果进行了分析，找到了每一类商品的特征，发现了一些特点。最后，给出了数据分析报告的一般格式，并要求撰写一份数据分析报告。

更新勘误表和配套资料索取示意图

说明 1：本书配套教学资料完成后会上传至人邮教育社区（www.ryjiaoyu.com）本书页面内。下载本书配套教学资料受教师身份、下载权限限制，教师身份、下载权限需网站后台审批，参见以下示意图。

说明 2："用书教师"是指订购本书的授课教师。

说明 3：本书配套教学资料将不定期更新、完善，新资料会随时上传至人邮教育社区本书页面内。

说明 4：扫描二维码可查看本书现有"更新勘误记录表""意见建议记录表"。如发现本书或配套资料中有需要更新、完善之处，望及时反馈，我们将尽快处理。

说明 5：咨询邮箱：602983359@QQ.com。

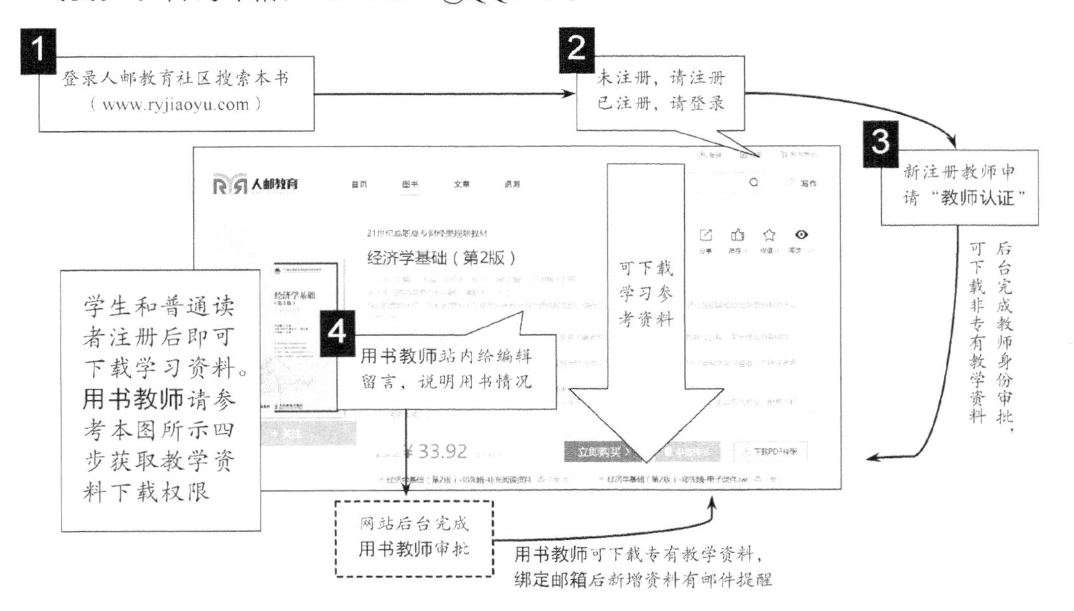

参考文献

[1] 朝乐门，2019. 数据科学理论与实践. 2 版. 北京：清华大学出版社.

[2] 董付国，2020. Python 数据分析、挖掘与可视化. 北京：人民邮电出版社.

[3] 格鲁斯，2021. 数据科学入门. 2 版. 岳冰，译. 北京：人民邮电出版社.

[4] 海特兰德，2018. Python 基础教程. 3 版. 袁国忠，译. 北京：人民邮电出版社.

[5] 郝志峰，2019. 数据科学与数学建模. 武汉：华中科技大学出版社.

[6] 李宁，2020. Python 爬虫技术——深入理解原理、技术与开发. 北京：清华大学出版社.

[7] 刘顺祥，2020. 从零开始学 Python 数据分析与挖掘. 2 版. 北京：清华大学出版社.

[8] 明日科技，2019. Python 项目开发案例集锦. 长春：吉林大学出版社.

[9] 覃雄派，陈跃国，杜小勇，2018. 数据科学概论. 北京：中国人民大学出版社.

[10] 王宇韬，钱妍竹，2020. Python 大数据分析与机器学习商业案例实战. 北京：机械工业出版社.

[11] 张良均，谭立云，刘名军，等，2019. Python 数据分析与挖掘实战. 2 版. 北京：机械工业出版社.

[12] 朱春旭，2019. Python 数据分析与大数据处理从入门到精通. 北京：北京大学出版社.